U0220105

普通高等教育室内与家具设计专业系列教材

FURNITURE
DESIGN

家具设计

（第二版）

许柏鸣　著

中国轻工业出版社

图书在版编目（CIP）数据

家具设计 / 许柏鸣著. —2版. —北京：中国轻工业出版社，
2024.8

普通高等教育室内与家具设计专业"十三五"规划教材

ISBN 978-7-5184-2135-0

Ⅰ.① 家… Ⅱ.① 许… Ⅲ.① 家具—设计—高等学校—教材
Ⅳ.① TS664.01

中国版本图书馆CIP数据核字（2018）第229101号

责任编辑：林　媛　　陈　萍

策划编辑：林　媛　　责任终审：劳国强　　封面设计：锋尚设计

版式设计：王超男　　责任校对：晋　洁　　责任监印：张　可

出版发行：中国轻工业出版社（北京鲁谷东街5号，邮编：100040）

印　　刷：艺堂印刷（天津）有限公司

经　　销：各地新华书店

版　　次：2024年8月第2版第8次印刷

开　　本：787×1092　1/16　印张：18

字　　数：461千字

书　　号：ISBN 978-7-5184-2135-0　定价：58.00元

邮购电话：010-85119873

发行电话：010-85119832　010-85119912

网　　址：http://www.chlip.com.cn

Email：club@chlip.com.cn

普通高等教育室内与家具设计专业
"十三五"规划教材编写委员会

序

家具有着完全不同于任何其他行业的独特属性，其首要特点是行业集中度低，这是由消费者需求的多元化和完全竞争的市场特点决定的，尽管近年来行业集中度有了很大的提高，但其本质属性不会改变。

其次，家具是一种典型的工业产品，具有工业产品的一切共同属性，如必须满足工业化生产的需要。除了办公与公共家具等少数品类之外，其他家具产品其具体的客户事先是未知的，没有明确的对话对象，这就意味着市场销售的不确定性以及随之而带来的巨大风险。企业在产品研发、生产、递送与市场营销环节都充满了挑战，战略水平与运作能力备受考验。由于人、物和环境中的变量无限，从来不会有标准答案，但也充满了无边无际的创造空间。

同时，与几乎所有其他工业产品所不同的是家具又兼具环境属性，这又与建筑和室内密不可分。一般的工业产品，通常只需要考虑单件产品的设计与制造，如汽车、手机、家电等。而家具就必须考虑配套，考虑与其他产品的功能组合或分工，考虑与其他产品的风格兼容，还要考虑楼盘格局与室内调性，进而与生活风格相关联。而建筑与室内则没有家具所必备的那些工业和市场属性。

家具行业也要吸收和利用人类所创造的一切文明成果，未来中国家具行业的格局与形态主要应当取德国工业4.0和意大利设计创新体系之长，结合中国自身独特的国家禀赋在满足本国人民对美好生活向往的同时，也应创造具有国际价值和引领世界潮流的当代家具。

德国以大工业见长，大工业为主体，以重型设备与自动线为标志。在信息化时代为了响应消费者的个性化需求，植入大规模定制和柔性生产方式以及互联网+，基础是大数据和物联网。这个体系的终极目标是将企业从现在B2B2C的运作模式切换为C2B模式，理论上可以完全按照客户的需求倒过来进行产品生产和将价值递送给消费者。而这种模式的实现不是个别企业自己能够独自完成的，而是需要进行产业重组，构建新的产业生态系统。

但产品的创新设计不是工业4.0能够全部解决的，中国是一个多民族的多元化社会，而且发展梯度非常大，其体量相当于整个欧洲。纯粹的制造业思维是不够的、不现实的，也是危险的。

德国的短板恰恰是意大利家具产业体系的优势所在，那就是整个产业生态都是按照设计驱动来建立的，依靠的是以中小型企业为主体的产业集群。意大利设计从潮流的研究、场景的构筑，到概念设计，以及最终的解决方案，能够始终给消费者带来不一样的惊喜感觉，并引领着全球设计的走向。

意大利不仅有着成熟、前沿并不断进化着的、深厚的设计理论体系，同时，也有着肥沃的设计土壤。高度专业化分工合作的中小型企业集群是一个充满创新活力的社会，集群文化比经济更加牢固地维系着源源不断的内生动力。在北部的伦巴地大区，几乎有着设计实践的一切条件，无论是材料、结构还是工艺技术，只要设计师提出要求，就一定会有人帮他实现，这在德国几乎是不可想象的，因为德国都是大企业，没有人愿意为一个设计原型而开放自己大规模制造所用的生产线。

工业4.0是基于数理逻辑推演的，其脉络非常清晰、易懂，但设计创新体系看不见、摸不着，因此很难看清楚、很难理解，也说不清、道不明。但设计本来就没有、也不应该有标准答案，也正因为如此，才有着无限的创造空间，才有着无穷的魅力。纯粹的逻辑思维无法还原设计的全貌，无法解释设计世界的神奇魔力。

设计是一种哲学，也只有依靠哲学思维才能领悟设计及其创新体系的真谛。如果说德国工业4.0是"术"的话，那么意大利设计创新体系可以称之为"道"。

中国在地理上幅员辽阔，相当于整个欧洲，在人口上更是任何西方国家都无法相提并论的，而且历史悠久，是整个东方文明的发祥地。西方有罗马，东方有中华。

当代中国高速发展，一切都远未定型。因此，任何单一、狭隘和静态的思维都是不可取的，我们应当兼收并蓄其他文明的一切有益养分，并在此基础上充分发挥自己的一切优势，自成一体。其中，中国的国家禀赋是我们自己的特殊土壤，中国家具产品及其工业体系的未来形态离不开这种禀赋。这包括我们的独特资源、历史文化、上层建筑、社会基础、地域差异、国民素养、价值取向、发展梯度等。

北欧现代家具没有明显的斯堪的纳维亚特色的具象元素，但有着北欧的"魂"，那就是实用、自然、人性和纯净。意大利现代设计也没有元素上的定式和定势，但也有其核心的学术理念，那就是3E理念，即：美学（Estetica）、人体工程学（Ergonomia）和经济性（Economia）。

中国现代家具应当秉承何种理念，目前尚无定论，也没到下结论的时候，而是还在探索和发展之中，这需要学术界和实业界的共同努力，既离不开设计师和工程师群体充分的设计和生产实践，也需要理论工作者和思想者高屋建瓴的高远眼光和深邃的洞察力。但当代中国家具的特性也并非完全无迹可寻，而是有信号的，40多年来市场潮流的变迁已经留下了它的轨迹。消费者在文化影响下的价值取向与学界的理想世界一直处于无形又强力的博弈之中，制造业为了自身的生存和发展，更多向前者妥协，但学界也并非无所作为，只是气候条件尚未成熟，符合事物发展规律的大潮终将涤荡一切落后的思想意识。亚文化毕竟还不是文化，主流文化对亚文化不会无限地接纳，而是会予以过滤，予以选择性的吸收，并优胜劣汰、吐故纳新。我们还需要时间。

而中国家具制造体系的分布应当与上述产品形态相匹配，在相当长的时间内，其最基本的特征将依然是多元化。既有最现代的制造方式，包括工业4.0，也有传统的手工业生产方式，而更多的形态将是两者的有机结合以及由此所派生出来的无限细分形态。手工不是用来做机器可以做得更好的事情，而是可以做机器做不到的事，中国传统的非物质文化遗产可以极大地提升包括家具在内的现代工业产品的价值。

同时，既有大工业体系，也有高度专业化分工合作的、中小型企业为主体的产业集群。既有通用的标准化作业和流水线生产，也有大量目前还十分空缺的高精尖专用设备和柔性生产。既有集中，更有分化。集中为了效率，而分化有利于创新。

中国家具必须致力于产业升级，具体包括：

① 生产手段与装备的升级。如CNC（数控机床）、CAD（计算机辅助设计）、FMS（柔性生产系统）、JIT（即时生产）等。

② 集群与企业的功能与职能升级。即：改变内部运作模式、增强能力或节约资源。

③ 产品升级。包括设计、材料创新、独特工艺技术、新产品/生活方式/品牌等。

④ 价值链升级。向价值链上有更多机会的终端移动，如：服务与体验等。

对于企业纵横联合而言，未来中国家具企业生态群依然是少数企业在红海市场里沉淀为大型、甚至超大型企业，并会带动一批微型企业共同发展。企业群体将依然是中小型企业占主导。但能够生存下来或滋生出来的中小型企业不是现在这种高度同质化状态，而是在各个细分领域的设计创新型企业，这些企业中有的可以成为极具品牌价值的潮流领导者，有的可以成为潮流的狩猎者，而潮流跟随者的生存空间会日益狭小。

中国家具业辉煌的未来，要靠大家一起努力，共同打造。各利益相关者肩负着行业与社会的共同责任，各自需要有所作为。如此，我们有理由相信，中国家具定能从现在的制造大国真正走向设计和制造强国。这个梦想也是我们这一代人所肩负的历史使命，我们责无旁贷。今天的学子是明天的行业栋梁，也是中国家具在未来能够引领世界的希望。

本套教材为第二版，第一版家具系列教材出版至今已经有了将近十年的时间，十年来在该专业大学本科教学中发挥了应有的作用，但时代与行业发展都很快，我们需要植入国内外最新的思想、理念、工具、模型和方法等各方面的研究成果来予以更新，以期更好地满足新时代家具专业教育的需要。该系列丛书由十部独立的教材所组成，同时也互相兼容，在整体上涵盖了家具行业的全部专业领域，主要目标是为高等院校家具专业的本科学生提供完整的系列教材，同时也可以为建筑设计、室内设计和工业设计的师生提供相关联的参考，还可为家具企业的管理与技术人员提供系统的理论知识和实用工具。教材作者均为目前国内高校家具专业的在职骨干教师，思维开放、活跃。

其中，多部教材已出版。《家具与室内设计制图》《家具表面装饰工艺技术》（第二版）分别由中南林业科技大学李克忠、孙德彬老师编著，《室内与家具人体工程学》由浙江农林大学余肖红老师编著，《非木质家具制造工艺》由山东工艺美术学院薛坤老师编著，《家具专业英语实务》由顺德职业技术学院刘晓红老师编著，《家具史》（第二版）《木质家具制造学》和《家具设计》分别由南京林业大学陈于书、李军和许柏鸣老师编著。

许柏鸣教授为本套丛书总策划与各部教材大纲审定人。

知识无限，基于我们的现实水平，错漏之处在所难免，恳请读者及同仁斧正。

普通高等教育室内与家具设计专业"十三五"规划教材编写委员会主任

2018年5月29日

设计，旨在为人类和地球上其他生灵创造价值；设计是爱的真情表达、物化与传递。

设计是一项有明确意向的创造性活动，但并不意味着凭空幻想。初学者，尤其是理工科出身的学生，常会感到自己灵感匮乏、创意不足，从而丧失信心；艺术类学生常会过度热衷于形式上自我感知到的美感与创新，而忽略受众的功能需求、情感、设计的过程、逻辑和技术要素。

设计是对供给侧与消费端等各相关者利益的平衡，实际上也是一个平衡理想需求与现实条件的过程，设计可以诠释为一个知识集成中心。设计师是知识工作者（Knowledge Worker），是知识的整合者（Knowledge Integrator）和知识的经纪人（Knowledge Broker）。设计是一个知识共享、概念创造、概念锁定、原型确立和作品深化与传播的过程。整个过程要在抓住本质的基础上明确目标、予以结构化、依循逻辑，然后才是灵感上的赋能。之所以用赋能这个词，是因为现代设计已经不能仅仅依靠个人对自己灵感做出的随机响应，而是可以通过有效的方法、程序和团队智慧来获得。

职业设计师是可以培养的，这一观点丝毫没有否认经验和天赋在设计实务中的作用，然而通过大学教育而获得设计岗位所需要的职业能力的人显然比将一位自学成才者推进到合格水平所花的时间要少得多。天才的全能设计师也许不是没有，但至少已不再是现代社会的主要依托，少数天才不足以承担全社会的设计重任。我们的目标是通过教育与训练让普通人士担负起设计的主力，并通过团队合作求得理想的效果。

设计师的培养不同于工程师，也不同于一般的经理人，属性不同，教育思想、体系和手段不同，评估体系也不应相同。普通知识分子的意识中是词汇（words）和总念（ideas），经理人的大脑中装着的则是人（people）和工作（work），而设计师必须超越两者各自的角度来思考问题。在家具设计领域的教育思想是为设计师提供必备的理论基础、科学的思维方法和相应的职业能力，换句话说就是一个合格的设计师在策划、设计和改良家具产品方面应当是非常专业的和熟练的。设计能力的体现不仅在于明白其物理含义，如一个家具单元或者一个设计项目，而且还要求赋予产品以"感觉"和情感，就像平面设计、商标创作或者网页制作和服装秀的策划一样。培养的设计师要能切实满足社会各界的使用要求，他们中的领军人物还应当具备战略思维能力。

家具设计专业的本科毕业生、硕士研究生和博士生具有不同的培养目标，大学本科教育的目标是成为一名合格的技术层面的设计师，也就是说要有自产品设计的起始到生产终端以及市场推广的全过程进行综合考虑的能力。而经过研究生阶段培养的毕业生则应当在产品设计战略目标的制订上具备职业能力，不仅要能俯瞰行业设计全景、解释设计过程，还能够协调复杂的设计活动，构建品牌属性和设计品牌表述，并在同一品牌和统一的市场战略下构筑宽泛和多元的产品系统。博士毕业生并不意味着设计实务能力更强，尽管也可能很强，但主要目标是转向研究设计理论和方法，更加适合在高校或研究机构工作。

很多高校现行家具专业大学本科教育的《家具设计》是分解成结构设计和造型设计两门课程来进行讲授的，有利的一面是将技术和艺术分开比较容易讲解，条理似乎比较清晰。但问题是现实中的家具设计必须糅合在一起整体考虑，无法割裂，而且需要考虑的还远远不止

1

结构和造型两个方面。我们在长期的教学实践中发现，这样的教育方式所培养的学生其真正的设计能力是非常薄弱的，毕业生根本不能满足企业和社会的需要。设计的任务就是综合与协调各种要素，并创造性地满足特定目标客户群的需求，散点式的简单知识叠加互相孤立，是解决不了异常综合和异常复杂的设计问题的。

设计师仅有知识是不够的，设计实务需要的是整个知识链而不是若干个知识点。设计师需要的是能力和智慧，这处于知识链的顶端，而起点是信息。完整的知识链应当是原生态的自然信息—经过过滤的有效信息—知识—能力—智慧。处于现代社会中的设计师，事实上已经被信息的海洋所包围，但这些信息往往是自然的、原生态的和过剩的，对于一项具体的设计任务而言，许多信息实际上是没有价值的，无效信息不仅不能帮助设计师工作，而且还会产生干扰，从而迷失自我。所以，信息需要有目的地采集和过滤，使之成为有效信息并行聚焦；有效信息需要加工才能成为有用的知识；知识必须在正确方法指导下应用和训练才能转化为设计能力；知识和能力必须积累和催化才能转化为智慧并进而上升到哲学层面。设计是一门艺术，也是一门科学，更是哲学。而终极的驱动力源自设计师、经理人和企业主个人的信仰和价值观，设计师要有对自然和真理的敬畏之心，要有大爱。

教育改革涉及方方面面的复杂关系，也不适合此处讨论。本书旨在将家具设计本身融为一个整体，不仅仅提供给学生以必要的知识，更希望能够帮助学生认清家具设计的本质，遵循科学的程序，以有效的工具、方法和模型来学习设计理论、训练设计实务，从而能够使学生更加优质高效地完成从准设计师到设计师的转化过程。同时，还应当拓宽学生的视野、拔高其格局，帮助学生建立行业和社会的责任感、使命感，树立远大的抱负和理想、陶冶高尚的情操、培养健康的价值观。

本书是《家具设计》教材的第二版，是近十年来全球家具设计知识进化的综合成果。

与第一版相比，第二版的知识体系得到了全面的更新，更加完整、成熟，逻辑性更强，还增加了许多工具、模型和方法，每个知识环节都有小案例，最终还有三个综合设计案例，从而更加有利于学生理解、对设计实务的指导性与可操作性更强。

在第一章绪论中增加了对设计自身的角色定位、现时状态与进化趋势、可持续设计的理念和方法。更加追求设计的本质和作用，作为设计输出的功能、形态、含义与价值之间的相互关系，以及作为影响因素的技术、艺术、人文与市场等阐述得更加清晰。设计的视野和立足点都予以了更大程度的提高。第二章引入了"准设计（Metadesign）"概念，这也是当今国际上最先进的理论。从需求分析向设计条件和概念设计两级转化的方法路径更加具体，家具与室内的关系进一步明确，从环境到家具单体再到功能细节的创新脉络更加严谨与合理。第三章改为潮流灵感与概念设计，其中第四节改为潮流与设计灵感工具，把从潮流到灵感再到概念设计的路径进行可视化演绎，加强其指导性与实用价值，并补充了国际设计流派的理念和设计思潮的地域差异与历史流变。第四章也增添了新的内容，如古典与历史对话的演绎、意大利设计的历史文化根源等。第五章增加了各类家具的具体设计案例，可以直接进行模拟设计训练，尤其是"主题概念设计"，通过层层分解来将相关理论进行可视化表述。定制家具，作为近年来的热点也作了补充，但没有就事论事，而是从更加本质的基础上来予以讲述。家具与生活风格的营造、色彩的灵魂与家具用色的主题选择和元素抽提也是新增的内容之一。第六章基本脉络不变。最后第七章综合设计重新梳理了框架脉络和具体内容，以便达到更逻辑和更实用的效果，同时，还加强了创新设计的方法。原有两个综合设计案例中保留了第一个，另外新增了现代家具与风格化家具两个极具代表性的设计示范，本教材中各案例组合基本可以涵盖所述的全部知识点。整部教材中新增了大量有关设计思想和理念的深度分析，以便从思维源头上加深学员对设计知识的理解，并建立立体、精深和动态的意识和格局。

最后，作为家具设计本科教材，实用性不可或缺。因此，教会学生具体怎样设计与理论传授同等重要、不可偏颇。既要重思路，又要重方法。

作者

2018年8月

目录

第一章　绪论

家具，是家用器具之意。英文为furniture，出自法文fourniture，即设备的意思。西语中的另一种说法来自于拉丁文mobilis，即移动的意思，如德文möbel、法文meulbe、意大利文mobile、西班牙文mueble，等等。现代家具的概念已带有广义性，即家具不一定局限于家中使用，用于公共场所、交通工具或户外者也可称之为家具；家具不一定可移动，它们也可固定在地面或建筑物上；可移动的家用器具不一定就是家具，如家用电器等。因此，要完整而确切地定义家具是困难的，至今尚无、也没有必要过分框守严密的标准释义，家具的含义应当是开放的。本书所依据的家具概念是传统意义上的家具含义及其合乎逻辑的延伸和发展。意大利语中还有一个词叫作arredo，意为带家具的环境，这使家具的含义进一步延伸至整个环境系统，家具的属性不仅仅局限于其独立的单体，近年来家居的概念得以显现。

设计，是意匠、设想与计划之意。英文为design，意大利语为disegnare或progettare,意为计划、企图、规划、设计、构思、绘制、草图、预定、指定，等等。

家具设计就是对家具进行事先构思、计划与绘制。

家具属于工业设计范畴，又具有不同于任何其他工业产品的属性，家具不仅有独立单体，也有系统，需要综合满足特定环境的使用要求。

设计不是发明一件产品，而是根据功能与情感设计其形式，并传达其用途。

第一节　设计自身的角色与进化

"设计这个词似乎是再普通不过了，然而事实上完全不是这样的，它有着数不清的复杂表现，没有清晰的轮廓和边界"（John Heskett, Design. A very short introduction, 2002）。

从本质上讲，设计作为一个概念，是在行动前想好该怎么做，设计是把事情做得更好的途径。设计作为一项活动，是在明确目标导向下对复杂事物进行结构化的过程。

设计的结构化在操作层面有物理对象的结构、信息对象的结构和逻辑的结构；在影响层面有时间的结构，其中包括行为/事件/活动的结构和人的结构；在目的层面有心智的结构和经济的结构等。

设计自身的角色担当不是静态的，而是始终处于动态进化中的。

一、设计的角色

设计有功能、形态、含义与价值来呈现，需要考虑的是经济与市场、技术、艺术以及人文等因素，这些因素无法独立解决设计所需呈现的目标，而是交互作用的结果。如：功能需要考虑经济与市场、技术等；形态则由技术和艺术所共同作用；含义包括艺术和人文两个方面；而价值不仅有经济与市场方面的价值，还有人文价值在内，如此，等等。技术不仅对功能起作用，也对造型产生影响；艺术不仅与形态密不可分，还有含义呈现；人文有含义，也有价值考量；经济与市场不仅有功能方面的要求，也有价值诉求。见图1-1所示。

设计在不同情况下有不同的目的，一般认为有四种情况，即：状态设计、技术设计、浪漫设计与远景设计。状态设计是设计某种状态，其中需要着重建立各个要素之间的关联，是

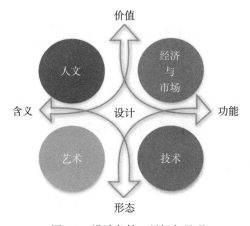

图1-1　设计条件、目标与呈现
（Alessandro Deserti）

对使用状态所需要的一套解决方案；设计也可视为开发的技术活动，开发的目标源自需求；浪漫设计是指设计师有自己独特的天赋和幻想，或是一种浪漫情感的抒发，在这个意义上来看，设计师是独特的艺术家；远景设计则意味着设计是探索未来可能性的工具。设计的技术角色与远景角色是不同的，甚至在一定程度上具有不可调和的属性。技术设计主要在工程方面，需要更多地考虑制作的可实现性与经济性，这必定会存在一系列的制约条件。企业自己属下的设计师在内部经常听到的是这个不行、那个做不出或不经济，等等，即便一开始还有自己的独立想法，但久而久之就习惯了被制约，甚至主动给自己设定条条框框，因此，驻厂设计师随着时间的推移往往会失去创造力。而设计的创意来自于寻找机会，探索未来世界，唯有如此设计才能进步。因此，来自外部的设计力量是不可忽视的，即便你的企业看上去不乏设计，但没有了外来的血液将会有失去持续创新能力的危险。

二、当代背景与设计任务的变迁

在当代背景下，产品生命周期逐渐地缩短，原因如下：

① 产品创新越来越被视为一种竞争手段；

② 创新率高的对立面就是产品生命周期的缩短；

③ 某些技术的出现和快速发展，需要越来越频繁地将其纳入到产品当中；

④ 市场上目前的竞争造成了产品性能的不断改进；

⑤ 也就是说需要进行产品调整或者是调整生产流程后再进行后续的产品调整，生命周期的缩短造成可被分配在策划上的时间减少了。

策划这一时间段的缩短，伴随而来的是对策划质量的要求更高，同时也使得对组织解决方案和技术解决方案的选择越来越复杂。

同时，社会越来越复合化，没有边界，用户讲究体验并越来越处于主导地位。当今时代的主要特征有：非物质化和无形性、动态性、多样性与混合性、角色的多元化、用户为中心与交互作用、网状结构、故事性、社会化相互依赖等。表1-1为影响当今设计走向的动态因素。

因此，仅靠孤立的产品已经越来越不能满足需求，而是要统筹产品、服务、活动和体验。消费者是演员，顾客也是我们的拍档，用户也可能是解决方案的提供者。当代设计师应当成为一幕剧的导演，设计不仅仅是一种风格，更是一条通路。

表1-1　　　　　　　　　　　影响当今设计走向的动态因素

领域	变化因素	变化效果
社会	人口变化（统计、迁徙）	交替生活风格催生新产品与新服务
	居室空间与家庭结构	传统家庭结构被弹性结构替代
	消费价值观	环境价值的提升，品牌产品的犬儒主义增加
	工作与生活方式	弹性工作、教育与休闲之间的新关系

续表

领域	变化因素	变化效果
政治	环境	促进更可持续发展的法律法规
	创新经济	支持创新工业的商业与教育的法律法规
	民主系统	参与和协商过程的增加，与地方政府的配合
	知识产权保护	技术与设计保护，反侵权
市场	产品差异化与革新	新技术和差异化市场需不同的方案，满足不同需求
	可用性	设计体验更实用的产品与服务，适应老龄化社会
	个性化定制	满足产品与服务的个性化需求
	低碳生活方式	更可持续的生活，减少浪费
技术	可穿带技术	基于电子、时尚、珠宝的穿戴技术的增加
	ICT 技术与物联网	新生活、工作和教育模式由互联网和物联网驱动
	高科技材料与人工智能	将智慧融入材料、产品及其系统
	聪明弹性的组织结构	实体公司和社团群落驱动组织结构的变化

三、设计的横向发展

现在，国际设计界已经将传统的产品设计概念上升到产品服务体系设计和大设计的高度来看待。

产品服务体系（Products Service System，简称PSS）是产品、传播、服务和销售点的组合体，通过这个组合体系，企业或者机构可以更完善和整体地向相关市场展示自我。这种系统是一种创新战略的结果，把业务重点从单纯设计和销售实际的产品，转移到销售产品和服务共同组成的体系，这个体系更有能力满足特定的客户需求。因此，当今我们所要关心的不仅是产品本身，而且还有周边的服务体

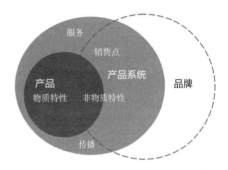

图1-2 产品服务体系与品牌关系的模型

系。以产品和服务的组合概念，来满足消费者的需要。产品服务体系的模型见图1-2所示。品牌的属性应当与产品服务体系的表现相一致，它依附于产品服务体系，同时随着品牌公正的树立又能够建立起自己独立的价值。

在工业社会，设计被视作生产系统的附属，设计只是为了生产，一旦生产出来，设计的任务就宣告结束；而对于后工业社会来说，设计不仅仅为了生产，还要考虑消费系统以及生产与消费之间的链接。设计价值链描述的是从概念到产品和服务的全部活动，通过不同的阶段：生产、向终端消费者的递送，以及产品使用之后的处置。价值链通常被描述成单向线型的，而实质上价值链内部很大程度上经常是双向的。见图1-3所示。

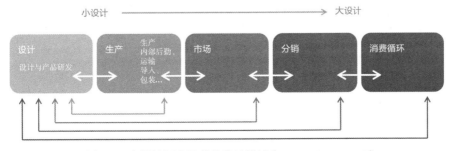

图1-3 大设计概念及其价值链描述（Alessandro Deserti）

设计有物质与非物质两个层面，物质有材料与产品两个阶段，非物质在物质层面之外还有三个阶段，即：服务、体验与变化响应。在每个阶段，价值含量是不同的，一般认为材料阶段所创造的价值是最小的；制成产品后价值可以得到不同程度的提升，但依然有限；服务可以创造更大的价值；而体验所隐含

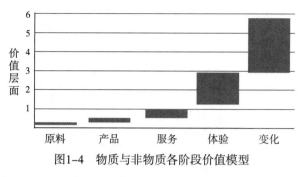

图1-4 物质与非物质各阶段价值模型

的价值还要大；变化响应是让消费者尊享到其明确和潜在的愿望，而且是完全量身定制和参与设计过程的，这种价值又会更大程度地超越前面四个阶段，图1-4所示为价值模型。

四、设计的纵向晋阶

设计的纵向晋阶是指其越来越需要到达战略层面来考虑问题，设计所定义的边界越广，其解决方案就越有可能产生战略影响，而这是根本性创新经常发生的地方。

企业中，可以依据不同的水平将设计分成四个阶梯，即：第一个层级是无设计，也就是说在产品/服务的开发中，设计没有扮演任何角色；第二个层级是设计作为风格，设计所解决的问题只与产品形态与风格有关；第三个层级是设计作为过程，设计纳入企业整体开

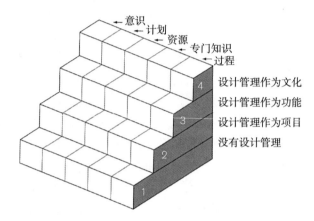

图1-5 设计管理的阶梯模型

发过程；第四个层级是设计作为战略，将设计置于公司的顶层战略层面。设计师们正在变得更具战略意义，因为他们正在向食物链的高端移动。同时，设计管理的作用日益凸显。

从设计管理的角度来看，要将意识、计划、资源、所需的专业知识和设计过程等要素与上述四个阶段对应地分析。同时，这就形成了设计管理的阶梯模型，见图1-5所示。表1-2则是设计水平与各要素之间的关系。在设计管理水平的四个阶梯中，层级越高，意味着企业的竞争能力越强，在市场上的领导力越强，可持续发展能力也越强。

表1-2 　　　　　　　　　设计水平与各要素之间的关系

要素	设计管理的能力水平			
	水平1：无设计管理	水平2：设计管理作为项目	水平3：设计管理作为功能	水平4：设计管理作为文化
利益上的意识	没有意识到设计的利益与潜在价值（没有使用或不知道使用）	认识到某些特殊的功能	很大程度上认识到其在保持竞争能力方面的重要性	完全明白其作为获得领导者地位的重要基础
设计管理过程	在内部常规运作的过程中没有这种程序	执行不一致，发展迟缓，项目不可重复	执行一致、执行早，以正式的设计管理流程驱动执行	持续性活动，商业运营被吸引到连续完善设计管理的程序上

续表

要素	设计管理的能力水平			
	水平1：无设计管理	水平2：设计管理作为项目	水平3：设计管理作为功能	水平4：设计管理作为文化
计划	公司/市场没用到设计	在个别的项目上只有有限的计划和执行	在建立方向和整合各种设计活动中有系统计划并执行	设计作为战略计划的一部分；设计计划是一个驱动商业的动态过程
设计管理的专门技术	几乎没有，无熟练人员操作设计活动；没有应用设计管理工具	有一些熟练人员，不一致地应用一些基础的设计管理工具；有很大的提升空间	标准设计管理工具被一致地使用；还有提升空间	专业、恰当；应用先进的设计管理工具；恰当的量化使用
设计所需资源	商业运营没有关键资源应用到设计活动中（可能不看好设计投资回报的潜力）	有限的资源被分配到个别项目上，一次性投资不具备重复应用能力	足够的资源被分配到有重复潜力的基础上，但在帮助决策的程序上面还很有限	大量的资源被分配到设计管理，有帮助风险评估的财政程序，评估风险和跟踪回报

第二节　家具的属性及其设计任务

家具兼具工业产品与环境的双重属性。作为工业产品，家具不同于建筑和室内设计，除了终端店面之外，对于设计部门而言没有可以直接对话的终端客户，对需求的响应在很大程度上是间接的和隐含的，这对设计师来说需要具备关于生活、市场、竞争和企业的宽泛的基础知识及其把控能力。作为环境中最重要的元素，家具还需要进行综合布局，具备与室内外环境设计相融合的基础，为室内外的环境情绪（moodboard）奠定基调。

家具属于完全竞争行业，行业集中度在所有工业产品中是最低的，同时，其进入和退出的门槛也是最低的，而产品同质化严重，企业很难长时间保有不被别人模仿的技术信息，见图1-6和表1-3所示。

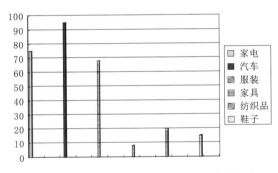

图1-6　家具与其他行业横向比较的集中程度

表1-3　　　　　　　　各种行业的属性与分类

	完全竞争	有限竞争	双性竞争	垄断
集中度	大量竞争企业	少量企业竞争	两家企业竞争	独家企业经营
进入与退出门槛	几乎无门槛	较高门槛		高门槛
产品差异化	同质化严重	越往右差异化越大		
行业信息	信息流完善	越往右对于外界的信息流越缺失		

基于各消费者的不同喜好和支付能力，其市场需求表现注定是极其多元化的。家具设计不仅需要考虑消费者的诉求，还需要考虑家具制造与销售企业的市场占有率和品牌影响力，从而实现其利润最大化。设计的任务是：在设计与目标、生产与消费之间取得辩证的平衡。

设计师不是艺术家、不是发明者、不是手艺人。设计师应当具有宽泛的知识和能力，以担负起形式构想的任务，同时应当认识产品在各个层面上的可行性，然后应该有技术方面的能力、应该能够评估经济效益、应该理解所定任务目标。如果说艺术家是供千万人来研究的话，那么设计师是要去研究千万人的。

家具在由个人、家庭、组织和社会所构成的生活空间中起着无可替代的作用，家具历来影响着人们的生活质量。

家具设计的任务是以家具为载体，为人类生活、工作和休闲创造便利、舒适的物质条件，并在此基础上满足人们的精神需求、赋予其非物质内涵。从某种意义上来说，设计家具就是设计一种生活方式。

要担负起这一任务，家具设计师除了掌握基本的设计理论、方法、手段及其相关知识外，还应当热爱生活、体验生活，以饱满的热情投身设计工作，并努力提高自己的综合素养。家具本无生命、本无感情，但人是有生命、有感情的，设计师可以通过作品传达自己的关怀、呵护与博爱，以自己健康的激情来感染他人、美化环境、造福人类。

第三节　家具设计的特点

家具是科学与艺术的结合、生产与市场的结合、物质与非物质的结合。家具设计涉及市场、心理、人体工学、材料、结构、美学、民俗、潮流和文化等诸多领域，设计师需要具备专深、广博的知识以及综合运用这些知识的能力，同时还必须具备传达设计构思和方案的能力。设计师越来越需要团队合作，尤其在商业化设计领域。以往的家具设计是设计师个人对其灵感所作出的响应，而现代商业设计是有明确的目标和时间要求的，设计是一项系统工程，需要掌握各种知识的人员密切配合与协调。

一、家具的使用特点

家具首先因满足以人类为主导的物质生活需求而产生（宠物家具也在兴起）。从一般意义而言，所有家具都必须具有直接的功能作用，满足人们某一方面的特定用途，如：床用于睡眠、椅子用于坐、柜子用于收纳和管理物品等。同时，家具在使用场所不可避免地与人直面相照，强制人们去审视、品评与触摸，因此，不得不去考虑它的知觉效果。所以，家具既非纯物质性功能器具，又有别于纯粹的艺术鉴赏品。

二、家具的制作特点

传统家具通常都是由手工来制作的，工业革命以后，尤其是"二战"以来，家具制作已逐步实现了工业化并已成为现代产业。随着人类对家具需求的急剧增加，家具制作必须做到高质高效，而要做到这一点唯有依靠工业化生产。因此，家具已经成为一种工业产品，家具设计也因此而纳入了工业设计的范畴。这就意味着家具设计必须面向用户、立足生产。

三、家具的市场特点

家具市场是一个极其多元化的市场，人们会根据自己的使用环境、喜好和支付能力来选择适合自己的家具。单个企业不能满足所有需求，家具行业不可能产生垄断。企业应当根据市场需求以及自身条件选择适合自己的市场层面和产品种类予以设计、制造与递送，家具企业必须找到正确的定位，在战略设计的基础上生成概念、设计产品。表1-4为各工业国的家具行业集中程度。

表1-4				各工业国的家具行业集中程度			单位：%	
	美国	日本	欧洲	德国	法国	英国	意大利	中国
领导者	8.9	3.2	1.7	6.3	5.3	5.0	2.7	无统计
前5家	22.4	7.7	5.2	18.4	14.2	11.4	5.5	无统计
前10家	44.3	9.7	7.8	26.1	20.5	15.2	6.9	<5
前50家	54.3	无统计	17.3	无统计	无统计	无统计	无统计	无统计

各国家具行业内部的集中度与其工业发达水平及社会文化特点相关，日本文化与市场细分是其集中度低于其他工业化水平高的国家的根本原因。意大利是个设计和创新导向的国家，其集中度低是必然表现。中国尚未定型，无论最终怎样，目前的低集中度定会提升，行业正在面临洗牌和重组。因此，眼下既有挑战，也有机遇。企业还需抓住战略机遇期，巩固和拓展市场份额、谋求技术进步、奠定可持续发展基础。当然，从另一方面来说，无论集中度如何提升，家具行业的完全竞争性是不会改变的，中小企业依然是主体，并将长期存在。

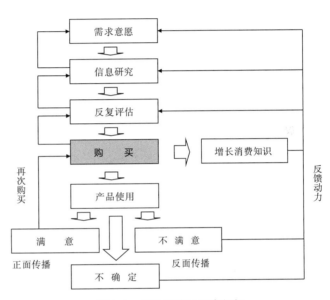

图1-7 家具选购的程序细解

市场的本质是消费者选择的谨慎性，家具必须面对市场竞争，见图1-7所示。

品牌的重要性正在增加，家具企业必须有明确的品牌价值和定位。品牌是一种承诺，或者说是一套承诺，企业可以承诺高品质，也可以承诺好的性价比，甚至可以承诺低品质和低价位。承诺必须是自己能够做到的和目标客户群所需要的。清晰的品牌定位和运作将有利于家具企业在激烈的竞争中被消费者有效识别，从而获得相应的市场份额。

在商业领域，家具设计服从于品牌定位并要与品牌价值和内涵相一致。

家具设计还与分销系统相关，不同性质的家具应当选择不同的分销模式，早些年有人提出以后的家具都会在网络上实现销售，这是片面的，网络的作用无疑会越来越大，但实体家具不可能完全网络化销售，原因是对于附加值较高的产品而言，虚拟世界不可能提供切身体验。但值得重视的是网络对于品牌传播与服务体系具有巨大的开发空间，而且不会也不该是单一模式，虚拟与实物体验会更好地结合和交融，如专卖店的物人界面设计就将是重要的发展方向，客户定制化与家具企业现代化生产之间的无缝对接终将由高新科技与网络数字技术来实现，当然，家具设计也将在此扮演首要角色、承担更大的责任。

图1-8是欧洲的家具分销
系统细解。对于中国市场而
言，其分销系统目前还处在发
展阶段，尚未定型，家具市场
格局的变革正在孕育，必将产
生革命性的变化，欧洲现有的
格局和模式将会在很大程度上
预示着我们的明天。中西方的
文化差异将更多地体现在终端
的表现上，而不会影响家具市
场的本质属性。

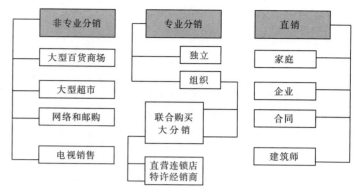

图1-8　欧洲的家具分销系统细解

四、家具设计的要素与交互作用

（一）功能

功能是家具的首要因素，没有功能就不是家具。随着生活质量的提高，现代人对家具功能的诉求越来越广、越来越深入，要求越来越高。生活是功能设计的创作源泉，家具的功能设计体现了设计师对生活的理解程度。

电视柜、电脑桌、工作站的出现是现代生活的标志，其实质是现代生活与古代生活在功能上的差异。

一张文职人员使用的工作椅，其基本功能是供人坐着工作，但有的可以在地面上滑动、有的椅面能够升降、有的角度可以调节、有的具有"追背"功能、有的还可以翻下来仰卧，体现了功能的深化与完备。一个细微的功能考虑可能会令使用者欢欣鼓舞或令市场占有率直线上升。

然而，对于商品化的家具而言，对功能的追求不是无限的，应当有效抓住其核心功能，它们应当更能满足目标客户群的实际需求，而将可有可无的功能予以取消，以降低成本、增强市场竞争的能力。

（二）材料

不同的家具以及同一件家具中的不同部位承担着不同的任务，对材料的要求也就不尽相同。不同的材料具有不同的性质，家具设计需要做出明智的选择。科学技术已经并还在不断地为我们提供着丰富的材料来源，供设计师选用，如除了传统的木材以外，还有各种人造板、金属、玻璃、石材、皮革、布艺、竹藤、高分子合成材料等，深厚的材料学造诣是设计师所必备的。

（三）结构

不同的材料性能要求与之相适应的结构，结构直接影响着家具的强度与外观形象，如框式家具、板式家具、弯曲木家具等。同时，结构也将直接影响到制作的难易程度及其生产效率的高低。

（四）外形

外形决定着人们的感受，人有五种直接的感觉系统，即视觉、听觉、嗅觉、味觉和触觉。除了味觉之外，家具对其他四种感觉均有直接的影响，其中视觉占的比重最大，所以视感觉特性历来都受到人们的普遍重视，美学造型法则就是建立在视知觉基础上的。不过，最新研究表明其他感觉特性也是不可忽视的，如家具材料的声学特性，有机散发物对环境具有重要影响，而触觉对人的喜厌情绪也有较大影响。

（五）交互作用

需要特别注意的是，上述四项要素不是孤立的，而是互相交叉与影响的，初学者往往有一种只注重外观形态的倾向，因为外形比较直观。然而，如果只考虑外形的设计多半是失败的，因为没有抓住家具设计的本质。其实，外形只是果，功能才是因。家具产品的设计首先是以功能出发的。如设计一张床时，首先要有一个可供人卧于其上的平面，才能考虑在床头板等部件上进行其他功能设计与造型装饰处理。材料服从功能，结构既服从材料、工艺，也服从功能，这些都对外形有着决定性的影响。功能的最佳体现本身就是一种美，其美感来源于对人类需求的一种明示，即通过外在形式宣告功能的实在性，这也是北欧学派的核心理念。材料的质感也是知觉的一大要素。当然，我们也不能完全否认造型本身的作用，相反，美学法则的成功应用、设计潮流的把握和文化特性的诠释可以为家具的内在品质赋予完美的形象和深刻的寓意，这就是为什么意大利设计长期以来一直能够领导世界潮流的精要所在。

需要特别指出的是：外在风格和个性特征的赋予要特别慎重，因为风格与个性特点越鲜明，市场适应面就越窄，只有在目标客户群高度聚焦的情况下才比较安全。

第四节　家具的分类

家具可从多种角度进行分类。

一、按所用基材分

在图1-9中所呈现的是各种不同基材所构成的家具实物图片。

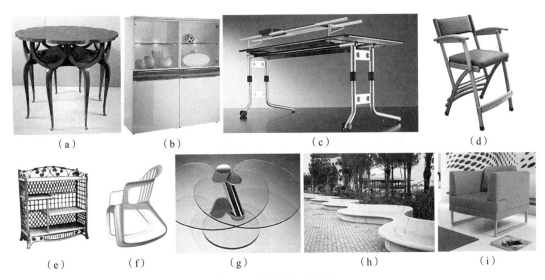

图1-9　不同基材的家具

（a）实木家具　（b）木质家具　（c）金属家具　（d）竹集成材家具
（e）藤家具　（f）塑料家具　（g）玻璃家具　（h）石材家具　（i）软体家具

① 实木家具：主要由实木构成。

② 木质家具：主要由实木与各种木质复合材料（如刨花板、纤维板、胶合板等）所构成。

③ 金属家具：主要结构由钢材、铸铁等黑色金属或铝合金材、铜材等有色金属构成。

④ 竹家具：主要由竹材制成的家具。

⑤ 藤家具：主要由藤条或藤织部件构成的家具。

⑥ 塑料家具：整体或主要部件用塑料，包括发泡塑料加工而成的家具。

⑦ 玻璃家具：以玻璃为主要构件的家具。

⑧ 石材家具：以大理石、花岗岩或人造石材为主要构件的家具。

⑨ 软体家具：主要由软质材料构成的家具，如沙发等。

二、按基本功能分

在图1-10中呈现的是不同基本功能的家具实物图片。

① 支撑类家具：指直接支撑人体的家具，如床、椅、凳、沙发等。

② 凭倚类家具：指使用时与人体直接接触的家具，如桌子，讲台等。

③ 收纳类家具：指收纳与管理物品的家具，如衣橱、书柜、支架等。

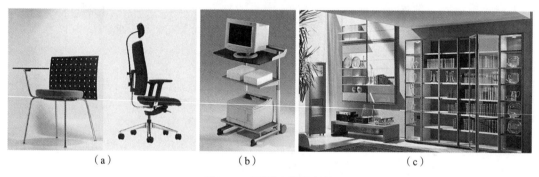

（a）　　　　　　　　　　（b）　　　　　　　　　　（c）

图1-10　不同功能的家具

（a）支撑类家具　（b）凭依类家具　（c）收纳类家具

三、按基本形式分

在图1-11中所呈现的是不同基本形式的家具实物图片。

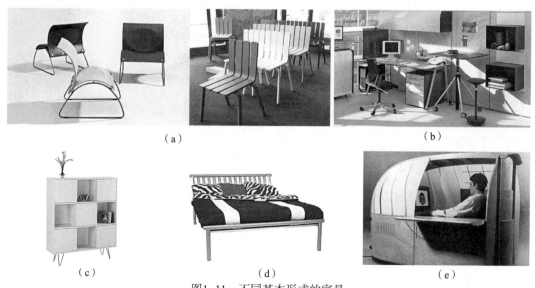

（a）　　　　　　　　　　　　　　　　　　（b）

（c）　　　　　　　　　　（d）　　　　　　　　　　（e）

图1-11　不同基本形式的家具

（a）椅凳类家具　（b）桌案类家具　（c）橱柜类家具　（d）床榻类家具　（e）其他类家具

① 椅凳类家具：指各种椅子、凳子、沙发等坐具。

② 桌案类家具：指各种桌子、条案，如写字台、会议桌、茶几等。

③ 橱柜类家具：指各种橱柜，如衣柜、餐具柜、橱柜、电视柜、文件柜等。

④ 床榻类家具：各种床或供躺着休息的榻，如双人床、单人床、古家具中的榻等。

⑤ 其他类家具：如衣帽架、花架、屏风等。

四、按使用场所分

在图1-12中所呈现的是不同使用场所的家具实物图片。

① 民用家具：供家庭用的家具，如卧室家具、餐厅家具、厨房家具、客厅家具、书房家具、儿童家具等。

② 办公家具：办公室用的家具，如办公桌、会议台、文件柜、办公转椅等。

③ 特种家具：如商店家具、剧场与会堂家具、医院家具、学校家具、交通工具用家具等。

④ 户外家具：如公园、泳池及花园用家具等。

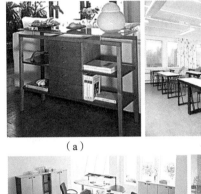
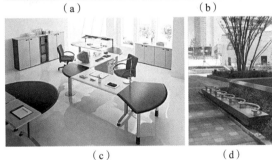

（a）　　　　　　　　（b）

（c）　　　　　　　　（d）

图1-12　不同使用场所的家具

（a）民用家具　（b）办公家具　（c）公共家具　（d）户外家具

五、按放置形式分

在图1-13中呈现的是不同放置形式的家具实物图片。

① 自由式家具：包括有脚轮与无脚轮的可以任意交换位置放置的家具。

② 嵌固式家具：固定或嵌入建筑物与交通工具内的家具，一旦固定，一般就不再变换位置。

③ 悬挂式家具：悬挂于墙壁之上，其中有些是可移动的，有些是固定的。

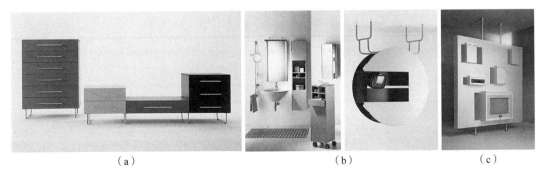

（a）　　　　　　　　（b）　　　　　　　　（c）

图1-13　不同放置形式的家具

（a）自由式家具　（b）悬挂式家具　（c）嵌固式家具

六、按风格特征分

在图1-14中所呈现的是不同风格特征的家具实物图片。

① 古典风格家具：具历史上某种风格特征的家具，有时称作传统家具。

② 现代风格家具：无明显的历史风格特征，较为简洁、明快的家具。

③ 新古典主义家具：将古典元素或具象或抽象地移植到现代设计中的家具，其本质还是现代家具。西方古典家具中的新古典风格家具不在此列。

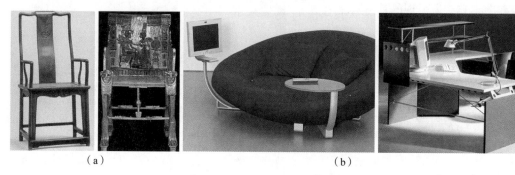

（a）　　　　　　　　　　（b）

图1-14　不同风格特征的家具

（a）古典家具　（b）现代家具

七、按结构形式分

在图1-15中所呈现的是不同结构形式的家具实物图片。

① 固定装配式家具：零部件之间采用榫或其他固定形式接合，一次性装配而成。其特点是结构牢固、稳定，不可再次拆装，如传统实木框式家具等。

② 拆装式家具：零部件之间采用连接件连接并可多次拆装与安装，可缩小家具的运输体积，便于搬运，减少库存空间。英文中对拆装式家具有三种说法和概念，即：KD（Knock Down拆装）家具，RTA（Ready to Assemble备组装）家具和DIY（Do it Yourself自装配）家具。

③ 部件组合式家具：也称通用部件式家具，是将几种统一规格的通用部件，通过一定的装配结构而组成不同用途的家具。其优点是可用较少规格的部件装配成多种形式和不同用途的家具。还可简化生产组织与管理工作，有利于提高生产率和实现专业化和自动化生产。

④ 单体组合式家具：将制品分成若干个小单件，其中任何一个单体既可单独使用，又能将几个单体在高度、宽度和深度上相互结合而形成新的整体。其优点是对某一单体而言，由于体积小，所以装配、运输较为方便，而且用户可根据自己的居住条件、经济能力和审美要求来选购家具的单体并进行不同形式的组合。缺点是在高度、宽度上都有重复的双层板出现，所以成本较高。

⑤ 支架式家具：是将部件固定在金属、木制或其他材料的支架上而构成的一类家具。如客车和客轮内的家具，支架的端部可直接与天花板或地板相连接。也可固定在墙壁上，使之具有不同形式、不同体量和不同数量的使用功能。这类家具的优点是可充分利用室内空间，制作简单，省料，造型多样化。由于家具悬挂，使清扫工作极为方便，但必须与建筑相协调。

⑥ 折叠式家具：能折动使用并能叠放的家具。常用于桌、椅和几类，钢家具尤为常见。便于携带、存放和运输，适用于住房面积小或经常需改变使用场地的公共场所，如餐厅、会场等，也可作为军队与地质队的备用家具。由于考虑能折叠就必须有折叠灵活的连接

件，因此其造型与结构受到一定的限制，不能太复杂。

⑦ 多用途家具：对家具上某些部件的位置稍加调整就能变换用途的家具。由于可一物多用，所以适用于住房面积小的家庭或单身者使用。考虑到多用时结构复杂，往往需要金属铰链，一般为两用或三用。用途过多时，结构会过于烦琐，使用时也就不方便了。沙发床即属于多用途家具的一例。

⑧ 曲木家具：这是用实木弯曲或多层单板胶合弯曲而制成的家具，优点是造型别致、轻巧、美观，可按人体工学的要求压制出理想的舒适形态。

⑨ 壳体式家具：又称薄壁成型家具。其整体或零件是利用塑料、玻璃钢等原料一次模压成型或用单板胶合成型的家具。这类家具造型简洁、轻巧、便于搬移，工艺简便，省料，生产效率高。塑料薄壳模塑家具还可配成各种色彩，生动、新颖，适用于室内外的不同环境，尤其适用于室外使用。

⑩ 充气式家具：是用塑料薄膜制成袋状，充气后成型的家具。可用彩色或透明薄膜，新颖、有弹性、有趣味，但一旦破裂就无法再使用，使用寿命短暂。

⑪ 嵌套式家具：为节省占地面积而使用的可以子母形式嵌套收拢在一起，使用时可以展开的家具。

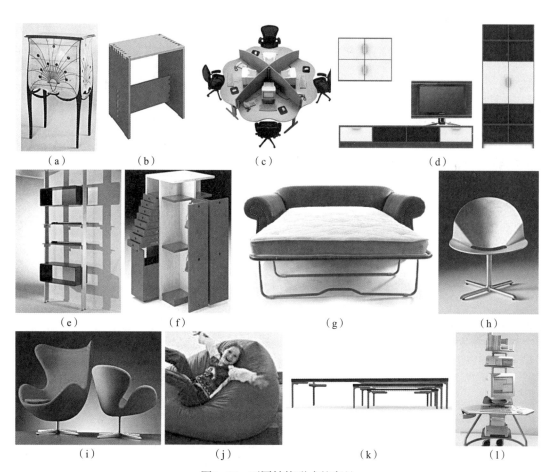

图1-15 不同结构形式的家具

（a）固定装配式家具 （b）拆装式家具 （c）部件组合式家具 （d）单体组合式家具
（e）支架式家具 （f）折叠式家具 （g）多功能家具 （h）曲木家具
（i）壳体式家具 （j）充气式家具 （k）嵌套式家具 （l）可移动式家具

八、按系统性质分

在图1-16中所呈现的是不同系统性质的家具实物图片。

① 系统家具（system）：起源于部件或单体组合式家具，家具系统由一组标准化的零部件构成。对于生产系统而言，零部件就是产品；对于终端使用场合而言，可以根据不同需要任意选择零部件进行组合。这一系统可以有效解决市场需求多元化与企业要求标准化，大规模生产以便保证品质、降低成本、缩短交货周期的突出矛盾，以不变应万变，以不变的基础系统实现消费终端形式构成的裂变性组合。系统家具主要应用于柜类家具领域，其他类型中也可采用，但系统相对简单。国际设计界将这一系统称之为"蘑菇式模型（mushroom model）"。本书将做详细阐述和设计示范。

② 独立单体家具（free standing）：即传统单体家具，如一把椅子、一张办公桌等。

③ 辅助家具（accessories）：这是指一些配套性小型家具或接插件，主要用于功能延展或环境布置。

分类只是便于学习和理解，设计师不能拘泥于分类而抑制自己的创造性。现代家具往往是交叉与复合的。如用材，在同一件家具中可能会用到多种材料；壳体可能与支架相结合等。设计师既要考虑终端使用状态，也要立足于制造企业的现实条件。

图1-16　系统家具示例

第五节　家具设计的原则

优秀的家具设计应当具有清晰的市场定位，应当是功能、材料、结构、造型、工艺、文化内涵、鲜明个性与经济的完美结合。一般来说，设计的价值应当超越其材料和装饰的价值。完美的设计并非靠制成后的装饰来实现的，而是综合先天因素孕育而成，并经得起时间与地域变化的考验。

作为一种工业产品，家具设计必须在消费与生产之间寻求最佳的平衡点，对于消费者来说希望获得实用、舒适、安全、美观且价格适宜的家具，而对于生产者而言希望简单易作，从而降低成本、保证品质并获得必要的收益。家具设计师还应当具有社会责任感，以自己的设计引导正确、健康的消费观。

以下是家具设计应遵循的八项原则。

一、实用性

实用性是家具设计的首要条件，家具设计首先必须满足它的直接用途，适应使用者的特定需求。如餐桌用于进餐，西餐桌可以是长条状的，因为通常是分餐制，而长条状的餐桌不能适应中国人的用餐习惯，因为中国餐饮文化以聚餐为核心，所以中餐桌往往是圆形或方形的。如果家具不能满足基本的物质功能需求，那么再好的外观也是没有意义的。

二、舒适性

舒适性是高质量生活的需要，在解决了有无问题之后，舒适性的重要意义就凸现出来了，这也是设计价值的重要体现。要设计出舒适的家具就必须符合人体工程学的原理，并对生活有细致的观察、体验和分析。如沙发的坐高、弹性、靠背的倾角等都要充分考虑人的使用状态、体压分布以及动态特征，以其必要的舒适性来最大限度地消除人的疲劳，保证休息质量。

三、安全性

安全性是家具品质的基本要求，缺乏足够强度与稳定性的家具设计，其后果将是灾难性的。要确保安全，就必须对材料的力学性能、家具受力的大小、方向和动态特性有足够的认识，以便正确把握零部件的断面尺寸，并在结构设计与节点设计时进行科学的计算与评估。如木材在横纹理方向的抗拉强度远远低于顺纹方向，当它处于家具中的重要受力部位时就可能断裂开来。又如木材具有湿胀干缩性能，如果用宽幅面实木板材来制作门的芯板而又与框架固定胶合时就极易在含水率上升时将框架撑散或芯板被框架撕裂。除了结构与力学上的安全性外，其形态上的安全也是至关重要的，如当表面有尖锐物时就有可能伤及使用者，当一条腿超出台面时有可能让人绊腿而摔跤。家具要实现无障碍设计。

板材、涂料、胶料等家具原辅材料中的有机散发物对人的健康带来隐患，家具设计与制作时必须予以足够重视。

四、艺术性

艺术性是人的精神需求，家具的艺术效果将通过人的感官产生一系列的生理反应，从而对人的心理带来强烈的影响。美观对于实用来说虽然次序在后，但决非可以厚此薄彼。重要的是何为美？怎样来创作美的效果？尽管本书将介绍有关美学法则，但美不是空中楼阁，必须根植于由功能、材料、文化所带来的自然属性中，矫揉造作不是美。美还与潮流相关，家具设计既要有文化内涵，又要把握设计思潮和流行趋势，潮流之所以能够成为潮流是因为它反映了强烈的时代特征，而时代特性具有文化或亚文化的属性。

五、工艺性

工艺性是生产制作的需要，为了在保证质量的前提下尽可能提高生产效率，降低制作成本，所有家具零部件都应尽可能满足机械加工或自动化生产的要求。固定结构的家具应考虑是否能实现装配机械化、自动化；拆装式家具应考虑使用最简单的工具就能快速装配出符合质量要求的成品家具。有人认为极品家具应当是充满个性的手工艺制品，由名匠制作的精湛的手工艺制品可能确实价格不菲，从文化传承的角度看也需要予以保护，但这一市场层面是狭小的，它不是商业系统的主流，手工制作的生产效率远不能适应大众市场的需求。而且，对于单件家具而言，由于无须考虑零部件的通用化，所以尺寸精度问题可以在家具成型时修缮，而批量生产时，手工制品几乎无法保证同一批产品质量的一致性与稳定性，手工制品再也难以成为家具市场的主导产品。家具设计的工艺性还表现在设计时应充分使用标准配件，随着社会化分工合作的深入与推广，专业化分工合作生产已成为家具行业的必然趋势。因为这种合作方式可以做到优势互补，为企业在某一领域的深入发展创造条件。使用标准件可以简化生产、缩短家具的制作过程、降低制造费用、节约能源等社会资源并对环境友好。

需要专门指出的是，为了避免被模仿，在商业化设计领域也有抬高制作门槛或设置工艺障碍的做法，使模仿者望而却步或得不偿失。

六、经济性

经济性将直接影响到家具产品在市场上的竞争能力。好的家具不一定是贵的家具，但设计的原则也并不意味着盲目追求便宜，而是应以功能价值比，即价值工程来衡量，这就要求设计师掌握价值分析的方法，一方面避免功能过剩，另一方面要以最经济的途径来实现所要求的功能目标。如用优质高档木材来设计制作拙劣的家具是糟蹋资源；反之，如果在一件高档家具中掺上劣质材料或制作时降低要求，那么就会使其身价大跌，这同样是一种浪费，而绝不是经济性的正确路径。从市场角度看，经济在很大程度上反映的是消费层次。

七、系统性

家具的系统性体现在三个方面：一是配套性；二是产品家族及其血缘关系；三是标准化的灵活应变体系。

配套性是指一般家具都不是独立使用的，而是需要考虑与室内其他家具和物件使用时的协调性与互补性。因此，家具设计的广义概念应该延伸至整个室内环境的综合视觉效果与功能的整体响应。

产品家族是指同一个品牌下面的家具应当具有相同的基因（DNA），如果品牌定位与理念没有变化，那么无论产品怎样更新换代，新旧产品之间一般应当具有一定的血缘关系。

标准化灵活应变体系是针对生产销售而言的，小批量多品种的市场需求与现代工业化生产的高质高效性一直是困扰家具行业的一大矛盾。在此情况下家具设计容易误入两条歧途：一种做法是回避矛盾，即不作详细设计，而是将不成熟的设计草案直接交给生产工人，由一线工人进行自由发挥，其最终效果处于失控状态，也空耗了宝贵的生产时间；另一种状况是重复设计严重，设计师周而复始地重复着简单而单调的结构设计工作，既消耗了设计人员的大量精力，又难免不出差错。而且对设计人员来说由于缺乏挑战性而容易使其思想僵化，扼杀其创造性，还会产生厌倦情绪。

把设计师从机械地重复劳动中解放出来的有效途径是进行系统化设计，以一定数量的标准化零部件与单体构成企业的某一类家具系统，通过其有效组合来满足各种需求，以不变应万变，将非标产品降至最低限度，这种做法能同时缓解由于产品品种过多、批量过小给生产系统所造成的压力。电脑软件程序在技术层面可以很好地解决上述问题，但其系统的设计思想依然是不可或缺的前提。

八、可持续性

可持续设计是指设计师应当将有效生态系统和社会公平作为自己的责任。要倡导绿色设计，有效保护环境，减少资源消耗，对人类负责、对子孙后代负责。

环保概念应当从广义上去理解，不仅仅要减少自身所处的小环境的污染，更要从整个地球环境及其可持续能力上来承担设计责任。

设计必须是绿色和健康的，设计应当遵循3R原则，即：Reduce（减少），Reuse（重复使用），和Recycle（循环）。

总之，家具设计师要有社会责任感，家具设计在构思时不能眼睛只盯着局部，而是要站在更高的立足点上登高望远、胸怀全局，而在具体设计时又必须有条不紊地深入到每个微观领域精心操作，切忌浮躁心理。设计师"是一只蝙蝠：一半是鼠，一半是鸟。"设计师应当具有开放和弹性的心理，沉得下、走得出。设计过程往往是一个不断权衡和妥协的过程，但不应忘记自己的目标、责任和义务。

第六节　家具设计的选材准则

在当今这一历史时期，行业与社会上存在着片面地以材料，尤其是全实木与纯实木为设计导向，这是不健康的。一方面，不管你怎么说，地球上硬阔叶材的实木珍贵材种根本经不起我们现在这种用法，想寻找新的实木品种来谋求更大性价比和竞争力越来越难。就算你找到了一个新的树种，除非你不成功，否则，只要有利可图，那么其他企业必然跟进，从而把这种材料的价格再一次地炒上去，行业出现与其卖产品，倒不如囤木材、炒木材来得快的怪现象。

另一方面，整套家具以及几乎所有的零部件都以一种木材一统到底并不科学，樱桃木一片红、胡桃木一片黑，在一个居室空间会好看吗？压抑！而且，不同的家具品类，以及同一件家具的不同部位，所承担的任务是不同的，而不同的材料有着各自不同的属性，应该将它们用到最合适的地方去。家具与室内环境的整体协调不一定非得用一种材料来统一，设计上有的是办法。图1-17为国内市场上普遍可见的纯实木家具及其环境，图1-18则是北欧实木家具的用法及其环境感觉。

图1-17　国内市场普遍可见的纯实木家具　　　　图1-18　北欧实木家具的用法之一

为什么大家都感到在意大利和斯堪的纳维亚已经很难见到纯实木与全实木家具，尤其是全部采用优质硬阔叶材制作的家具，这不是没有道理的，他们也曾经历过我们现有的状态，只是已经找到了更好的途径。

再者，目前国内对实木家具的生产方式在很大程度上还停留在工场手工业生产方式的惯性思维上，手工含量还是过高。手工程度越大，工业化生产越困难、产能越低、品质越不稳定。在工业化生产体系中手工不应该被标榜，手工不应该用于机器可以做得更好的地方，而是应该用于机器做不到或难以做出味道的地方，手工的应用应当最大限度地增加其附加值。这还不是纯经济层面的问题，劳动者也需要尊严，未来，新生代劳动者还有多少人愿意在如此恶劣的车间环境中作苦力？

材料导向是制造业思维所致，这一思维模式极大地制约着家具行业的设计创新，在这一深层思想意识的掣肘下，企业在战略上根本难以突围。

制造业思维源自不同的基材需要采用不同的结构、工艺和制造方法，需要采用不同的制造设备，在硬件上截然不同。工厂的建立与建设需要购买不同的装备，组建不同的生产流程，这都需要投入很大的资金来实现。由于不可能对所有材料的加工能力都予以建设，所以企业的生产能力就被相对固化，产品开发时就自然而然地以适应本企业加工条件为基本前提，最后所呈现出来的结果就是某一种材料一统天下。

除了中国传统家具等少量品类之外，多元化材料的综合使用是必然趋势，原因在前文已经说明。图1-19是意大利Zanotta家具多元化材料的产品集成包。当然，并不是说各种材料要等量使用，而是要合理选择。也不是说不能用实木，但要有节制地使用，实木更适合作为线型构件使用，更适合用于受力部位和迎面装饰性部位；人造板更适合用作柜体基材。另外，实木重组材料应当予以发展，因为可以兼具实木与人造板的双重优点，更重要的是可以克服实木这种自然材料各向异性和湿胀干缩的天然缺陷，制成标准工业板材，而标准工业板材是现代工业化生产的必要基础。如果没有工业化生产的基础条件，那么家具工业4.0就是一句空话。除了标准化工业板材之外，产品结构也至关重要，零部件构成产品的方式，在另一个角度对工业化生产的程度具有决定性作用。

因此，现代家具的选材越来越趋向于综合和多元化，材料选择的余地也越来越大。家具设计过程中应当根据设计目标、各种材料的属性以及可能的条件进行科学和理性的分析与思考。

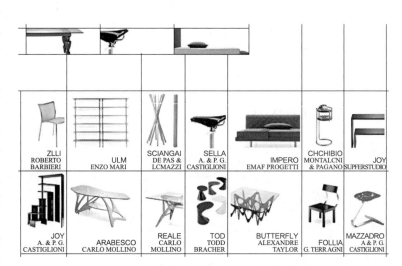

图1-19   意大利Zanotta家具多元化材料的产品集成包

一、材料选用的方法与考虑因素

（一）选择和使用方法

1. 分析法

演绎推理，这是设计工程的典型方法。即：根据家具产品的功能目标及其限制条件，同时考虑各种材料的属性进行综合分析，科学选用。如：除了表面硬度之外硬阔叶材实木的其他各项力学性能指标几乎都要高于人造板，因此更加适合用于承受动载荷的支撑类家具。但实木最大的问题是湿胀干缩，适合作为线型构件使用，对于柜类家具而言需要平板状构件，实木就会存在很大的隐患，而人造板刚好比较适用，柜类家具主要承受的是静载荷，人造板恰好可以满足使用要求，如果覆以实木单板则可进一步增加强度，赋予实木外观，还可把珍贵材料用在刀刃上，对环境友好。

2. 综合概括

归纳推理，基于以前的经验。归纳业已存在的材料使用情况，分析其合理性与存在的问题加以改进。一般而言，之所以存在就一定有它的道理，尤其是经过了时间考验的用法就更值得重视，不宜轻易否定。

如：为什么明式家具大量采用线型构件？其中固然有着文化方面的因素，但根本原因是我们的祖先通过几千年的经验积累理解了木材的自然属性并探索到了一套驾驭木材因含水率变化而动态变化的方法。即用实木制作家具时不外乎以下五种手段来聪明地进行设计：

① 尽量采用线型构件。因为横纹理方向的尺寸越小，木材湿胀干缩的绝对值越小。

② 尽量用于开放式构件。对于必须采用横纹理方向尺寸较大的构件时，尽量用于开放性部位，这样就不会因湿胀干缩而对结构带来灾难性破坏，而视觉上也不容易看出。如桌面等。

③ 端头尽量封闭。因为木材内部与外界的水分交换主要是通过纵向大毛细管进行的，如阔叶材的导管和针叶材的管胞。

④ 构件连接部位在设计时尽量不在同一平面，难以避免时留有工艺槽口以在视觉上消除或弱化可能出现的不良变化。

⑤ 当上述四种措施都无法使用时采用柔性接点。如框架木门中的芯板榫头与框架榫槽之间要留有足够间隙，以备芯板膨胀时缓冲，而不至于破坏框架结构。

又如：为什么某一种材料的家具都是这么构筑而不是其他形式，或者为什么某类家具大多数要用这种材料，应当分析该种材料的属性和加工工艺特点，从而使自己利用这种材料设计时少走许多弯路。

3. 类比、相似

与拟替代的材料比较。根据目标使用要求的材料属性指标对候选材料进行逐项对比，扬长避短，对于不够理想的指标是否还可以通过创造性的使用方法来弥补。

如：宽幅面的实木板可以由薄木贴面的人造板来替代，各种材料可以混合使用。又如：曲线构件可以由哪些材料来做呢？自然有钢管、弯曲木等来实现。

4. 模仿与灵感

碰巧、偶然、激发、对象诱发、想象。设计师应当在大脑中长存设计意识，善于观察、思考和捕捉稍纵即逝的信息元素，在日常生活、工作和娱乐的方方面面去感知、感悟，往往会有突发的灵感出现，甚至可能带来重大的变革。

在材料的具体选择时要综合应用以上四种方法，见图1-20所示。

图1-20　材料选择方法的综合应用

（二）综合考虑因素

1. 材料自身的特性

每一种材料均有其自身的特性，设计时要理解这些特性，进行科学合理的使用。材料的特性包括其物理力学指标、表面性状、加工特性和商品材规格，等等。

2. 目标设计产品的形态要素

如线状、面状和体状家具产品就应当分别选用与其性状相适应的材料，其他材料也许也可以使用，但可能效果没有这么理想或不经济，等等。

3. 技术结构

不同的结构需要采用不同的材料，如对壳体式家具而言，塑料就是一种合适的材料。

4. 用户特点

不同的使用场合和不同的客户群对材料往往有着不同的要求，如公共场所的家具要求采用耐破坏性的材料，户外家具要考虑采用耐候性好的材料；有些人喜欢实木家具，有些人由于某种原因可能优先购买板式家具，等等。

二、材料的物质性与非物质性

1. 材料的物质层面

材料的物质层面主要是材性和工艺技术层面，需要考虑以下几个方面：

（1）物理力学特性

材料的物理力学性能有比重、硬度、脆性、应力等。不同的家具，以及同一家具的不同部位对材料的力学性能要求都不相同，应用时可以从两个方面考虑：一是材料的多元化混合使用，用于支撑等受力要求高的部位可用金属等强度尺寸比高的材料，而对于与人体直接接触的部位则可用柔性材料和具有亲和力的材料，如织物、木材等；二是用单一材料时需要根据其受力情况进行分析计算来确定用材的粗细和长度，最后在不低于其受力要求的最小尺寸基础上再从美学角度去修缮。

（2）生产加工工艺特性

材料的加工工艺特性有工艺流程、加工方法、手段和相应设备与设施，不同的材料其加工手段、设备和程序完全不同，对于一个家具企业而言通常是不可能具备对所有材料都能加工的条件的。因此，如果设计的家具是用多元材料的，那么其中许多种材料的构件就需要进行外协生产，企业的运作模式需要涉及外部生产管理，管理难度与不可控因素会增加。所以，国内许多家具企业，其产品所用的材料都比较单一，其根本原因就是从自身的生产条件来考虑的，而对于产品线非常宽泛的家具系统而言单一材料不是最好和最科学的选择，因为其终端表现会显得单调和乏味。

2. 材料的非物质层面

材料的非物质层面主要是精神和文化层面，需要考虑以下几个方面：

（1）设计语义学及其表现出的相应特性

材料的传统性、功能与形式的关联性、时代特征、环保特点等都具有语义学属性，如"古典"语义的表达显然会用实木而不是玻璃、塑料甚至是大多数金属来实现，后者更适合表达"现代"。错位表达不是没有，但这通常是为了呈现一种新的文化和时尚的潮流，其本质是现代或后现代的，古典元素的适度移植往往可以使现代感得到反衬，使之更加强烈而成为时尚。

功能与形式的关联同样具有语义作用，尤其是当此种功能本身与时代密不可分时，如电脑桌、电视柜等，这种语义和材料的语义交互作用产生视觉效率。

材料对于环保的语义具有决定性作用，如废物利用、循环使用、可再生植物类自然材料的使用等都会在视觉上有强烈的环保表现，尽管科技的发展有可能会融化或藏匿掉这种语义，但设计师依然有办法通过设计来唤醒和提示。

（2）重要的象征意义

材料可以通过建筑范例、传播方式、新出现的技术等来传达某种象征意义，或宣告科学技术的进步，或宣告对环境友好；可以象征奢华，也可以象征简约；可以象征力量，也可以象征柔情和人性的关怀。

（3）感觉层面

材料可以传递感觉，如灯光的辅助、音响、触觉、气味等，设计师可以利用科学和美学的双重手段来驾驭材料的感觉，注意是驾驭而不是包装。

（4）历史的、社会的、文化和亚文化的、经济的和环境方面的考虑

材料作为一种物质的载体，承载着历史、社会、文化和亚文化、经济和环境等各方面的信息，可以通过设计师的创造性劳动赋予其深刻的内涵，造福人类，同时也担负着历史与社会的责任。

3. 材料选择的关联性

材料的选择不是孤立的，而是需要考虑各种因素及其交互作用。

（1）材料—技术—形式—功能的交互作用

材料需要考虑如何高质高量地实现各种物理与化学的加工、连接和表面处理，如何与形式表现相协调，如何满足使用功能的需要等。设计的任务就是要协调这些因素，求得最佳的综合效果。

（2）本地材料资源的可支配性

就地取材、因地制宜，材料的选择要考虑本地资源的可支配性，这样不仅经济，而且也会呈现出地方特色而独具魅力。

（3）自然形成的用材环境条件和气候

用材环境包括自然环境，也包括商业和社会条件。同时，与气候有关，我国北方地区以实木为主导一方面是资源相对丰富，另一方面是北方气候干燥，木质构件的尺寸可以相对稳定。家具行业的发展不仅仅需要终端企业，而且还离不开整个产业链，原材料作为家具产业链的上游，将直接决定本地区家具产业的发展和走向。

（4）材料的一致性与可识别性

对于某一品牌的产品家族而言，材料的使用要具有一致性，如不应该将红木和速生材混合使用而使得消费者无法判别其价值。材料还要具有可识别性，伪装不是正道，材料的属性应该清晰传递，社会越来越民主化，设计对消费者也将越来越透明。

（5）材料供应的可持续性

企业不是短期行为，设计师选用材料时要考虑其是否具有持续供应能力，一般而言都应该选用商品材，只有商品材才能具有相对稳定的供应渠道。民间有许多树种，但往往资源有限而不能成为商品材予以供应，除非你的本意就是只设计、制造和销售"孤品"。

第七节 家具可持续设计的方法与基本准则

家具设计必须考虑如何实现可持续发展。其中包括自然资源和生态的可持续发展、社会生活形态的可持续发展、经济的可持续发展，以及企业生存与壮大的可持续发展。而所有这一切都需要以可持续设计为根本依托。

在可持续设计理念和方法的指导下，家具产品往往会呈现出全新的形态特征，也会对大众的审美倾向产生潜移默化的影响，在帮助国民树立正确的价值观方面供给侧应当担负起社会与历史责任。事实上，创新的引擎永远被安置在供给侧一边，而不在消费侧。

可持续设计、绿色环保已经成为全球设计的普世价值观，也是当代中国设计的必然方向。那么可持续设计到底该怎么做？下面在揭示事物本质的同时，直接给出可遵循的途径和手段，主要有以下六个方面。

一、概念上的方法

首先要重新审视和界定产品的功能性，即原有同类产品的功能是否合理？是否存在功能过剩现象，若有则去除。其实，这种情况比比皆是，只是一直被认为理所当然而被习惯性忽略。在北欧你会深有感触，几乎所有的设计都是"刚刚好"，"增之一分则太长，减之一分则太短；施朱则太赤，涂粉则太白"。举个最简单的例子，大多单人床的宽度都是900mm，枕头只有我们常用规格的一半，即为小方枕，使用绝对不会有问题，但省了一半。

同时，还要避免一切不必要的纯装饰构件，我们有很多企业和设计师唯恐去除装饰构件后产品会显得单调乏味，这是设计能力还不够的自然反应，优秀的设计不是靠元素与构件堆砌而来的，而是在于形态构筑的美学素养。北欧有机现代主义风格的家具没有任何额外的装饰，但完全不会因此而失去其高雅的美学特质与价值感。如图1-21所示。

其次，要考虑如何延长产品的生命周期。这就要求设计尽可能经得起时间的考验而成为经典。事实上，装饰越重越不耐看，设计应当"冗繁削尽留清瘦，画到生时是熟时"，北欧很多20世纪50年代的作品至今依然是经典，历久弥新。延长产品生命周期的另一个角度是产品开发要精雕细琢地做成熟，并不断优化，国内很多企业不断仓促开发粗糙的新产品，又不断推翻、淘汰，一直在做着不断归零的傻事。这不仅难以"长肉"，也是对自然与社会资源的极大浪费，自然不可持续。

图1-21　北欧有机现代主义家具

导入期、成长期、成熟期和衰退期是产品生命周期的普遍规律，从经济角度看，真正收益主要在成长后期与成熟期，前面更多的是投入，所以延长成熟期和延迟衰退期才属明智。

二、减少材料的使用

材料消耗最小化就要避免材料的低利用率，降低产品中的材料含量，如在不影响基本功能与强度的前提下减小截面积、减少构件数量及其尺度，还要尽可能使用可再生的材料等。

图1-22中椅子坐面下左右两根侧档有一半是空的，这样一根材料可以对开出两个构件，不仅省料后强度不受影响，而且椅子体态更显轻盈。图1-23中有三件家具，中间那张椅子的坐面与靠背是一块板材，不仅可节省将近一半的材料，而且整件家具更加空灵；左边的椅子是用回收循环使用的塑料制成的；右边是一根钢管弯制而成，需要更换效果时可以拉直后重新弯制。

图1-24是荷兰著名户外家具品牌Extremis的家具，采用层压标准工业板材，底座的构件造型不仅有利于整张桌子的稳定，关键源自裁取面板后剩下余料的充分利用，从而几乎实现了零废料。

图1-22　省料的
　　　　实木椅

图1-23　深具可持续设计理念的椅子

图1-24　荷兰Extremis户外家具零废料的桌子

三、封闭材料循环

可持续家具设计要从整个产业链和产品生命周期的全程来考虑问题。封闭材料循环不仅要考虑循环使用，如图1-25为废品碎料再利用制成的坐具。还得考虑如何简化安装与拆卸，使部件的再循环和再使用变得简化（面向回收的设计），结构要清晰、明确和简单，要节省安装与拆卸的时间，如图1-26所示。

图1-25 废品碎料再利用制成的坐具

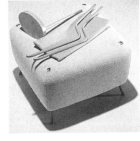

图1-26 安装与拆卸简单的椅子

Mirra座椅是Herman Miller公司第一款自始至终贯彻"Mc Donough Braungart的摇篮到摇篮设计协议"的产品。其所用材料的96%可循环利用，42%为可循环、再造材料。可方便地进行就地回收。Latitude织物靠背可100%回收利用，整个座椅不含聚氯乙烯（PVC）。见图1-27所示。

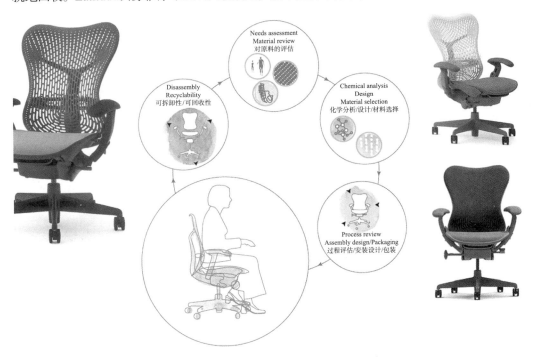

图1-27 Mirra座椅从摇篮到摇篮的设计

四、节约能源

节约能源既要考虑降低生产过程中的消耗，提高生产过程中的能源效率，还要考虑为降低运输过程、使用（节能设计）过程、回收过程中的消耗而设计，如图1-28所示。欧洲设计师在设

图1-28 可通过折叠与叠放而减少储运空间的椅子

计椅子时一般都会尽量采用三种途径中的一种来考虑形态与结构，即：叠放、折叠与可拆装。

五、减少在水、空气和土壤里的排放

目前，家具行业对水性漆和UV漆的需求正变得越来越迫切，以减少VOCs对大气的污染。

然而，可持续设计还要求使用"干净的"工艺技术，如减少油漆与胶黏剂的使用，在斯堪的纳维亚我们可以看到油漆家具越来越少，欧洲大陆也有这种现象，这是因为越来越多地采用了免油漆的零部件。去油漆化，如三聚氰胺板饰面板材的应用，不仅可以减少在水、空气和土壤里的排放，而且生产会变得更加简单、干净、效率更高、品质更好。

排放不仅要考虑生产过程，还要考虑为减少在运输过程中的排放而设计，要设计低污染的产品，并为减少在循环期间的排放而设计。

六、限制噪声和危险

噪声是有害的，会带来听觉污染，所以设计要努力降低在产品生产、运输和使用中的噪声。

同时，要改进产品的人体工程学，如图1-29所示，以减少职业病和其他使用中长期累积的健康危害，还要减少产品故障的几率和遗留影响。

以上所列的六个方面都是方法与手段，是"术"的层面，但我们还应看到其背后更加深远的意义。社会与生态方面的意义自不必多说，就企业与行业的角度来看，遵循可持续设计方针后还可以带来一种最直接的效果，那将是结构的简化与工业化生产的合理性会更加凸

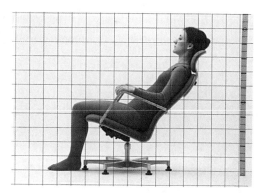

图1-29　库卡波罗设计的每一把椅子都充分考虑人体工程学原理

显，而这一点恰恰是工业4.0能够得以实现的产品结构基础。无论是汽车、高铁还是飞机，也无论是电脑、冰箱还是洗衣机等电子产品，其产品都比家具复杂得多，但工业化程度反而比家具要高得多，原因何在？那就是在设计时其结构分解就是以零部件工业化生产为前提的。在家具行业中，板式家具的工业化程度是最高的，但软体家具与实木家具等产品在很大程度上依然遵循着半手工半机械化的作业方式，由于"实在不行"的话"手工都有办法解决"这样一种惯性思维的存在，因此，长期以来结构问题并没有得到充分的重视，而如果这个问题不予以解决的话，工业4.0何以实现？

因此，软体与实木家具的结构必须彻底改造与重塑，而结构的改造与重塑往往会对传统的用材做出调整，这又将呈现出新的、不同的形态。德国、北欧和意大利现代家具之所以是那种"感觉"，不仅仅是造型设计的使然，在很大程度上就是工业设计与可持续设计理念指导下，在构成方式上的外化表现，这就是现代家具设计骨子里面的东西，结构上是不能拖泥带水的。如果没有清晰与坚定的工业设计意识与可持续设计的思想基础和专业能力就读不懂国际上优秀的现代设计作品。

可持续设计这个名词早已不再陌生，但对于中国家具行业而言在深层意识和思想上尚处于启蒙阶段，在具体的设计实务中遵循者更为鲜见。这里阐述的只是意识与方法问题，要能够真正执行还任重道远，这需要各有关方面共同努力，如：学者要把问题说清楚，政府和公共部门要有政策支持、企业要有自律行为、公民要有觉悟、媒体要扬善惩恶和传递正能量。

可持续设计不仅仅是设计师的事，而是企业、行业，乃至整个社会的事。目前中国家具行业的设计现状与可持续设计还相距甚远，在这个理念指导下，现有产品结构、供应链、生产组织与产业生态都将在很大程度上予以重组，一切都离不开教育，设计师需要接受教育，消费者需要引导、需要教化。

第八节　废旧家具的价值再造

上一节讲述的是可持续设计的基本准则，那是要在家具新产品开发的起始就予以考量的。但旧家具回收利用是另一种思维，也有必要上升到理论高度来进行分析和探究。

材料封闭循环固然重要，但从另一个角度来看，旧家具的处置首先要考虑的是如何将利用价值最大化，而不是一味地只有其材料利用的意识，即：要以一系列"价值"点为核心，对废旧家具的再利用途径进行梳理。这里给出的是以降序排列的六个价值点，与人们通常的显性意识不同，价值越高的不在物质层面，而是在非物质层面。当然，观点是开放的，也就是说，当更多人来思考时可能会增加许多新的价值途径，同时，对于每一种途径而言，也还有无限的创意空间。

一、历史的价值

历史是有价值的，而且历史不会倒退和重复，所以更加弥足珍贵。历史越久远，价值越大；如果历史文物本身在当时的设计和制作水平越高，价值也越大；若伴有真实可信的历史故事，则价值还可倍增。对于清代家具、明代家具、宋代家具等而言，自不必多言。但从时空两个维度来看，民国时期的家具、解放初期的家

图1-30　中国近代民间老家具

具、"文化大革命"时期的家具等也不乏其价值，除了古代宫殿之外，民间也不乏富有特色并具有一定年份的老家具，如图1-30所示。

这些家具在收藏、影视和文化产业领域有着广阔的市场和应用前景，甚至还可以为现代设计提供有益的养分，其实，民间不乏原始的创意，如果用现代设计理论和手法予以重新设计，则可催生出许多杰出的作品，当然，这是本价值点的副产品。

二、艺术与设计价值

废旧家具可能不完美，但其中往往会有亮点，有时甚至残缺也是一种美，就看我们用何种设计语言来诠释。老家具中有些元素具有独特的视觉张力，设计师可以赋予其新的艺术魅力，从而使其原有价值得以大幅度提升。

图1-31是在原有旧家具基础上进行的艺术化设计，或取局部，或予以混搭，或加上艺术元素，等等。

图1-31　旧家具的艺术化增值设计

其非物质的艺术与设计价值远高于原有的材料等物质价值。

这些家具可以单独作为艺术品来陈列，也可以融入套房家具中作为点缀，还可以营造出整个艺术环境。

三、修复后的再用价值

这一条无须解释，就是老家具往往出现这样或那样的破损，如图1-32所示，将其修复后仍然具有等同于原来的用途。

图1-32　破损的旧家具

四、重组价值

重组价值是指有些废旧家具中某些零部件已经完全失去用途，但另外一些零部件还可以继续使用，于是，可以将其中可用部分取出来，进行重新组合，诞生出一些新的、重组后的家具，这种途径往往是在上述艺术创新设计筛选以后确认只能降级处理时才用的办法。

五、转移使用价值

社会有贫富不均，有些家具其实还可以继续使用，只是原来的使用者为了改善生活条件而准备淘汰，但是对于广大贫困地区的人们而言也许还没有解决基本的功能问题，有些同胞的贫困程度甚至触目惊心，如图1-33所示。尽管让全体人民过上幸福生活的任务还异常艰巨，那不是这里讨论的话题，但发达地区有大量更新后腾出来的旧家具必定可以给贫困地区的人们带来很多价值，对他们而言那可能就是个宝，老家具发挥新作用，意义重大。

图1-33　贫困地区的学校家具严重短缺

六、材料循环使用价值

这一点的含义与上一节中封闭材料循环一致，但前面是顺向思维，即在设计新家具时的考量点，而这里是逆向思维，即基于已有的旧家具进行处置。

即便对于严重破损而实在无法再利用的家具，往往其材料还有很好的循环使用价值，可以从废旧家具中拆下来，重新加工成新的家具零件，甚至把材料粉碎后再利用，如图1-34所示。这个数量无疑也是惊人的，也是绿色生态设计的有效途径之一。

总之，废旧家具的价值再造，创意无限！

图1-34　木材废料粉碎后模压成型的长椅

这里只是从设计思维的层面探讨了这一命题，但该项工程完全可以进入商业化运作，只有商业化运作才能把事情做大、做得更好、做得更加轰轰烈烈，这种商业不仅仅具有无可置疑的社会价值，同时也必定可以获得巨大的商业价值。

本章小结

本章是对家具及其设计的全面概述。分别讲述了设计自身的角色与进化，包括对设计角色的理解、当代背景与设计任务的变化、设计的横向发展与纵向进阶；明确了家具的属性及其设计任务；从使用、制作、市场、要素与交互作业等方面阐明了家具设计的特点；依据所用基材、基本功能、基本形式、使用场所、放置形式、风格特征、结构形式和系统性质等对家具进行了分类；汇聚了实用性、舒适性、安全性、技术性、工艺性、经济性、系统性和可持续性等家具设计的原则；从材料选用的方法与考虑因素、材料的物质性与非物质性两个方面对家具设计的选材进行了剖析；突出了家具可持续设计的基本准则，包括概念上的方法、减少材料的使用、材料封闭循环、节约能源、减少在水与土壤和空气中的排放、限制噪声和危险等。最后从价值最大化的宗旨出发提出了废旧家具的价值再造，包括历史价值、艺术与设计价值、修复后的再用价值、重组价值、转移使用价值和材料循环使用价值。

思考与训练题

1. 如何定义家具与家具设计？深层次理解家具设计的内涵，包括家具的属性与设计的任务。

2. 你对设计是如何理解的？设计自身正在朝着什么方向进化？

3. 家具设计有哪些特点？其中哪些有别于其他工业设计？设计要素如何交互作用？

4. 家具有哪些分类？这些分类在设计时应当如何考虑？

5. 家具设计应当遵循哪些原则？

6. 家具设计时如何考虑材料选择？

7. 为什么要倡导可持续设计？家具可持续设计有哪些具体方法？依据这些方法进行可持续概念设计。

8. 从价值最大化角度看废旧家具应当依据怎样的优先程序予以再造？

第二章 需求分析与准设计

家具作为一种工业产品和商品，其设计不是盲目行为，而是为了满足特定的需求，需求就是设计的最初依据，国际设计界因此而提出了以用户为中心的设计（User Centred Design，简称UCD）概念。当代设计的另一种主要观点认为必须开发和开拓设计师梦想的能力，也就是设计驱动创新（Design Driven Innovation，简称DDI）。后者难度比较大，暂且不作为本科教材的主体内容。家具在生产制造与实际使用中会受到一系列客观条件的制约，设计是平衡需求与条件的活动过程。

同时，在商业化设计过程中，竞争与定位等概念至关重要，这是从战术层面的设计向战略设计晋级所需触碰到的更高阶知识体系。

家具设计前需要做市场调查，但真正在产品设计时却往往会发现这些调查的作用似乎并不大，还不如自己的直觉那么有效，因为，如果调查时机、样本和方法失当信息就可能失真。而且经常接触市场的并不是设计师，而是企业主、经理人和市场销售人员，而他们的感觉是否能用设计师听得懂的语言来表述还是个问题，他们的观点是否客观、是否带着主观色彩？信息是否准确、是否清晰、是否缺损、是否失真、是否同步、是否有效？如此等，均使得设计工作在实际运作中难以找到有效的依据。另一方面，来自专业市场调研机构的信息源和设计实务所需要的信息系统能否对应也存在着很大的问题，即便能够大致对应，但设计师是否有能力转化为可操作的设计条件和概念也是设计界非常薄弱的环节。市场调查只是必要但非充分条件，还需要进行人种志（Ethnography）研究和细致的用户分析。事实上，信息往往是宽泛而无效的，我们需要的是聚焦的和有价值的信息，因此，原始的信息是需要提炼和加工的。本章旨在通过目标客户的需求分析，提供解决这些问题的观念、理论、方法、程序和必要的案例，当然，以一章的篇幅是不可能充分展开的，而只能是一个框架和必要的示例，或者说是一片"压缩饼干"，不过至少能看到获取有效信息的路径和部分的设计思路。

这项工作被意大利设计界理解为设计前期工作的主要任务，本教材将之称为"准设计（metadesign或metaprogettare）"，设计前期的工作内容还包括产品战略设计（products strategic design，简称PSD）等。

第一节 准设计

准设计的主要作用是强调组成部分的开发，设计师的具体工作与设计过程中各组成部分的策划工作紧密相连。准设计是一个分享技术、模型、方法来完成整个设计过程的团队工作，这个团队能够给一个相同的特质赋予不同的结果。准设计过程非常强调设计和策划过程的方法和工具模型；设计过程能够界定明确一致的特性、语言、风格和行动方式。

现今国际设计公司明显表现出对准设计的需求，不再仅仅把设计依托于一位设计师。

设计分析阶段收集很多资料，准设计就是把设计分析阶段的资料运用到特定的案例中，把这些资料转化成定义限制、方案、指示和目标清晰的形式（需求、行为）；让案例和现行规章、使用者（社会不同阶层的个体）、技术、竞争环境（从整体经济范围到单个企业）以及过去积累的解决方案等联系起来。

准设计在其过程中会有一系列工作，例如：流行趋势白皮书，流行趋势图解，客户信息图解，技术发展方向图解，技术蓝图，相关知识图解，商业图解等。通常这些图解旨在让特定条件、不同背景和不同观念在未来发展方向上可视化。

一、准设计与设计的分界线

在家具企业中，准设计可分为三个阶段，每个阶段都有自己的任务。第一阶段主要研究市场与生产之间的矛盾，第二阶段则是研究产品并生成概念，第三阶段是研究设计和传播。准设计三阶段的关系见图2-1所示。第三阶段结束的节点便是准设计与设计的分界线，正式设计就可以展开。

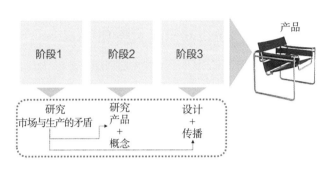

图2-1 设计三阶段的关系

二、准设计的演绎

（一）准设计第一步

第一阶段研究市场与生产的矛盾，其通用的研究路径是需要对相关市场进行分析和解读，对各相关产品从形态、技术和材料等方面进行分类剖析，表述结论和建立档案，最重要也是最难的是要从各个角度对上述要素进行关联性描述，画出关联图。详见图2-2所示。

对于每一个具体的企业，准设计还应当对上述通用研究进行细化和深化，这主要是从本企业的情况与竞争对手的分析中找到设计的概念和切入点。就自身企业而言，要认清自己在市场中的身份和地位，发现本企业的竞争优势所在，认识本企业产品的价值；同时，还要识别出主要竞争对手是谁，给出竞争对手的特性，做到知己知彼；然后，将自己现有的产品与竞争者提供的产品进行逐项比较。见图2-3所示。

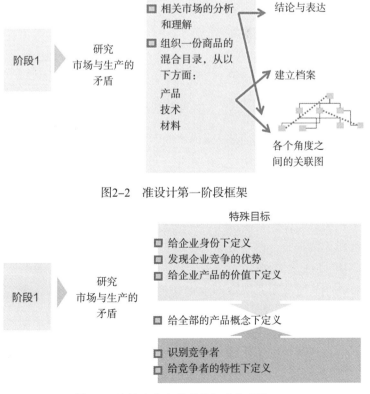

图2-2 准设计第一阶段框架

图2-3 比较企业自身产品与竞争产品

（二）准设计第二步

此项研究可以用到三种途径，一是研究范畴界定，二是案头研究方法，三是聚焦相关组织。企业认清自我可以通过采访有关知情人物，分析产品和生产传递过程，分析销售点和传播战略。发现企业竞争优势可以通过确定基准、分析历史文件和描绘竞争者地图来完成。认识企业产品的价值也可以通过研究范畴中的关键点来进行。识别竞争者可以通过研究范畴和案头研究来实现。给竞争者的特性下定义可以通过案头研究和聚焦组织来理解。给包括本企业和竞争者产品的全部下定义可以通过聚焦组织来识别产品主题和战略路线，充分考虑各企业产品家族的标准化体系和终端表现，并在设计专家的监护下进行设计交互作用的分析研究。详见图2-4所示。

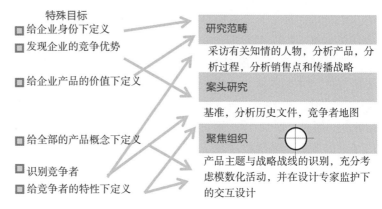

图2-4　企业及其产品的比较研究路径

研究工作需要资料的组织，给研究的问题下定义可以采用头脑风暴法和关键词法。研究范围需要界定，资料需要选择，所得资料需要组织和回馈，研究结论最终还要转化为设计要求。资料的格式见图2-5所示。图2-6为企业内部与外部环境的轮廓分析。

图2-5　研究资料的格式

设计研究需要从各领域的各类出版物中采集相关资料，资料源不可能无限扩充，而是需要有目的地选择。同时，产品研究需要视野宽阔，不仅需要从产业链全程分析，还要分析产品周边情况，如图2-7所示。

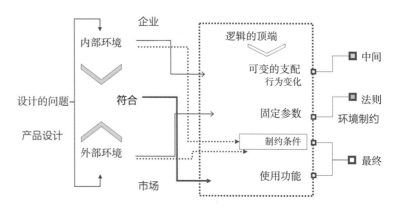

图2-6　设计环境制约情况的轮廓分析

（一）供求状态的甄别

设计既要考虑使用者，也要考虑生产和供应者，一般可以从以下几个方面来甄别使用要求与产供条件。

产品方面：尺度、标准（有关规定）、与其他产品相关联的分析报告、产品内部情况。

使用环境：产品外部情况、私人空间、公共空间、团队或家庭空间。

使用方式：单人或多人、休闲、工作或劳动、娱乐。

企业方面：技术系统、材料、企业传统遗产和积淀、分销系统、开辟新市场。

（二）需求分析框架

家具设计的依据可以根据5W1H来进行全面的分析思考，即：

1. 谁（WHO）

◆在市场上这类产品主要是谁在购买？

◆谁将使用这种家具？

◆谁将销售或批发这些家具？

◆谁将维修这些家具？

2. 什么（WHAT）

◆什么是其打算的用途？

◆什么是其可能做的其他事情？

◆什么家具是其竞争者？

◆什么功能应当被包括？

◆什么是其生活期望？

◆什么是该家具的期望成本？

3. 为什么（WHY）

◆这个家具为什么要设计？

◆为什么有人要买这个家具（给消费者一个购买它而不是其他家具的理由）？

◆为什么需要一个新的设计？

◆为什么这个家具会被使用（给一个使用它而不是其他家具的理由）？

◆为什么在其生产过程中要用手工、机械或数字化技术？

4. 什么时候（WHEN）

◆这个家具什么时候会被使用？

◆这个家具什么时候要维护或维修？

◆什么时候这个家具将失效？

◆什么时候这个家具会被存储或搬运？

5. 什么地方（WHERE）

◆什么地方这个家具被安装？

◆什么地方这个家具不应该放置？

◆什么地方这个家具被销售？

◆什么地方是这个家具的材料来源地？

◆什么地方这个家具被制造？

6. 如何（HOW）

◆如何生产这个家具？

◆如何使用这个家具？

◆多少功能这个家具可以提供？

◆如何让这个家具传播给所有的人？

这个分析框架是广义的，前期需要进行全面的分析，但这种宽泛的分析还不具备可操作性，因此必须逐步收缩和聚焦，从广义转至狭义。从狭义的目标客户群角度来看，需求分析可以首先简化和聚焦为表2-1。

表2-1　　　　　　　　　　　　需求分析的思维框架

	用户	企业
谁	细分客户群	对目标用户的轮廓进行界定与描述
什么	用户的需求（明确需求、隐含需求、期望）	企业战略/企业历史/市场定位
多少	所期待产品/服务功能的相对重要性、价值所在及其分级	技术限制、生产系统
如何	产品应具备的必要条件	设计的条件

二、分析与研究的思维模型

（一）需求对象

谁？即：目标客户群的需求特性。目标客户群可以从文化、社会、个人与心理等四个方面来予以分析和界定。见图2-13所示。不同文化背景和社会阶层的人对家具的需求是不同的，如美式家具不适合所有的人。有一部分中国人选择美式家具，那是因为少量富裕人群暂时将美式生活方式的表面性作为对自己身份的配置，对

文化因素　　文化、亚文化，社会阶层

社会因素　　相关联的组织、类型、身份

个人因素　　寿命周期、职业、经济条件和生活风格的研究

心理因素　　目的、感觉、理解、信仰、态度

图2-13　目标客户群需求特性的四个层次

特定的历史时段和特定的人群适用，这不属于中国文化，而是一种亚文化现象。社会因素涉及相关的组织、类型和身份，这一点对于办公家具和公共家具来说尤其重要，如金融机构和制造企业、教育机构、政府部门等所需要的家具既有共性的一面，但更多的是因行业属性所导致的个性差异，这种差异同时也会影响自己家居的选择倾向。个人因素包括年龄、职业、经济条件和生活风格等，要注意的是这些因素是交互的，有些企业只按年龄来分，有些只按经济条件来分，这些做法看上去似乎很科学，实质不然，每个个体都是不同的，所以目标客户群的分类是一个矩阵结构，而不是简单的线性状态。心理因素有目的、感觉、理解、信仰和态度等，这是更加个性化的层面。

因此，需求对象的分析要从宏观环境到个体特性层层深化来进行。

（二）需求内容

什么？即：目标客户群的需求内容。

消费者的需求有三种，即：明确需求、隐含需求和期待，见图2-14所示。这里的期待可理解为一种必须，明确需求是指消费者可以表达的特定要求，隐含需求是消费者在客观和潜意识中的要求，他们往往不会表达或不知道如何表达，甚至从来没有想过，但当设计师考

虑到这些方面时就可能会令其非常兴奋。

图2-14 目标客户群需求内容示例

（三）需求条件转化

怎样？即：将需求转化为设计概念。

需求到设计概念的转化有三个接点和两个步骤，见图2-15所示。需求首先需要转化为设计的必要条件，也就是说要满足需求应该或可以用什么来保障？然后再考虑具体的执行举措，对此可以利用自己的常识或在相关领域里寻找和激发灵感来创造设计概念。

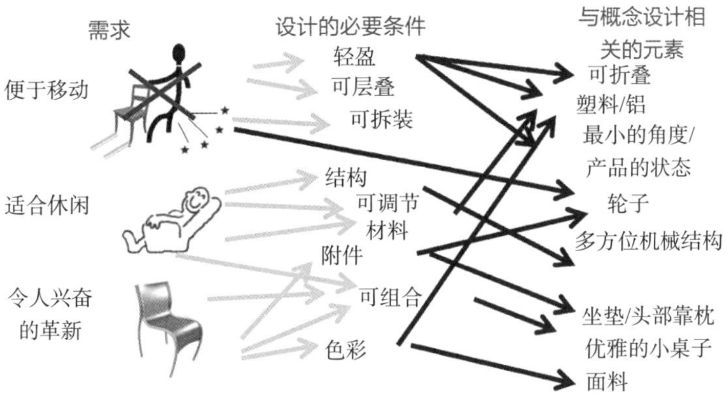

图2-15 将需求转化为设计条件的示例

三、功能形态分析

家具是人与环境的桥梁，其形态既取决于材料和结构，更取决于使用功能，并具有在基本使用功能的基础上无限演绎的可能性。功能形态分析在意大利也被称作产品、人和环境分析，即：PHC分析。见图2-16为床的PHC基本分析，图2-17为突出床头和床垫的创新设计，图2-18为Flou公司增强床

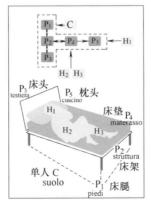

图2-16 床的PHC基本分析

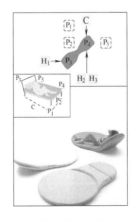

图2-17 突出床头和床垫的设计

头视觉效果的设计。

产品构筑还需要对功能形态分析进行深化，那就是考虑技术和产品语义，如中国明清时期玫瑰椅的设计就是技术、产品语义和形态表现的综合思考，见图2-19所示。

这种综合考虑隐含着一种逻辑的设计途径，见图2-20所示。

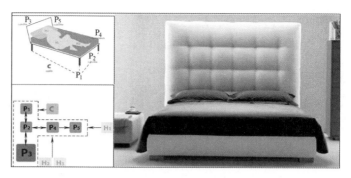

图2-18　意大利Flou公司强化床头视觉效果的设计

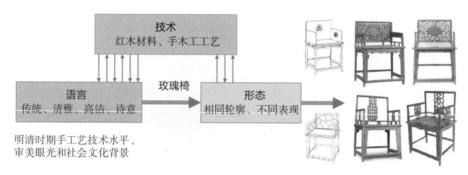

图2-19　玫瑰椅设计的综合考虑

图2-20　玫瑰椅形态构筑的隐含路径

四、概念设计的输入要素

概念设计的要素也就是产品设计要考虑的因素，设计是一项综合性极强的工作，主要涉及技术、风格、环境、社会文化和系统等五个方面。见图2-21所示。

（1）技术层面：制造技术、用材、五金配件、结构、尺度、人体工程学、力学、实用性、环保、数字技术等。

（2）风格层面：类型、产品语义修辞、风格、模数化、表面加工特性、表面装饰、质感、色彩配比等。

（3）使用环境层面：环境舒适性、建筑约束情况、组合协调性等。

（4）社会文化层面：生活风格，社会公共

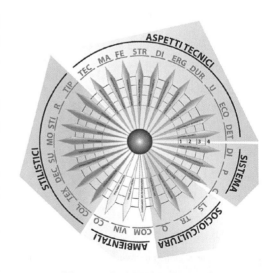

图2-21　概念设计的输入要素

潮流，工作、娱乐、休闲、饮食、起居和出行文化等。

（5）系统层面：分销渠道、定位与价格、传播、促销、服务等。

五、目标客户群的市场调查

对于目标客户群及其需求相对不明确的情况，则需要对市场和目标客户群进行详细的调研，这些调研结果主要应用于企业产品定位与战略设计上面，需要从市场上得到的主要信息内容有：

◆我们的访客和用户是有哪些人群组成的？新客户是怎样发展起来的？

◆现有客户和将发展的客户的教育水平如何？发展趋势如何？

◆现有客户和将发展的客户收入水平如何？将会如何变化？

◆现有客户和将发展的客户的地理分布情况怎样？会怎样变化？

◆现有客户与将发展的客户的消费习惯是怎样的？会怎样变化？

◆我们的客户和未来客户的人口统计学特性如何？将怎样变化？

◆我们的客户构成是怎样的？会有什么变化？

① 信息来源：a. 采访；b. 组织研讨；c. 产品使用状态的间接和直接观察；d. 调查表收取反馈信息；e. 网络调查。

② 客户需求的甄别程序：a. 采集客户意见；b. 对客户表达出来的需求目标进行诠释；c. 对需求进行分级排序，如首要功能、次要功能等；d. 确定各需求项的相对重要性。

③ 客户需求分项细析：a. 何时和为何使用这种产品？b. 是怎样使用这种产品的？c. 哪些方面是现有产品的正面属性？d. 哪些方面是现有产品的负面属性？e. 顾客在决定购买产品时有哪些考虑？f. 我们的客户和未来客户的人口统计学特性如何？将怎样变化？g. 产品可做哪些改良？h. 目标市场客户群所表达的所有意见之间的交互作用是怎样的？i. 对不清楚的环节要通过进一步的测试来发展对现有领域的调查。j. 发现了什么难以理解的东西？k. 哪些需求是出人意料的？l. 要成功调查现有产品和客户群的详尽需求，也要探测潜在客户的全套需求。

④ 深入的专题研究：a. 问题的分解；b. 功能的分解；c. 行为程序的分解；d. 基于使用者需求的分解；e. 相关产品分析；f. 竞争分析；g. 否定分析；h. 类比分析；i. 利用相关领域来启发；j. 利用不相关领域来启发。

⑤ 产品概念描述：如折叠椅的概念描述，是一把可折叠的、轻便的椅子，单人使用，能方便地从一个地方搬到另一个地方，单手即可提放，不用时可折叠后放置在角落，占用空间最小化。能够适应户外使用条件，能经受一定的日晒雨淋，价格低廉，便于批量生产……

第三节 家具使用的环境分析

由于本系列教材中另有《家具人体工程学》一书，所以，家具的舒适性与安全性、有关家具的基本尺度和其他相关参数等将不在本书和本章中介绍，这里所要讲述的是设计对功能的综合考虑与响应思路。家具的功能有三个层次，即：a. 对特定使用环境功能的整体满足设计，涉及生活、娱乐与工作形态所要求的整体功能在各家具中的分配、弹性和新的家具品种的诞生；b. 单件家具的基本使用功能；c. 细微功能的延展设计。人体工程学不作为功能的一个层次，而是必须贯穿在设计的全过程中。

设计首先需要分析人的动态行为，常用的描绘工具是情节串联图板，也称故事板

（Storyboard），图2-22是一个示例，即一天的生活情节串联。

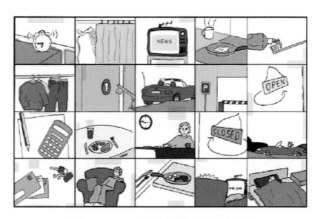

图2-22　一天的生活情节串联图板

一、家具与室内

家居=室内&家具，其中包括室内空间与家具布置、家具种类。这需要室内设计来予以统筹，其主要任务是功能区的分割和以家具为核心的功能配置。首先需要确定的是室内空间环境的主基调，即古典、现代或当代时尚设计风格，当这些大的基调确定后还要进行细分。古典风格（CLASSIC STYLE）一般采用平衡调性（balanced atmosphere），现代风格（MODERN STYLE）通常要采用突出视觉重心的方式（underlined atmosphere），而时尚设计风格（DESIGN STYLE）则会将目光吸引到设计感上（accent atmosphere）。如图2-23a、图2-23b和图2-23c所示。

图2-23a　古典风格的室内调性

图2-23b　现代风格的室内调性

图2-23c　时尚设计风格的室内调性

在室内空间中的调性确定以后就是空间分隔和各功能空间的设置以及功能空间之间的界面设计。

家具首先是为室内外环境而配置，不同的环境都是为了响应人类某种不同的需要，这些需要与人的生活、工作、娱乐和社会活动的形态息息相关。家具应当配合这些形态，使之更加适用、舒适、便捷和满足。随着人类文明的不断进步，其行为也在发生变化，或迅速或缓慢，传统的功能重心会发生转移。设计师不仅仅要关注和观察传统的行为习性，也要有动态和开放的意识，尤其对细微的变化要有敏锐的洞察力，这样才能不断创造出新的家具，造福人类。一个环境中的家具系统是人类某种形态的功能物化，基于我们的生活经验和习惯思维，一般人会把传统意义上的家具功能和形态进行定格，但随着生活方式的微妙变化，实际上是可变的，单件家具所承担的功能任务不应当是僵化的，家具与家具间的功能分工可以重新界定，新的家具品种和多功能家具也将随之而被设计出来，见图2-24所示。家具使用状态的设想可以采用场景图（scenario）的方式来描绘，见图2-25a和图2-25b所示。

图2-24　摇篮与摇椅基于功能的组合　　图2-25a　生活场景的集锦　　图2-25b　柜子的使用场景描述

　　家具对环境的响应不仅仅在物质层面，还要考虑精神层面和其他非物质层面。不同的使用场合和不同的消费者需要不同的氛围和格调，或端庄严肃或休闲随意，或现代纯净或古典豪华或追求都市精致生活或喜欢带有自然和乡土气息，或奢华或简约。家具设计必须与这些环境情绪的诉求相匹配。

二、住宅家具

　　住宅家具的设计首先取决于人的生活形态。生活形态是动态变化的，有纵向、横向和深度方向等三维变化。纵向变化是指历史沿革，伴随着人类文明的发展而变化；横向变化是指同一历史时期中由于不同国家、民族、地域、职业、建筑情况、经济条件以及人类个体间的各种差异而产生的变化；在同一个时空下也往往会随着生活形态的临时变化而对家具产生适应变化的要求。设计师既要理解其共性需求，也要洞悉其个性差异，赋予功能上的弹性来满足可能出现的新的变化，并在具体设计时根据市场与企业的情况找到相关的最佳平衡点。

　　家庭住宅内所用的家具，按照传统生活模式与建筑物内部格局可以分成若干个功能空间。这些功能空间可以分隔、半分隔；可以相互独立封闭，也可以相互融通。各空间的功能可以分成主要功能（也可称作核心功能）、次要功能和辅助功能等三种类型。

　　现实的居住空间通常由以下几个部分组成：

① 公共空间：客厅（起居室）、餐厅、家庭活动中心等；

② 私密空间：书房（收藏室）、卧室、卫生间等；

③ 操作空间：厨房、家庭实用空间（熨洗衣服）等；

④ 特殊空间：子女房等。

（一）家庭公共空间

　　对于家庭公共空间而言，其基本功能是满足家庭成员聚集生活的需要。基本功能也通常是传统的核心功能，如客厅用于家人聚合与接待客人，餐厅用于家庭成员聚餐等。次要功能和辅助功能具有更大的可变性，它们是随着家庭属性、结构和家庭成员的社会与经济特点以及社会生活潮流与走向等呈现出各不相同的需求特征并一直在动态地变化着的。有时变化较快而强烈，甚至有可能取代传统核心功能而成为一种必须，有时变化缓慢而不易察觉或由于生活状态与思维的惯性作用而未予特别的关注。如看电视原为一种辅助功能，没有它家庭成员可以照样聚合与接待访客，但一度随着电视的普及，看电视这种功能已经成为客厅的必须，这是人类科技与文化的强大作用深深地改变了我们的生活，现在，电脑和手机又在很大程度上代替了电视功能。而在客厅中健身就没有如此普及和必须。那么品茗究竟是在客厅、餐厅还是其他什么地方呢？看电视时人处于怎样的姿势比较舒适呢？这种姿势会有哪些变化呢？看电视时是否还会做点别的什么事情呢？显然由于区域文化、居室条件以及其他各种复杂的因素而难以固化，这些变化是家具设计首先需要研究的，不同的环境需要家具在整体功能的响应上有所作为，同时也是家具创新设计时首要的思维途径。图2-26是客厅家具及其环境效果。

（二）家庭私密空间

对于传统的卧室而言，其核心是睡眠，次要功能是衣物和床上用品的收纳与管理，辅助功能是梳妆、更衣、小憩、私密性交流、阅读等，并还可以延伸。如图2-27所示。

图2-26　客厅家具及其环境　　　　　图2-27　卧室家具及其环境效果

睡眠作为核心功能是无可替代的，其他的功能均可以向别的功能空间迁移，问题是一旦迁移就可能会带来不便，那么怎样才能便利呢？将所有的功能都纳入到卧室来是否就便利了呢？显然不是。其功能的边界在哪里？梳妆到底在卧室还是在卫生间更好呢？不少人喜欢睡觉前看电视，甚至卧室的电视比客厅还重要，各人的生活习惯不同，要完全清晰地界定是困难的，也无此必要。

思考的方法在于将睡前、睡中和睡后的必要与可能的行为描述出来，家具设计要予以一一响应，更重要的是此种响应往往不具普遍性，而是要把目标客户群范围收拢才更具备针对性，更有商业价值。一条重要的原则是在尊重传统生活习性的基础上进行科学创新。

排泄与洗漱是卫生间的两大核心功能，但如果不考虑整个居室的清洁工作显然会非常糟糕。洗澡是个人身体卫生的基本需求，但随着生活质量的提高，洗澡被赋予更多的含义，休闲对于卫生间来说，其功能需求已经日显突出。如图2-28所示。

同样的道理，书房的传统功能也已经发生了巨大的变化，并且还将继续变化。电子化和网络已经并还将继续改变我们传统的书房，包括家具和一切。数字技术已经并将继续改变着我们的书房。见图2-29所示。

图2-28 卫浴家具   图2-29 书房家具及其环境效果

（三）操作空间

厨房是典型的家具操作空间，系统性极强，不仅在功能上必须综合考虑，还必须对饮食文化、烹饪设备设施以及不同人种志的生活风格等进行深入的观察和研究。

这种观察和研究可以从用户做饭的流程出发。

① 购买：用户从菜市场或者超市等地购买了各种各样用于烹饪的食品，这些物品大部分都会存放在厨房中，其中涉及很多行为习惯。

② 备餐：做饭前需要进行大量的准备工作，包括洗、摘、切、摆、剥等一系列的行为活动。这个区域是厨房的主要操作区。各类炊具、砧板、刀具，还有调料和其他种种都应该放在该区操作台附近。在这个区域的柜体内收纳准备菜肴需要用到各种厨具。

③ 烹饪：这是用户在厨房中主要的行为点，也是厨房的核心部分，这一部分涉及各种电器和锅具，包括烤箱、蒸汽炉、微波炉、盖罩、深底锅、平底锅、烹饪用具和烘烤铁板等。

④ 进餐：在烹饪结束后便是进餐，就餐人数也会变化，这之间还有上菜，摆菜、盛饭等其他行为。

⑤ 清洁：在一家人吃过饭后进行清洗和消毒工作，可以是一个人也可以是多个人，时间也是不一定的。这个区域里除了水槽和洗碗机之外，还分布着垃圾箱和各种洗涤用品。洗碗机、水槽及其下柜是这个"湿区"的中心。

⑥ 存储：这一行为是涉及在整个做饭过程中的，因为需要从各个柜子里拿、放各种消费品，例如罐头食品，米，面，也包括冷冻食品。在这个存储区域的柜体内收纳各种消耗品。在烹饪和烘烤时方便拿取物品，并不断补充新的进去。这其中就有冷冻和非冷冻的食品。所以冰箱也属于这个区域。该区也会保存各种器皿如炊具、餐具、玻璃杯、刀具等。在这个区域的柜体内收纳各种耐用品，这里主要指的是厨房小家电，刀叉碗筷，碗碟盘子和杯子。

从厨房空间出发则可以进行环境分区，将厨房环境比作一个活力空间（dynamic space），可以从操作流程、空间利用和动感体验等方面来考虑。根据这一理念，厨房空间可以分为：食品储备区、厨具存放区、清洗区、准备区、烹饪区，如表2-2所示。

表2-2   橱柜分区功能描述

分区	示意图	区内功能描述
食品存储区	食品储存区	该区放置典型的消费品，例如罐头食品、米、面，也包括冷冻食品。在这个区域的柜体内收纳各种消耗品。在烹饪和烘烤时方便拿取物品，并不断补充新的进去。这其中就有冷冻和非冷冻的食品。所以冰箱也属于这个区域
厨具存储区	厨具存放区	该区保存各种器皿如炊具、餐具、玻璃杯、刀具等。在这个区域的柜体内收纳各种耐用品，这里主要指的是厨房小家电，刀叉碗筷，碗碟盘子和杯子。从人体工学角度来看，经常使用的餐具建议放在下柜的抽屉、而非上柜中
清洁区	清洗区	这个区域里除了水槽和洗碗机之外，还分布着垃圾箱和各种洗涤用品。洗碗机、水槽及其下柜是这个"湿区"的中心。这个下柜里主要收纳垃圾桶，洗涤用品和洗涤剂等物品
准备区	准备区	这个区域是厨房的主要操作区。大部分的准备和烹饪工作在这里进行。各类炊具、砧板、刀具，还有调料和其他种种都应该放在该操作台附近。在这个区域的柜体内收纳准备菜肴需要用到各种厨具。在备菜阶段经常用到的已开封的食品也收纳在此
烹饪区	烹饪区	该区为烹饪区域，摆放烤箱、蒸汽炉、微波炉、盖罩、深底锅、平底锅、烹饪用具和烘烤铁板等。这个区域是每个厨房的核心区域，有很多家电比如灶台、烤箱、微波炉和油烟机。摆放在该区域的典型物品有各种锅和锅铲

橱柜造型依据操作行为与空间格局主要可以分为L形、U形、一字形、并列形、岛形、环形六大类。在进行厨房室内布置时，要根据其功能将它划分为若干不同的区域，要充分考虑到家里成员的特征，因地制宜才是最合理的方式。但是任何布局的设计都需满足工作三角原理，即冰箱、水槽、灶具三大主要功能的合理安排，按照贮备、洗涤（经过料理）、烹饪的流程顺序，合理布置，便于操作，以减少劳动重复率。在设计时，首先要对厨房功能充分了解，将水槽、操作台、灶具、冰箱等，按照人们的操作习惯和工作三角原理进行合理布局。如图2-30所示。图2-31是一套整体橱柜的单体分解。

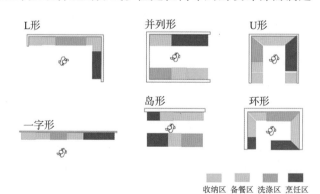

图2-30 橱柜典型的六种布局形式

（四）特殊空间

家庭特殊空间有酒窖、健身房、琴房、棋牌室、画室、客房、护工与保洁工房等，这些功能间依据户主职业、喜好、年龄层、户型大小和经济条件等均有不同的配置，较为个性。这里主要讲述有普遍需求的子女房。

子女的生活在家庭中扮演着越来越重要的角色，对于子女房的家具来说面临两大特点，一是年龄跨度大；二是功能综合和复杂。

图2-31　一套整体橱柜的单体分解

1. 年龄跨度

从婴幼儿到高中和上大学，子女的年龄跨度非常大，按照其心智发育和行为模式可以大致分为四个年龄段，即：0～2岁的学龄前婴儿时期、2～7岁的幼儿园时期、8～12岁的小学时期和初中以上的青少年时期。婴儿时期一般由大人全程监护，到了幼儿园时期开始有一定的独立性，但通常还不会分房，其活动空间比较灵活，会不同程度地分布在客厅、阳台以及其他各个功能空间。中国家庭独立子女房的设置比较普遍的是以上小学为标志，这也是首次独立子女房，而上初中以后，由于身心发育开始向成人化过渡，所以会更新为二次独立子女房，见图2-32所示。

以上两种子女房对家具的配置有不同的需求，如首次子女房家具的体量相对较小，二次子女房的家具相对成人化一些。对于经济基础相对薄弱的家庭来说，可能没有条件频繁更换家具，那么设计时就应当更大地考虑对各年龄段子女的适应性，通常就应当设计得比较成人化，也就是说家具几乎可以用到结婚前夕；而对于经济条件相对较好的家庭，子女房的家具更换可能相对频繁，因此可以将年龄细分化，即：可针对婴幼儿、儿童、少年和青年分别进行设计，如此就可以有比较清晰和统一的设计目标来满足不同年龄子女的需求。

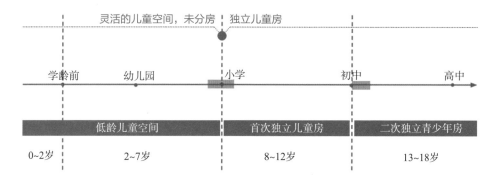

图2-32　儿童成长发育过程对儿童空间需求划分阶段

2. 功能的综合响应

子女房具有相对独立的空间，在这样一个独立空间中，不仅要考虑子女的休闲与睡眠，还要考虑其学习、娱乐和其他有关活动，并予以在家具和室内陈设上的合理响应。尤其要注意小孩探索外部世界和身心发育的自然特性。图2-33、图2-34和图2-35分别是对低龄儿童、少年儿童和青少年人群的特征及家居空间需求的定性描述。

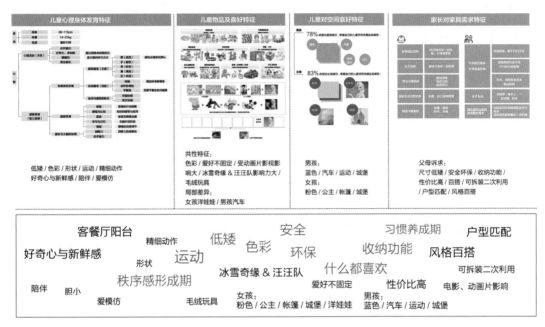

图2-33　低龄儿童特征及家居空间需求定性描述

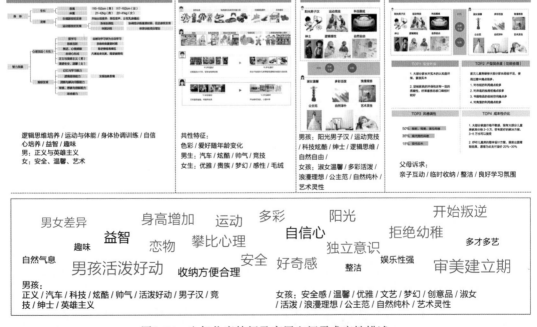

图2-34　少年儿童特征及家居空间需求定性描述

儿童心理身体发育特征	儿童物品及喜好特征	儿童对空间喜好特征	家长对家具需求特征

生殖发育 / 叛逆期 / 焦虑 / 性格暴躁 / 学习压力 / 社交 / 体能与健康

男生：运动 / 军事模型 / 竞技
女生：创意摆件 / 艺术气息 / 温馨小毛绒

男孩：白色 / 木色 / 自然 / 简单 / 轻松自由 / 英雄 / 偶像 / 梦想 / 运动 / 酷炫
女孩：白色 / 木色 / 高雅 / 温馨 / 自然 / 简约 / 文艺气质 / 梦想 / 休闲

父母诉求：
男生：阳光男子汉 / 运动 / 科技酷炫 / 自律绅士 / 博学多识 / 自然自由
女生：淑女温馨 / 简约经典 / 文艺气质 / 优雅 / 书香门第 / 自然自由

社交　书籍多　文艺　成人化　　拒绝幼稚
自然　　　　　梦想　独立　价值观形成期　理性　独立思考
喜欢白色黑色　审美需求　　　　　　自律　阳光　叛逆期　渴望轻松

女生：摆件 / 艺术气息 / 温馨 / 木色 / 自然简约 / 轻松自由 / 高雅 / 文艺气息 / 梦想 / 书香门第 / 柔美 / 雅致

男生：运动 / 军事模型 / 竞技 / 咖色 / 木色 / 轻松自由 / 英雄 / 偶像 / 梦想 / 运动 / 酷炫 / 绅士

图2-35　青少年特征及家居空间需求定性描述

图2-36是儿童在家庭中的生活场景，图2-37和图2-38是可供儿童涂鸦的家具设计。

图2-36　儿童在家庭里的生活场景　　图2-37　可供涂鸦的家具　　图2-38　可供儿童涂鸦的家具设计

三、办公家具

办公家具的设计首先取决于办公形态，办公形态也是在纵向、横向和深度方向三维动态变化着的，这些变化受到许多因素的影响。

办公家具有两个关键词，一是"办公"、二是"家具"；首先是办公，然后才是家具。

办公离不开社会生活形态，处于今天这个时代的人会对我们目中所及的家具习以为常，然而设计师应能发现宋代至今的办公家具的变化远不止风格的变化。宋明时期的中国人用的是毛笔、宣纸、砚台、墨等文房四宝，文案几乎都是卷藏的，要处理的信息量远不如现在那么多、节奏远不如现在那么快，小件办公物品似乎还没有多到非得用抽屉来装不可。因此，在书案中我们几乎很难见得到什么附设的收纳体。随着书写工具、书籍、刊物与纸张以及各种专用办公器具的日益丰富和信息量的不断增加，人们在办公中所用到的物件已无法在传统的案面上收纳，于是抽屉得到普及，抽桌也就成了今天办公所必备的家具。无论形式如何变化，桌面与抽屉乃是不变的核心。然而，电脑时代的到来早已开始冲击着这一经典的构架，光盘与网络正向人们宣告着无纸化办公时代的来临，书写区正向显示屏、键盘与鼠标让位，桌下空间给得主机箱留一个位置，存放传统办公用品的抽屉则需与光碟、磁盘平分天下……而这一切又不可能一成不变。随着一个时代的到来，新一代办公家具也将以不同于传统的面貌出现在我们面前，这个过程是悄然的，但却是坚定不移的。

（一）办公家具的演绎轨迹

要预测办公家具的未来，就应当先回顾其历史，我们能够从办公家具的演绎轨迹中清晰地看到人类社会的变迁对办公家具发展的决定性影响和深层次内涵，同时也能逻辑地勾画出其未来发展的轮廓和走向。

西方人刚从"伊甸园"走出来的时候也不知道"办公"为何物。

办公家具的历史主要发生在20世纪。这并不意味着早期没有办公史，例如，15世纪商人可能躲在颇似我们今天称之为工作站的地方工作。甚至耶稣十二门徒之一的马太（St. Matthew）9世纪就在桌子上"办公"。然而，显然这不足以形成现代办公家具设计，只有20世纪才开始了现代办公概念的建立与技术的发展。

20世纪的办公家具史可以分成6个阶段：即20世纪早期，50年代，60年代，70年代，80年代和90年代。这种区分反映了西方办公设计动态发展的主旋律。

1. 20世纪早期的"白领工厂"

20世纪早期欧洲的办公人员急剧增加。这一"行政革命"（administration revolution）是由企业和财政的集中引起的。企业合并后的大生产与技术产生了大量职业化团体，这就要求更多的合作与管理，从而导致了办公工作的规模化增长。

新的办公在很大程度上有别于早先的工作。以前，办公是有一定身份和教育背景的人才能做的事，此时却变得普及与平常了，而且，女人也进入了办公环境。社会学家将之归之为办公工作的"无产阶级化"（proletarianization）。办公室从小型变得像工厂的车间那么大而嘈杂。

此间，欧洲受到了来自美国的办公室艺术与办公管理两种思潮的影响，应用艺术思想的前卫人物是爱默生（Ralph Waldo Emerson），而科学管理之父是泰勒（Frederick W.Taylor）。

1942年罗德致力于模数化家具的研究，他设计了15个标准构件可以组合成400多个品种的办公家具。

模数化家具的设计者还有勒·柯布西耶（Le Corbusier）和皮尔瑞·杰纳莱特（Pierre Jeanneret），他们在1925年巴黎发明展上推出了37.5cm（15英寸）的模数，设计出纳用的储藏柜。1924年，马歇·拉尤斯·布劳耶（Marcel Lajos Breuer）在成为包豪斯的家具部主任后，以33cm（13英寸）的模数推广办公家具。布劳耶后来的家具与密斯·凡·德罗（Ludwig Mies Van derRoe）、哈里·伯托埃（Harry Bertoia）、阿诺·雅克比松（Arne Jacobsen）、埃罗·沙里宁（Eero searinen）、汉斯·诺尔（Hans Knoll）等齐名。

另一种设计思想来自于乔治·尼尔森（Geroge Nelson）的贮藏墙，即建筑家具化，将家具建筑化。尼尔森在1947年为行政办公组织设计了一个"L形"桌，它有一个写字台面、一个贮藏单元（放打字机），可放文件夹和嵌入式灯具，后来被称为工作站的样板。

2. 20世纪50年代的程式化办公

第二次世界大战后，办公工作随着经济膨胀而加速发展，在美国的帮助下，西欧迅速从"战后"（Post-War）的废墟中重新崛起进入了一个无比繁荣的时代。此时，一种崭新形式的办公建筑出现了，这就是玻璃幕墙的高层建筑。

此期出现了由斯凯迪莫（Skidmore）、欧文斯（Owings）、和梅立尔（Merill）设计的位于纽约公园大道的联合碳化大楼（Union Carbide Building），这个与新室内和新家具相连的建筑成功地实现了布劳耶、柯布西耶和罗德的梦想。建筑内的窗格、发亮的塑料天花板、金属隔断、文件柜和桌子均统一在75cm（30in）的模数上，从而实现了模数化、系列化和可变化。1958年美国社会学家莱特·米尔思（Wright Mills）将现代美国办公室描述成"一个带有一排排相同写字台的伸展的办公空间。"

3. 20世界60年代的风景化办公

20世纪60年代欧洲取代美国成为办公设计的先锋。那时闪亮的高柱随处可见，一个激进组织——德国的管理咨询机构正在迅速地推行一种新的办公概念，该组织的领导斯只耐勒兄弟，（Wolfgang & Zberhund Schnelle）认为办公家具的安排不应当根据等级或组织构架图来规划，而应当在员工之间建立一种新的联络模式，他称之为"风景化办公"。这样传统的办公布置被取消，家具随意地分组，并用屏风来隔断，用绿化来点缀。

与此同时，美国的医疗器械商罗伯特·普罗斯特（Robert Propst）将注意力转向了办公形态的研究，他设计了一份长长的问卷调查表，在办公人员中了解"谁能偷听到你的电话""你能在办公室打一个吨而不会遇上麻烦吗?"调查对象将他领到一个小货架旁小憩。罗伯特感悟到"人们有办法应对自己的困境""体态语言诠释内心世界"。

于是，"行为办公（Action Office）"出现并与风景化办公构成了20世纪60年代西方办公概念的主线。

4. 20世纪70年代的实验性办公

1973年爆发的能源危机导致了办公设计的变化，欧洲开始放弃了风景化办公，当然成本是一个主要因素，但欧洲大陆与不列颠群岛还各有原因。

在欧洲大陆已经很普遍的风景化办公受到员工的抱怨，这是因为"不适宜的温度、低湿度、无法忍受的噪音、暗淡的自然光线与外界的视觉障碍和自然通风的缺乏。"除了这些主要的问题之外，也可能与当时的办公文化相左。卡尔（Carl Christiansson）教授在看了瑞典风景化办公的一张照片后说："我想这里没有文化的功能，我们不习惯这种新的封闭方式。"

"单元化办公（Cellular Offices）"由此在瑞典首先出现，每个员工有一片办公空间，可以实现个性化调节。1970年IBM靠近斯德哥尔摩的总部原计划采用风景化办公，由于经济因素使其停顿，1974年新的建筑委员会建议采用单元化办公。单元化和标准化使员工人均实用面积增加。

不久出现了单元办公与开放空间相结合的"组合办公（Combi-office）"，以促进员工间的联系。

不同于他们的欧洲同仁，不列颠雇员没有正式的权利参与他们工作环境的讨论，这是英国文化的特点。此外，不列颠办公室大多为租用，自建者只有1/5，而北欧达2/3。

英国的单元化办公组合了开放布置（Open-plan），风景化办公的理想主义概念被效率与弹性的考虑所替代。在开放计划中的一个主要革新是系统家具（System Furniture）的引入。最有影响力的是米勒的行为办公，它用富有弹性的方法减少了开放空间中的噪声和私密性问题。

当时最有革新意义的不列颠开放型布置是诺曼·福斯特（Noman Foster）设计的多莫斯建筑（Domus building），其中的许多革新之一是将地面架起，内挖走线槽。没有人知道为什么，因为当时可见的办公设备只有打字机和电话，但设计师却似乎正在迎接信息时代的到来。

1976年美国海沃斯（Haworth）公司率先设计了预设电线的模数化办公板，他们称之为"妈妈"（Mom）。从那时起，办公家具也变成了一个动力体系。

5. 20世纪80年代的电子化办公

20世纪80年代，商业经济随着能源危机的结束而复苏。在经济增长的驱动下，办公随之发展。

早期有着庞大身躯的计算机只能容纳在建筑单元中，现在计算机来到了员工的桌面，因此，80年代中期个人电脑已成为办公室设备。

一般认为，计算机将迅速改变办公设计，不列颠的办公专家弗拉克·杜菲（Frank Duffy）在1984年陈述"许多建筑突然间全变得过时了。"甚至更为激进的是像托夫勒（Toffler）的《第三次浪潮》或纳斯贝特（Naisbett）的《大趋势》等书，指出不久的将来在世界上不再需要建立办公室，因为计算机能使人们在任何他们想去的地方工作。

事实上，计算机影响办公设计仅仅在一个层面上。在北欧，相对于电子技术而言，人们更关注的是办公室舒适的自然环境，如自然采光、通风和室外环境等，追求的是"社会心脏"（Social heart）的功能——人性化。

6. 20世纪90年代的有效办公

最新的信息系统发展带来了20世纪90年代所谓的"有效办公（Virtual offices）"。随着移动电话、因特网和电子邮件的出现，办公人员实际上变成了"自由行动者"（Footloose）——享有办公地点和时间的自由。

信息技术改变了关于工作和组织的概念。"商业过程重组"（Bussiness process re—engineering）、"轻快工作者"（Working smarter）等新名词对办公进行着重新的定义。刊登在报纸杂志上的人们在咖啡馆、家庭中或泳池旁工作的照片似乎证明了"选择性办公"（Alternative office solutions）已经成为现实。

一个"弹性时间"（Flextime）或"交替办公"（Alternate office）的典型例子是IBM为其800名"移动"的雇员提供了180个工作位子。

（二）影响办公形态的因素

办公家具是办公形态的载体，而办公形态则受到社会文化、建筑类型、办公设备、使用材料与工艺、组织形态以及人性化等因素的影响。社会文化还有时代与区域特点，在不同的经济和文化背景下办公家具的类型、功能、风格和制造水平是不同的，这取决于不同的社会文化、物质文明水平和工作方式。见图2–39所示。

影响办公形态的因素有外部和内部两个方面，外部因素有社会文化、建筑类型、办公设备以及科学技术，见图2-40所示。

对于具体的办公空间而言，其组织属性、办公形态与办公家具的关系有如图2-41所示的关联。

现代办公空间内部有四种典型的工作形

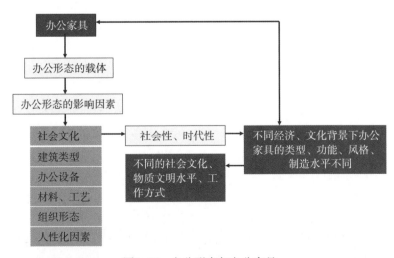

图2-39 办公形态与办公家具

态，见表2-3所示。

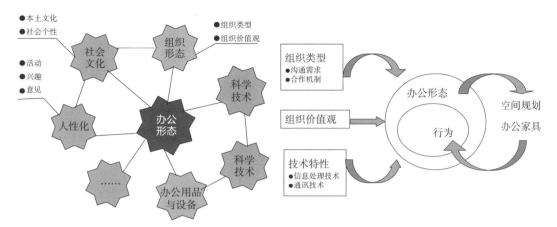

图2-40 影响办公形态的因素　　　　图2-41 组织属性、办公形态与办公家具的关联

表2-3　　　　　　　　　办公空间内四种工作形态分析

空间＼属性	空间开放度	自律性	互动性	使用组织
蜂巢（HIVE）	开放	低	低	银行、财务及行政人员，资料输送人员，客服中心
密室（CELL）	独立	高	低	会计师、律师、管理阶层、顾问、计算机工程师
小组（DEN）	开放或独立的群组空间	低	高	设计小组、研发团队、多媒体部门、保险业务人员
俱乐部（CLUB）	不限定	高	高	广告、传媒、公关公司、网络公司的创意部门，管理咨询公司，信息科技公司的市场销售部门等

具体工作行为、相应道具和办公家具响应的关系见图2-42a，图2-42b和图2-42c所示。

图2-42a 个人内部办公行为与办公家具的响应

图2-42b　群体内部办公行为与办公家具的响应

图2-42c　与外部交流的办公行为与办公家具的响应

四、商业、文化娱乐与特殊空间的家具

商业空间包括餐饮，如饭店、酒吧、茶社，零售与金融机构，如商店、银行、证券交易中心，还有宾馆与其他服务场所，如洗浴中心、理发店等。

文化娱乐空间有剧场、博物馆、练歌房、歌舞厅、棋牌室、保龄球馆、桌球室、健身房和高尔夫俱乐部等。

特殊空间有文教、展示、医疗和户外空间等。

这些场所和空间各有其非常专业和个性化的特点，而且也一直在发展中，家具设计必须配合建筑和室内设计行业进行深入细致的研究，并且遵循具体问题具体分析的原则来进行设计。目前，这些空间的家具多数是按照工程项目的方式实现定制，以满足不同用户和不同场合的特殊需求，并且有明确的客户（经营者）对象可以进行点对点讨论，因此，从家具设计的角度来看，其市场风险是很低的，因为往往是先确定项目后再进行设计的，如果设计不能让客户满意还可以进行修改，直到满意为止，目标的满足度可以得到较大程度的实现。

不过，事实上对于同一种服务类型的空间而言，其服务形态通常还是高度相似的，因此其中的核心类家具同样具有功能的一致性，家具作为一种工业产品依然可以在深入研究的基础上开发定型产品，这样可以使家具设计和制造得更加成熟和精致，供货也可以更加迅捷。

定制不是没有优势，但如果能够在生产系统实现标准化，而在终端表现上可以多元化，那么对整个社会来说，可以最大限度地降低资源消耗，对家具企业而言会有更好的经济回报，对于终端客户来说可以享受到更好更成熟的功能，对于服务业的经营者而言可以减少开支而得到更好的产品与服务。

五、户外家具

户外家具包括公共领域的露天家具，如公园、海滨浴场、城市广场等；也有私人住宅中的室外区域和一些半封闭场所的家具，前者如私家花园，后者如屋顶和阳台等。

人们在户外生活主要有三种需要满足的功能，即：庇护、休闲和娱乐。

庇护旨在使室外不利条件变得更温和宜人，如夜晚需要照明、夏天太阳高照时需要庇荫和纳凉、冬天需要保暖、气候恶劣时需要遮风挡雨等。休闲旨在和谐的自然中放松心情，享受自然的乐趣和处于户外的快乐之中，其可能的行为包括躺卧、进食、消遣和领略风景等。而娱乐是在开放的空间中，体验户外的运动、聚会和游玩等。

除了与普通室内家具一致的通用特性外，户外家具的设计还需在以下方面增加设计性，如：耐候程度（雨水、冰雹、雪、霉菌、阳光、紫外线、湿度变化、极端的温度、盐、风、磨损、耐久性等）、生态相容性、环境影响、针对专门行为方式的实用性、可运输性（室内外搬移），可回收性，等等。图2-43为户外各种功能与活动地点的交互关系，这里编织的是具普遍性的可能概念及其脉络，在具体设计时可以直接参考。

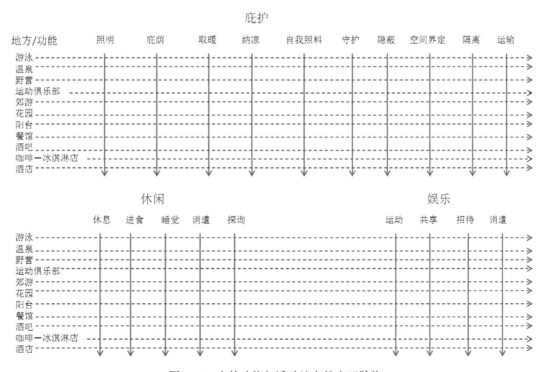

图2-43　户外功能与活动地点的交互脉络

第四节　家具单体及其功能细节

一个完整的功能空间往往需要有若干个家具单体或家具组来满足其使用要求，每一件家具均担负着其自身的功能任务。如床用于睡眠、椅子用于支撑坐姿、桌子用于学习和工作、柜子用于收纳和管理物件，等等。

支撑、凭倚和收纳类家具是物化了的最基本的功能形态。然而，随着人们对健康、安全、舒适、便捷等要求的提高，这三大类型的家具一直在不断地分工、细化和发展着，早先是依靠人们的经验和直觉，现在由人体工程学指导着这些旨在深化的设计工作。

人体工程学是一门新兴的学科，其自身还在不断发展和完善中，并有待于从狭义的概念逐渐扩展到广义的概念。将通用型人体工程学移植到家具领域时间还更加短暂，更加有待于逐步完善。因此，至少到目前为止，人体工程学对家具设计而言仅为必须，而非足够。本章节所阐述的不是人体工程学的硬知识，而是讨论家具设计时该如何思考。

数千年的人类文明已经给我们创造和积累了千千万万的家具种类，其中不乏优秀的经典之作经受了时间和地域的考验而成为不朽之作。就一般的生活和工作而言，还有什么家具不能满足我们的需要呢？为什么人类还要不断地设计呢？因为，人类对高标准生活的追求是无限的，而功能的不断深化与细节的不断发展是家具设计至关重要的方面，这同样是无限的，创意无限、发展无限。图2-44是人类进化的示意图。

图2-44　人类进化示意图

设计无限，但根植生活。家具的功能设计首先必须建立在对生活的深入理解上，而人类的生活又是千变万化的。见图2-45所示。

一、家具的使用场景分析

设计家具前首先需要考虑的是该家具所承担的功能任务，即目标产品是如何被使用的。这项工作可以通过场景的勾画来实现可视化，从而把需求情况呈现出来。下面以沙发设计为案例来予以诠释。图2-46是民用沙发的使用者及其可能的使用行为细析。

图2-47为目前城市几种典型白领家庭的共性取向。

图2-48a，图2-48b，图2-48c为单人使用沙发的场景。

图2-45　人的工作与休闲

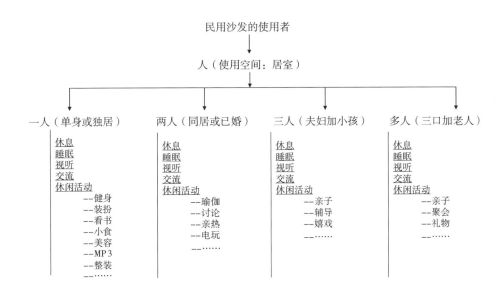

民用沙发的使用者

人（使用空间：居室）

一人（单身或独居）	两人（同居或已婚）	三人（夫妇加小孩）	多人（三口加老人）
休息 睡眠 视听 交流 休闲活动 　　——健身 　　——装扮 　　——看书 　　——小食 　　——美容 　　——MP3 　　——整装 　　——……	休息 睡眠 视听 交流 休闲活动 　　——瑜伽 　　——讨论 　　——亲热 　　——电玩 　　——……	休息 睡眠 视听 交流 休闲活动 　　——亲子 　　——辅导 　　——嬉戏 　　——……	休息 睡眠 视听 交流 休闲活动 　　——亲子 　　——聚会 　　——礼物 　　——……

图2-46　民用沙发的使用者及其可能的使用行为细析

系列家具

Single_
一人［单身或独居］年龄：24~30岁"80后"一族
租房为主或者初次置业小户型
1. 时尚、现代
2. 基本件完整、成套，功能意识不强
3. 风格一致，生活方式未定型

Double (Married orunmarried)
两人［同居或已婚］
年龄：25~35岁
置业或租房［中户型］

1. 基本要求不高，便一定要时尚，符合潮流
2. 全套设计，外形重于功能，赋予意想不到的创意性功能及形态
3. 浅色比深色的市场大

Family (Couple+one child)
三人［夫妇加小孩］
年龄：25~40岁
置业［中大户型］

1. 功能首选，生活方式基本定型
2. 原有家具选择性留用，部分更新
3. 子女房家具必备［少年儿童为主］
4. 要求新旧协调

Family (Couple、children and grandparents)
多人［三口加老人］
年龄：30~40岁
置业［大户型］
1. 第二套住宅：追求个性化
2. 考虑接待功能
3. 不动产投资，可能出租

4. 搬迁更新
5. 功能首选，生活方式已定型
6. 有价值感家具
7. 子女房家具必备［青少年为主，成人化］

图2-47　几种典型白领家庭的家具选择取向

● 坐姿休息

● 睡眠

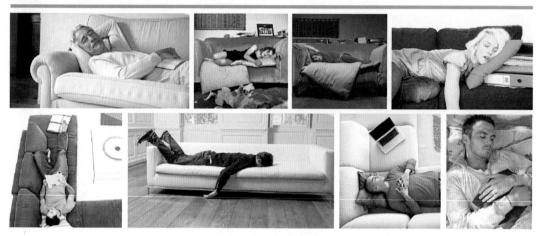

图2-48a　单人使用沙发的场景（休息坐姿与睡眠）

图2-48b　单人使用沙发的场景（视听与沟通）

● 休闲活动

上网　　　　　　看书　　　　　　　小食　　　　美容　　　　测试

清扫　　　　　　健身　　　　　　瑜伽　　　　整装　　　　玩球

读书　　　　　听MP3　　　　工作　　　　看电视+吃零食　　唱卡拉ok

图2-48c　单人使用沙发的场景（各种休闲活动）

图2-49为两人使用沙发的场景。

图2-49　两人使用沙发的场景

图2-50为三人世界使用沙发的场景。

三人世界 — a. 父母与小孩 VS 沙发

三人世界 — a. 父（或母）与小孩 VS 沙发

图2-50 三人世界使用沙发的场景

图2-51为儿童与老人使用沙发的场景。

儿童与沙发

老人与沙发

图2-51 儿童与老人使用沙发的场景

图2-52为多人大家庭使用沙发的场景。

多人（三口加老人）

图2-52　多人大家庭使用沙发的场景

二、家具单体的基本功能

功能是家具创新的重要途径，家具单体首先要满足其不同使用条件下的基本功能。

（一）同类家具的用途差异

许多设计师在设计一种类型的家具时往往只考虑造型本身怎么变，其实就造型而论造型不会有好的效果，而是应当从功能与情感着手，设计是建立在对功能的深入研究分析和对人性关怀的基础上的，对功能的自然演绎与真实的情感表达常会带来新的令人兴奋的视觉感受。如图2-53为不同用途的沙发设计。

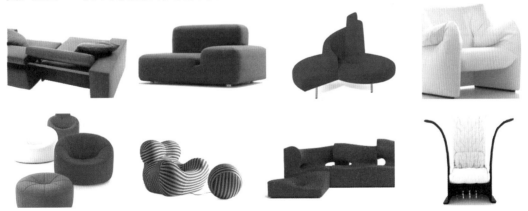

图2-53　不同用途的沙发设计

（二）对功能、环境与使用状态的完整考虑

有些家具，因其使用的特殊性，往往需要对其功能、环境和使用状态进行全面和完整的

考虑，否则就会在实际使用过程中遇到非常麻烦的问题，这些考虑甚至包括安装运输和维护等。如表2-4为医用病床设计时关于各项细节的系统、深入和全面考虑。

表2-4　　　　　　　　　　病床的功能与形态关系细析（案例）

使用必备条件	动态参数	主要因素	次要因素	参数指标		
1. 供平卧的一个面	病员身材大小	平卧面的尺寸	长度 宽度	190～200cm 85～95cm 		
2. 卧面应当提供活动关节并可以调节	活动关节带（膝盖、脊背）	卧面（分成三段）	最长 中长 短 长/中长间夹角 中长/短间夹角	95cm 50cm 45cm 50° 10° 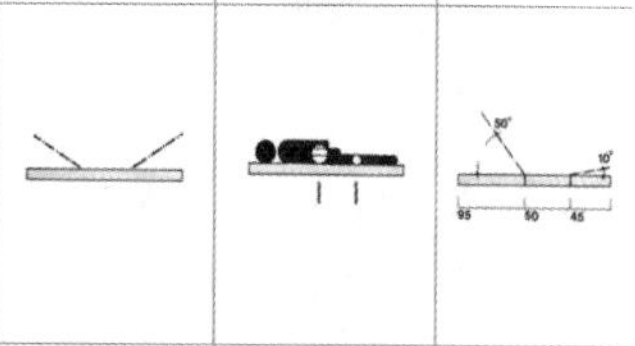		
3. 应当可以处于不同的位置	位置类型：平直、头部抬高、头部降低	卧面的支撑结构	角度 角度 角度	0 +8° -8° 		
4. 卧面应当舒适	表面使用的材料	压缩和弹性指数 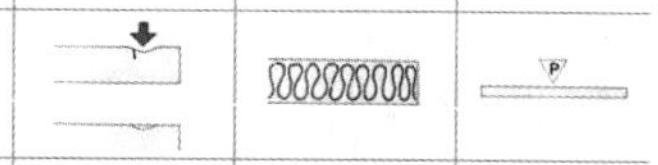				
5. 躺下和起来应当方便	病人的身材	卧面的高度 				
6. 应当方便医生透视	医生的身材	卧面的高度 				
7. 病床应当便宜	用于单人活动	卧面的高度 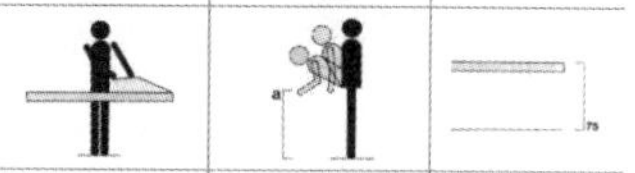				
8. 应当考虑保健和消毒	消毒的方法	材料表面耐化学特性		100～110cm 		
9. 应当可移动	医院走廊的宽度、床的质量	轮子的间距、把手的高度 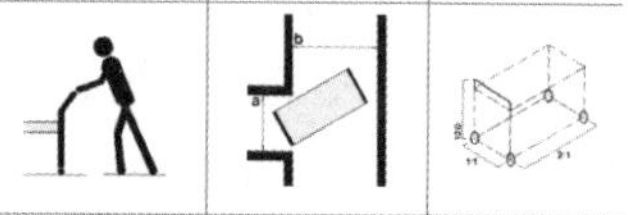				
10. 应当结实	装载的类型和体量	可能出现情况的考虑，材料的物理力学与化学性能 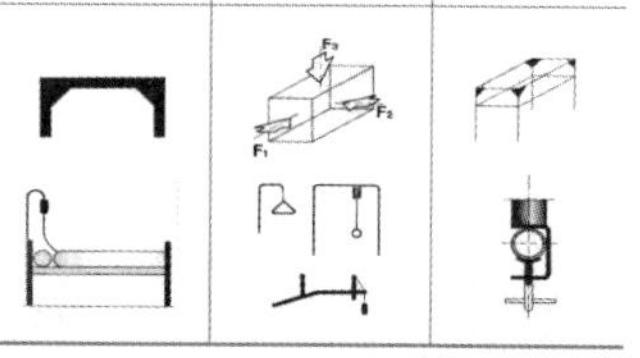				

图2-54是对一个超小户型厨房的创造性功能设计，图中可见，由于面积限制部分功能向空间高度方向设置，图左下部位备菜台面与右下部位的水槽轮流使用同一块面积，图右中间位置的墙上设置一个摇篮，以便监护人烹饪时可以兼顾到孩子。

（三）人与家具间深度关系的考虑

设计细节不仅仅在于看得见的方面，还需要考虑无形的方面，如安全性、舒适性和使用中的动态特性等，这需要在人体工程学理论指导下进行深层次的设计研究和试验。如米勒公司的Mirra椅设计。

1. 全方位的背部支持

Mirra的许多调节都是被动进行，而且操作不费力，可使靠背自然弯曲，并根据人的身高、体形和动作调节。当人坐在电脑前或身体前倾操作电脑时，为下腰部提供特别舒适的支撑。椅座采用透气材料，保持空气流通，所以人的皮肤温度可保持恒定，湿气也不会留在体内。见图2-55所示。

2. 个性化的舒适坐面

坐面在你坐下时会自动进行调节，悬浮设计使座椅能与坐者的轮廓保持一致，同时均匀分布质量。具有良好透气性的材料与其结构完美配合，以便长久使用后仍能保持其强度和弹性。见图2-56所示。

3. 灵活合身

实现了主动调节和被动调节的结合，这一点几乎独一无二。当你坐下时，座椅会立即接受你，并根据你的身体进行自动调节。主动调节，即手动调节可以优化座椅的支撑及其所带来的体验。适合大部分人安坐，至少适合全球95%的人群。见图2-57a和图2-57b所示。

图2-54　一个超小户型厨房的创造性功能设计

图2-55　Mirra 椅全方位的背部支持

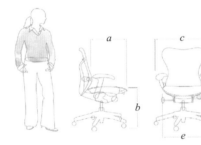

图2-56　Mirra椅的灵活性

图2-57a　个性化的舒适坐面

Armrest adjusements
扶手调节

Tile limiter
倾仰调节

Tile limiter
倾仰调节

Tile limiter
倾仰调节

Forward seat angle
前倾角度调节

Lumbar height and depht
腰部支撑的高度及深度调节

Seat depth
坐垫深度调节

Tilt temsion
靠背倾仰力度调节

Seat height
座椅高度调节

图2-57b　适合各种人群和坐姿

4. 操作方便

操作是否方便直接影响到人的工作效率、健康与人的心情，这是人性化设计的基石，如图2-58所示，图2-59是用心考虑了残障人员无障碍使用的厨房家具。

图2-58 充分考虑操作幅度的厨房家具　　图2-59 考虑残障人员无障碍操作的厨房家具

（四）特殊功能与造型构想之间的关系

对特殊使用功能的需求进行忠实的分析往往会有助于我们从常规形态的思维定式中走出来，构筑出全新的家具外形（见图2-60）。

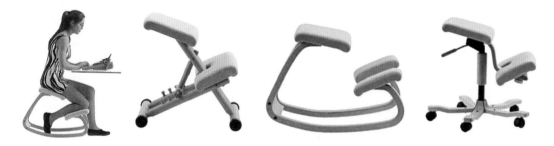

图2-60 特定使用条件下的椅子造型创新案例

（五）功能目标与技术评价系统

每件家具均有多项功能与价值指标，需要对每一项指标进行评估和优化，并予以设计赋予。不同种类的家具以及不同使用场合的家具，其指标是不同的，哪些是核心指标？哪些是辅助指标？哪些是不可或缺的？哪些可以不予考量？这些问题是前提性的，需要首先研究确定。图2-61是一个残疾人所用轮椅的指标评估示例。其中确定了不会翻倒、轻便、方便移动的可能性、防水性能、遮光性能、稳固、外观设计、成本等八项指标。对于不同层面的消费群体，这些指标在设计时将予以区别，如对于高端消费者而言成本不是主要问题，只要其他各项指标都能令人满意；但有些指标是无论怎样的消费群体都必须彻底予以满足，如不会翻到等，因为安全是最基本的保障。

又如沙发的评估指标可以设定为美观、舒适、基本功能、辅助功能、价格、制造质

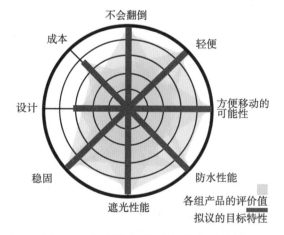

图2-61 轮椅设计要素的评价指标示例

量、清洗、模数化和日常维护度等九项指标。如图2-62所示。

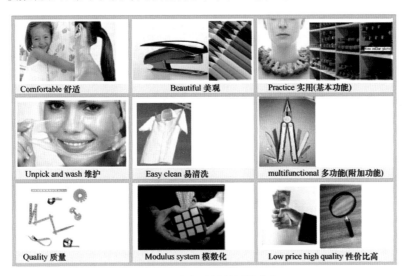

图2-62　沙发设计的评估指标

　　这些指标可以在设计前预设，但设计过程中如何来实现，则可以通过将产品各主要部位分解后，由每个部位对每项指标对应地进行仔细琢磨，通过在细节上的有所作为来实现最终的设计目标。这种地毯式扫描方法可以将设计效果最大化，不会轻易错过创意的机会，而不是盲目地乱转。见图2-63所示。

三、家具功能细节的延展与创新

（一）功能细节创新

　　现代家具因人们对生活质量的不断提高，在功能细节上也需要不断地延展与创新，图2-64为各种功能创新的家具案例。家具功能细节设计的方向就是舒适和便捷，满足特定状态下的使用要求，并能进行碎片化的生活管理。图2-65商业餐厅等候区可以灵活使用的坐具，平时可以嵌入墙面存放，不占空间，有多少人等候就可以取多少来用。图2-66是公共场所需要临时放置挎包和其他物件的坐具。

	美观	舒适	实用性	灵活度	维护度	材料	耐久度
外框架	外框架的造型能力	外框架+扶手的软包+靠垫软包	附加功能体现	安装的便捷、转换的便利	—	金属、木制或者纯软包	材料与结构的合理设计
扶手	切割和造型的魅力	人体工程学的尺度	附加功能体现		易拆洗	面料+填充物	
靠垫	流线型造型	填充物的区别		靠垫的模数化衍生	易拆洗	面料+填充物	材料与结构的合理设计
	美观	舒适	实用性	灵活度	维护度	材料	耐久度
坐垫	薄厚的相应特色	填充物的柔软	随着生活方式的变化，可以设计多种新的功能	模数化的多种组合方式	填充物的回弹力	面料+填充物	填充物的回弹力
面料	纹理和图案	触感	—	可更换	易拆洗的面料，防水防污防静电	不同的布艺和皮革选择	
脚架	线、点、面的造型		—	方便移动或者搬动	—	木制、金属或者软包直接落地	材料的质量和合理结构
	美观	舒适	实用性	灵活度	维护度	材料	耐久度
抱枕	纹理和图案对比和规律立体造型	公仔棉的柔软	依靠，拥抱	适合各种位置的放置	易拆洗	公仔棉的克数	—
其他	装饰个性	—	附加其他功能的额外设置：储物、娱乐、照明等	模数化方块多种组合方式	—	特殊材料的点睛作用	—

图2-63　产品各部位对各项功能的响应分析

图2-64　功能细节创新的家具案例

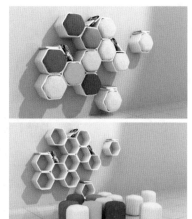

图2-65　餐厅等候区可以灵活使用的坐具

图2-66　公共场所需要临时放置挎包和其他物件的坐具

（二）功能分解与组合

家具功能细节的有效设计方法是对家具进行功能的拆解与组合，对于单件家具来说，其功能部件首先可以进一步细化为主要功能界面、支撑结构、围护结构和辅助功能界面，见表2-5所示。

表2-5　　　　　　　　　各类家具的结构拆解原理

类型	功能主界面	支撑结构	围护结构	辅助功能
支撑类	座面	单足、双足、四足、联体、滚轮	扶手、靠背、搭脑	脚踏
凭依类	桌面	单足、双足、四足、滚轮	护边、屏风	托盘
躺卧类	床面	双足、四足、联体、滚轮	扶手、靠背	抽屉
收纳类	搁板、抽屉	双足、四足、联体、滚轮	背板、侧板、面板	桌面

以坐具为例，尽管其造型、材质、颜色等形式语言不尽相同，但首先都会有一个与人臀部接触的主要功能界面，即凳面；其次也必然会有支撑凳面、保证功能的支撑结构，可能是四条腿，也可能是联体形式的，但基本功能都是一样的，那就是支撑；对坐具而言，围护架构就是指扶手和靠背，可能有，也可能没有，主要功能是在主要功能界面的基础上围合功能空间，让人们可以放松手臂、依靠甚至可以搭靠头部；此外，部分坐具还配有脚踏等辅助功

能界面，进一步完善丰富其坐的功能。但人在入座时也可能会做一些其他事情，这样往往还需要植入除"坐"之外的其他功能，如阅读等。图2-67是带有局部藏书功能的沙发，而图2-68则是带有临时储物和照明功能的沙发。

需要特别注意的是，有些功能细节不是在任何使用场合都需要的，为了保持配置的可选择性，就不宜与家具母体固定为一体。实际上，很多功能细节可以设计成插件的形式。如表2-6所示。

图2-67 带有局部藏书功能的沙发　　　图2-68 带有临时储物和照明功能的沙发

表2-6　　　　　　　　　　　　功　能　插　件

靠腰与靠颈	多功能午睡枕	多功能午睡枕
家用靠垫	椅套	收纳式椅
托盘	托架	托肘

续表

桌椅二用托手	桌边杯托	坐便椅

四、智能家具

近年来，随着人工智能的发展和人民生活水平的提高，智能家具与智能家居发展迅速。后者是从整个生活环境来提供解决方案的，深入讨论应该在建筑与室内设计领域进行。

所谓智能家具，以直白和通俗的语言来说就是通过人工智能让家具变得"聪明"起来，实现一些传统家具上无法实现的更深层次的功能。具体主要表现在三个方面：一是使用更加便捷和舒适，二是更具适应性，三是具有信息采集和分析功能。当然，很多情况下这三者之间是有关联和交互的。

（一）便捷性与舒适性

智能化家具可带来的便捷与舒适是指利用人工智能可以让家具按照人的意愿和指令来更好地服务我们的生活、工作和娱乐等。如智能橱柜系统可以通过设定与遥控来自动烹饪、保温、洗涤、烘干消毒、开启或切断电源等。智能衣柜可以自动识别、分类、叠放、悬挂、杀菌、整形和依据使用频率来存储管理衣物等。

（二）适应性

适应性是指同样的家具可以依据使用者不同的体型特征来自动调整，也可以依据同一个人在不同使用状态下予以动态的适应性变化。不仅可自动调整尺度与位置，还能通过温湿度、触感和人类其他感知特性上的变化来适应使用者的需求和家具的环境拟合度。

（三）信息采集与分析

信息采集是指通过植入的芯片和传感器来采集人在使用过程中的状态变化信号，进行传送、过滤、分析、存储和记忆。一方面可令使用者再次使用时更加方便，另一方面，还可以通过"观测"、发现和分析使用中的问题，从而对产品本身提出改良意见和量身定制方案。如床垫、沙发和椅子等与人体有直接亲密接触的产品，可以以此为依据予以科学计算与分析后的个性化配置。这些功能对于老人、小孩和残障人士的自助与监护意义重大。又如衣柜和鞋柜，随着衣物和鞋类的增加，寻找和管理的难度越来越大，存取、显示和检束等可以用数字化来管理。甚至可以依据你出行时的活动意图来给出最佳着装和搭配的咨询建议。

以上只是一种理论上的指引，在具体的设计实务中，设计师可以充分放飞自己的想象，结合技术上的可行性来为人类创造更加美好的生活。

总之，智能化发展目前还处于起步阶段，未来的发展空间无可限量。其发展的速度和效果取决于两个方面：一是人工智能、传感器和物联网等技术水平的发展，二是设计师对人类生活潜在需求的理解、挖掘与响应能力。需要特别指出的是，智能化不是目的，而只是手段，不能本末倒置。如果错把手段当目的就会误入歧途，或者只是沦为哗众取宠的工具和噱头。

本章小结

　　本章讲述的是需求风险与准设计。从准设计的定义、准设计与设计的分解线、准设计的演绎及各阶段的属性与作用等各个方面介绍了准设计的理论；从需求特性向可操作设计条件的转化程序、分析与研究的思维模型、功能形态分析、概念设计的输入要素、目标客户群的市场调查讲述了怎样从需求分析导出设计依据；从家具与室内、住宅家具、办公家具、商业、文化娱乐与特殊空间的家具、户外家具等六个方面讨论了家具使用的环境分析；从家具的使用场景分析、家具单体的基本功能、家具功能细节的延展与创新等三个方面描述了家具单体与功能细节设计，最后简要陈述了日渐兴起的智能家具的设计原理。

　　思考与训练题

　　1. 何为准设计？准设计工作如何开展？

　　2. 什么是以用户为中心的设计（UCD）？它与设计驱动创新（DDI）有何区别？家具设计时如何进行客户需求分析并转化为可操作的设计条件？以某一种家具为例进行分析训练。

　　3. 故事板（storyboard）绘制训练，用草图将子女放学回家到次日上学这个时间段可能出现的活动情况作情节串联的可视化表现。也可自由选择其他主题进行训练。

　　4. 家具与环境存在哪些关系？环境如何影响家具设计？

　　5. 什么是家具使用的场景？用场景描绘方式分析人与生活空间的交互作用关系，并创造性地将其功能物化，从而不受传统束缚地设计出新的家具品类与形式。

　　6. 设计时怎样挖掘家具的功能细节？选择各种家具进行探索性设计。对智能家具概念进行头脑风暴训练。

第三章 潮流灵感与概念设计

当今企业和设计师，理解社会、文化与消费潮流趋势的能力，以及将它们与产品和服务开发的具体实践相链接已经变得非常重要，在许多经济体中已经成为有效竞争的典范。将以效率为基础的系统切换为以创新为基础的系统已经成为最有力量的驱动器。

全球化竞争，市场的饱和，产品的快速退化都让我们必须进行使公司脱胎换骨的切换，要他们重新思考自己的商业模式和开发产品的路径。

理解与领先潮流的能力已经成为新产品开发的战略工具。在潮流趋势研究上所要求的这种知识远胜于公司开发工业产品的常规做法。即使与有数据分析为基础的定量模型相比，有潮流研究的开发也要科学与准确得多，它要求有抓住本质的定性分析能力。

与服装相似，家具市场是有潮流的，尽管变化没有那么快速和频繁，但规律相似，而且是交互作用的。潮流之所以能够成为潮流自然有其存在的社会文化背景，逆潮流而行不是完全不可以，但偏离主流风险很大，设计必须观察、研究和把握潮流并对其走势予以预测。因为产品从构想开始到最终投放市场有一个较长的周期，如汽车行业的这一周期是三年，家具行业的周期会短些，平均在一年左右，如果没有一定的预测性，那么当产品进入市场时可能就已经过时了。

潮流趋势研究是一种认知隐藏信号的能力，通常是一些微弱的信号，这些预测未来的信号来源于自然、社会、技术、人口、文化、民族习俗等的动向。

潮流及其趋势有以下不同的类型和属性，可供我们在不同情况下使用。

- 特征（状态），潮流是有特征的，这些特征表现在产品与生活的各个方面。
- 走向（趋势），潮流还有发展趋势，可以通过对微弱信号的捕捉与分析来把握。
- 定位（领域），潮流在许多领域均有反映，家具设计也要关注其他领域的潮流。

设计师要从各种场合倾听使用者的声音，如：个人、社团、部落、社会等，这是一种逆向革新的思维方式，其中包括：

- 时尚设计和街头风格：这两个领域正在颠倒设计过程，即从街头走向设计。
- 革新位移：借助与汲取其他国家、民族和地区的方法。
- 革新杂交：不同文化的融合。

直接观察可以作为创新设计的重要养料，上述信息最终需要进行黏合。

第一节 潮流的分类

潮流可以按照以下几个角度进行分类。

一、基于信号的强度、连续性和持久性

（一）狂热

这是一种个人爱好和行为的体现，这种体现往往不具代表性，别的个体一般没有这种需求，如一名军事爱好者在其居室内布满了军事题材的作品和饰品，包括家具，见图3-1所示。显然，一般人是不会选用这类家具的，因此，我们不应当将这种个人的狂热行为视为一种潮流。由于其不能构成一种层面和倾向，所以也不属于一种时尚。

（二）一时爱好

这是体现在有限性小队伍的特征，属于亚文化范畴，表现较弱，持续周期较短，相对而言比较表面化，这同样还上升不到潮流的层面。许多个性化家具或一时出现但较短时间过后就消失的产品就属于这种类型。如20世纪60年代在美国出现的充气式透明家具，又如一些比较具象的仿真家具，这类家具富有情趣，也颇具概念价值，但不足以成为一种被追随的潮流，如图3-2所示。不过，若仿生设计能够抽象一些，则会戏剧性地使其向大众化方向发展而被广泛接受，造型独特、时尚而又不乏经典属性，如图3-3和图3-4所示。

图3-1　个人狂热追逐的另类家具

图3-2　比较具象的仿真家具

扶手 ⇔ 天鹅的翅膀

图3-3　雅各布森的天鹅椅（抽象）

图3-4　交叉符号与密斯凡德罗的巴塞罗那椅

（三）时尚

这是体现在集体、社团、部落或其他更高水平的组织内的一种特征，其背后隐藏着一种对原有主流设计的继承性革新，而不是颠覆。这些概念在现实市场中具有较为明显的导向作用。21世纪初，出于对极简主义的重新审视与改良而催生出的新装饰主义家具，如图3-5所示的沙发，形态元素是"花瓣"，面料也采用花卉装饰。图3-6则是新东方风格家具，这些都具有潮流和时尚的属性。

图3-5　新装饰主义家具

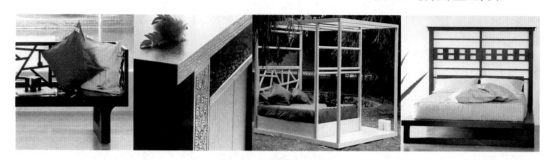

图3-6　China Tag 新东方风格家具

二、基于时间特点

1. 昨天

昨天是已经发生了的，可以探究其起源及其演绎轨迹。这在一定程度上能够反映出变化的规律而对今天的设计带来价值。

2. 今天

正在流行，这可找到真实场景快速摄取影像，简单便捷；可通过观察站获取。

3. 明天

短期趋势，这种趋势可以比较突出，是随后就会到来的动态。今天的潮流不会在明天戛然而止，而是还会有一定的惯性作用，所以明天的预测实际上并不困难。原有潮流的消退是一个渐变过程，同样，新潮流的形成与成长也有一个过程。比较难以把握的是当原有潮流下降到与新的潮流成长时处于同一水平线的时候，由于终端表现处于几乎等量状态，所以往往会迷惑我们的双眼，此时需要观察的是各自的发展态势，而不是现状。即：要辨别出什么是朝阳性的，什么是夕阳性的。

4. 未来

长期趋势，这是预期相对比较遥远的未来目标。由于未来不可知，所以难以把握，不过依然会有信号存在，只是这些信号往往比较微弱，我们可以通过后面所述的方法予以捕捉。

三、基于意图

目标和意图是无限的，这通常是为明天或未来而设计，以面向未来的目标进行革新设计可以按照图3-7的思维模型来展开。

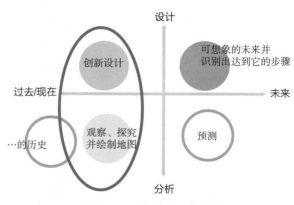

图3-7　面向未来的设计

四、基于观察领域的规模

根据观察领域的规模可以分为宏观趋势、社会文化趋势、技术趋势和微观趋势等。

1. 宏观趋势

观察全球范围的变化，一般由国际专业机构承担（如：人口统计学、经济、自然、污染扩散、气候变化等）。

（1）关键因子

人口统计学、经济、自然、技术、政治、文化，等等，见表3-1。

表3-1 　　　　　　　　　　　　宏观潮流的关键因子

人口统计学环境	经济环境	自然环境	政治和法律环境
年龄	增长率	原料的短缺	政府法规
劳动力比例	期望增长率	能源成本的增加	政府相关政策
教育水平	流通交换率	人口的增长水平	消费者保护法
家庭成分	国际竞争	政府对自然资源的干预	道德规范和社会责任感增加
种族区分	消费模式的变化		公共志愿者组织的增加
人口地理迁移	储蓄、债务、可支配收入		

（2）相关学科和知识

· 社会文化学：生活风格、消费行为学等。　· 技术知识
· 功能：如小型化、轻便化、精品化等。　· 制造领域等

2. 社会文化趋势

· 家庭趋势　　　　· 商品消费和零售服务
· 行为趋势　　　　· 时间压力
· 购物趋势　　　　· 环境关注
· 年龄态度　　　　· 新生代趋势（如：80后、90后、00后等）
· 健康趋势　　　　· 着装趋势

3. 技术趋势

技术趋势有新技术的发展趋势和渗透率，如电子技术有：磁盘容量、CPU速度、内存大小、无线传输速度和电池能量密度等；新技术渗透率从低到高分别为：电话、电视、有线电视、录像、蜂窝（移动）电话、个人电脑和网络等。分别见图3-8和图3-9所示。

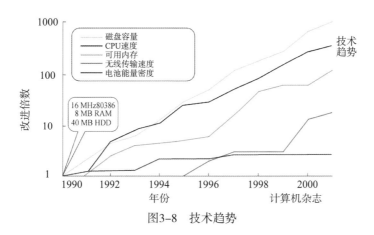

图3-8 技术趋势

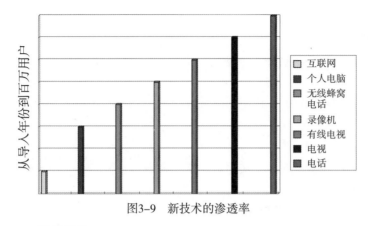

图3-9　新技术的渗透率

4. 微观趋势

微观趋势（见表3-2）可以按照相关学科和知识、相关领域、相关地方、相关主题等来分类，这些趋势交织在一起，我们可以任选一个关键词作为研究目标，而其他内容均可以此为中心予以分析响应，如此就可以得到一整套系统而有价值的潮流信息。如对于"家具"潮流而言，受到技术、社会文化、居室迁移、不同国家、家庭、办公场所、交通工具及相关情感和价值观的影响等。

表3-2　　　　　　　　　　　　微观趋势的交互关系

相关学科和知识	相关领域	相关活动	相关地方	相关主题
技术	家具	迁移	不同国家和地区	幸福
社会文化	亲密关系		家庭	美丽
制造	交通工具		办公	
……	各种俱乐部		交通工具上	
	其他			

各种趋势是交互作用的，因此有水平趋势和垂直趋势。

① 水平趋势：进入全球市场，要横跨不同国家，平衡地域文化差异并研究全球化趋势；

② 垂直趋势：进入专业领域，对于特殊国家和地区的不同特点，不同对待。

第二节　潮流的采集与蓝色天空研究

一、蓝色天空研究

Martyn Evans先生认为："潮流的总体方向是发展或改变"。Lindgren和Bandhold（2003）认为："潮流一定程度上反映一个更深刻的变化，这种变化要胜于流行时尚。潮流是有迹可循的而不是全新创造。这能形成'自我实现预言'的环境，识别潮流的行为、确认其存在性和因此强调它的方向和趋势"。

蓝色天空研究（bluesky research）是对设计表现的潮流采集，可以从四个方面进行，即：直接产品分析，边缘产品分析，其他相关领域分析以及潮流发展趋势。对于家具设计而言，需要具体研究的主要领域有：家具、建筑、平面与媒体、电影音乐艺术、时尚领域、交通运输、电子产品、家电、建筑衍生物、工业产品等。

　　对各个领域的分析首先需要通过书刊、网络和实际场景拍摄等手段采集相关的图片，如图3-10所示，然后再通过比较和分析提炼出相关的潮流元素，如潮流趋势一和潮流趋势二等，见图3-11所示。

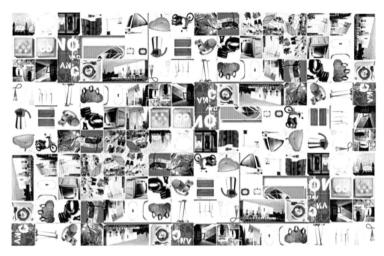

图3-10　潮流图片的集合

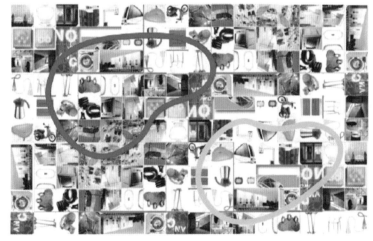

图3-11　潮流元素的提炼

二、潮流元素的归纳整理

　　这些潮流元素可以制作成数字卡片，并归纳整理出具体的潮流定义、设计手法及其变化图谱，如图3-12a、图3-12b、图3-12c和图3-12d所示。潮流元素随着时间而变化，所以不是一劳永逸的，设计师要动态把握才能紧跟时代步伐。

图3-12a　数字卡片及其文件夹

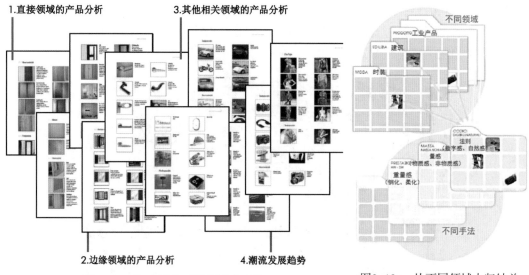

1.直接领域的产品分析　　3.其他相关领域的产品分析

2.边缘领域的产品分析　　4.潮流发展趋势

图3-12b　潮流要从不同领域中采集　　　　图3-12c　从不同领域中归纳总结出不同设计手法

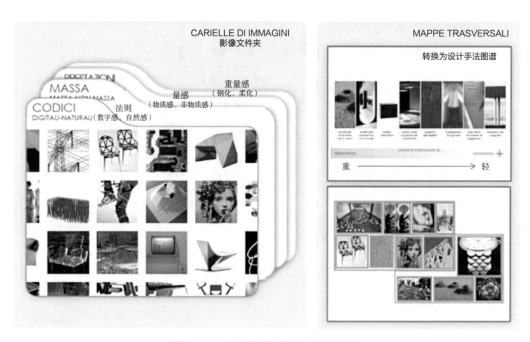

图3-12d　不同设计手法的渐变图谱

　　蓝色天空研究的信息采集源可以从家具、建筑、平面与媒体、电影音乐艺术、时尚领域、交通运输、电子产品、家电、建筑衍生物、工业产品等各个相关领域获得。图3-13是深圳家具研究开发院与意大利米兰理工大学用蓝色天空研究方法采集的潮流元素及其归类。

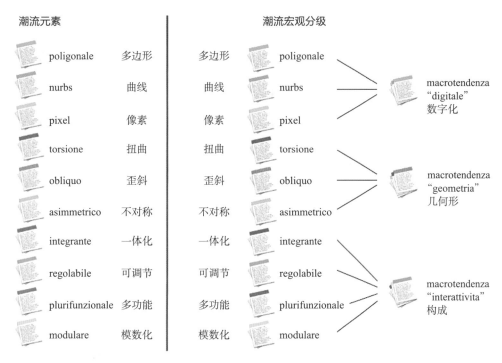

图3-13 用蓝色天空研究方法采集的潮流元素及其分类

三、潮流元素的可视化表现示例

1. 拼合（交会）

整合不同的元素，即：使元素间相互矛盾，相互碰撞会得到意想不到的想法和一些创新的外观与构造。这里我们将解析一些元素、颜色和材料整合的案例。见图3-14，图3-15。

图3-14 元素和材料的拼合　　　　　　图3-15 颜色的拼合

2. 感觉营造

物质和感官，两者互相关联，通过组合可以产生不同的效果和感觉。图3-16和图3-17展现了这两方面的内容。

图3-16　发光的感觉　　　　　　　　　图3-17　营造触觉

3. 加工工艺和手段

在现代社会手工艺日显珍贵，但工业化生产时可以大量复制，将有限的手工生产与大规模工业化生产相结合可以满足大的市场需求。见图3-18至图3-21。

图3-18　切割工艺

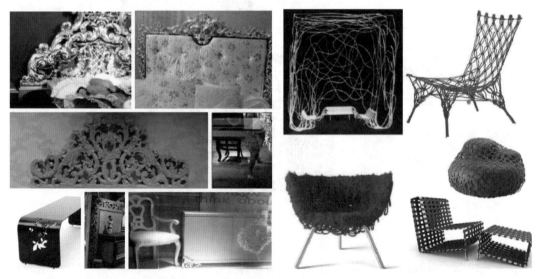

图3-19　雕刻工艺　　　　　　　　　图3-20　编织工艺

图3-21　自然主义

4. 生态性设计

由于土地资源过度开发的原因导致了环境恶化，设计越来越多被赋予保护环境和提高生活质量的责任。设计所面临的挑战便是要抓住机会，承担社会责任。下面列出一些可以满足这种需求的方法，见图3-22。

图3-22　生态性设计

5. 数字化

我们生活在一个虚拟与现实相交的数字时代，科学技术的应用是这个时代设计的标签，而这又往往赋予我们能够设计出以往没有出现过的新造型的可能性，见图3-23至图3-26。

6. 版面印刷

写字，画画，草图，装饰，斑点，无限可能性和言论自由是家具及其他工业产品表面装饰的传统手法，现代家具中赋予了新的内涵与表现形式，见图3-27。

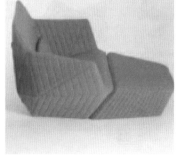

图3-23　数字化边部处理

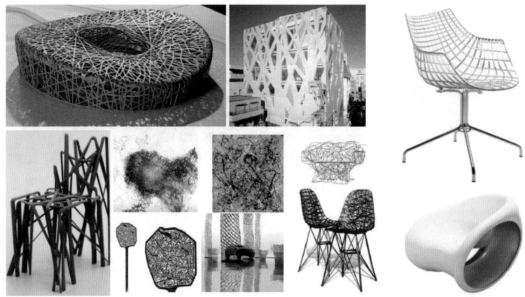

图3-24　数字化混沌处理

图3-25　数字化曲面处理

图3-26　数字化像素处理

图3-27　版面印刷

7. 互动性设计

开启，旋转，直至滑行，这些都是设计中交互手法的一些表现，见图3-28至图3-32。

图3-28　功能整合

图3-29　功能转化

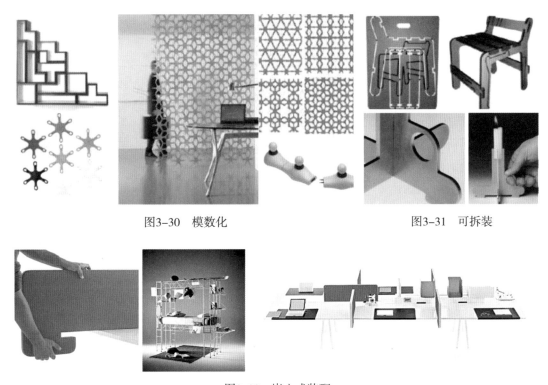

图3-30　模数化　　　　　　　　图3-31　可拆装

图3-32　嵌入式装配

8. 时代性

后现代风格越来越多地被认为是过时的风格，事实上，通过与一些有趣的风格之间的不同组合搭配，也会有一种全新的感受，从而变成真正的"后现代风格"，见图3-33和图3-34。

图3-33　新巴洛克　　　　　　　　图3-34　新东方

第三节　潮流的预测

潮流可以理解为趋势线外推法（trend extrapolation），即对未来的预测（predict the future）。

预测未来需扎根于现在，观察正在出现的现象，这些现象在现在表现得还不明晰。我们的目的在于构建一个变化莫测的构架，让这些信号变得明显。

另一个概念是预示未来（prefigure the future），预示更加超前，就是积极主动地勾勒出下一步的未来景象。我们的目的在于构建未来发展的指导方针。

其他相关概念如下：

趋势预测（或投影）：如果我们认为一个趋势已经开始流行，那么对于很多企业而言，能够把握这一趋势会何时终止也是非常重要的。Cornish（2004）推论认为当数据积累到一定程度，认为这一趋势可行的时候，把时间分成小块能够分析出每段时间中这个趋势的变化表现。趋势走向也可以通过变化率来推演出其未来的走向。这样的推演在一定程度上也能够预测出这一趋势何时将终止变化。

预测：Martyn Evans先生指出："预测是对未来事件或趋势的质量和可能性进行简单或复杂的透视"。Coates（1996）认为："未来主义者和预言家有一定的区别，未来学家通常不确定将要发生事情的时间或地点，而预言家通常对未来发生的事情会具体化陈述"。

反推法（backcasting）：Martyn Evans先生描述："设计中使用的另一种预测方法就是反推出一种需要的构想或者可能的结果。着手做反推时，使用者需要及时的反推工作来决定未来会发生什么和带来什么后果。使用一种能够预测未来的方式并且问一个问题'这些事件是如何发生的？'。后面的任务就是构筑一幅场景（或一系列事件）来解释假设的未来可能会怎样成为现实。反推提供一种路径使一个群体去预想一个理想的未来景象，然后决定达到这一目标需要做什么"。

反推给设计提供机会并且在反推的过程中能够给理想未来或者一个设计方案提供意见。它关系到设计过程中的元素，对设计师也有利，如果能够使用正确，它可以成为一个强大的传播和发展工具。

时尚观察和预测（猎酷coolhunting）中还有以下专业术语：

热点（hot spots）：一个集中大量信号的地方；

触角（antennas）：网络中的人或组织在世界各地进行趋势研究；

调焦（zoomers）：设计师在设计活动中寻找趋势；

趋势观察（trend watching）：一种关注于寻找趋势的活动；

病毒式营销（viral marketing）：趋势信息兜售；

弄潮儿（early adopters）：首先在新趋势中尝试的人；

地平线扫描（horizon scanning）：寻求未来场景；

寻求触点（stimoli scouting）：寻找信号的新来源；

影响分析（impact analysis）：观察和分析趋势所带来的结果；

风尚（fad）：组织现代趋势；

疯狂（craze）：个人现代趋势；

等等……

一、潮流预测的信息源

潮流和趋势的预测需要做定性和定量的分析。

1. 来源

首先是案头分析：从专业领域或相关领域的国内外刊物和网站获取信息。

同时，还应采取以下步骤：相关领域分析，直接观察，聚焦某一组织，会见思潮领导者和与潮流相关的工作人员，如：夜总会经理、新闻记者等。

2. 潮流和趋势的可视化描述

描述：简明扼要的文章。

主要特性表述：评价、关键词、地理学、零售业、工业及时尚产品、区域特点、设计与时尚、食品、广告、电影、书刊、音乐、运动、舞蹈、旅游方式等。

经常有表现的地方：产品宣传与美丽的明星肖像处。

关键人物：企业家，作家等。

二、研究案例

1. 飞利浦（Philips）设计的相位差研究

研究目标：为了预测不同人群（年龄、文化）怎样更好生活，在4个不同区域（即：美国、欧洲、中国和印度）进行研究，根据个人价值观和社会变化趋势绘制出主要趋势的地图。

设定问题：a. 未来将有什么特征？ b. 现在的人持有怎样的价值观？包括个体和社会群体。c. 不同代的人的价值观和生活态度如何？

研究结果：对以下6种社会均持有不同的价值认知、需求、期望和担忧。

这6种社会分别是：生态社会、集体社会、透明社会、体验性社会、关怀性社会和可持续性社会。

如何设计：确立主题，描述。

2. Lab–Francesco Morace 的未来概念

研究目标：为了定义未来消费潮流，以社会文化视点来解读网络信号和影像。

信号类型：风格心像、街头信号、快乐指数、体态影像变化等（水平趋势）；区域变化轨迹（垂直趋势）。

成果发表：根据未来概念设计的潮流集锦。

案例研究：体态景象的未来概念：a. 对行为与美的形态连续观察4年。b. 观察内容：行为举止、地区、产品、对自身体态和美的理解图。c. 观察结果：有6种趋向，即充分自由和满足、健康道德、超敏感视觉反射、关怀共享、身体实验、有故事的美。见图3-35所示。

三、思维发展的工具

思考是有方法的，如果方法得当，不仅可以得到相对完整和有效的结果，而且可以起到事半功倍的作用，否则会比较混乱、无序而无谓地兜圈子。下面推荐两种实用的思维方法。

（一）思维导图

思维导图（Buzan，1982）是一种表现给定主题或论题的、有系统关联的、图示的思维世界，便于在认识主题的基础上，作机会发展和问题分析。这是一种理性与感性相结合的方法，并需要在严密的逻辑下推进，每一步发展都要仔细推敲并充分调动各人的知识、经验和捕捉到的各种信

Body Visions

观察结果：有6种趋向

充分自由和满足　　健康道德　　超敏感视觉反射

关怀共享　　身体实验　　有故事的美

图3-35 六种体态趋向

号。图3-36为思维导图的形式和示例，图3-37为思维导图的生成过程。

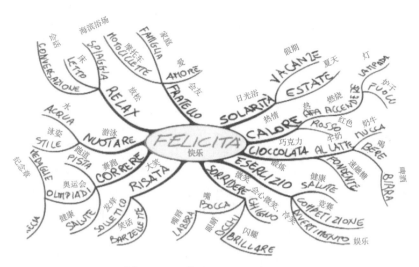

图3-36　思维导图的形式和示例

图3-37　思维导图的生成

（二）五顶帽子法

在小组讨论时，经常会出现思维过于发散而不能聚焦的情况，或者虽然聚焦但考虑又不够全面。五顶帽子法可以通过强制性规则来有效解决这一问题，带每种帽子的人都必须进入自己的角色并严格遵守自己帽子所代表的属性。五顶帽子由五种颜色来分别代表五种身份或角色，这五种颜色分别为：

1. 白帽子

白色帽子陈述事实，可以从以下几个方面来思考和表达，即：

① 我们现有什么信息？

② 我们需要什么信息？

③ 我们错过什么信息？

④ 我们需要问什么问题？

⑤ 我们打算如何获得我们所需要的信息？

白帽子如一台电脑，只陈述客观事实而不作任何解释和评论。

2. 红帽子

红色帽子表达情感，可以从以下几个方面来思考和表达，即：

① 关于这个题材我感受到什么？

② 反映和颠覆！

③ 什么是你的情感、价值和选择？

④ 给一个主观想法！

红帽子只表达强烈感情，表达自己的直觉，不需要说原因，无须解释。

3. 黑色帽子

黑帽子进行风险警示，可以从以下几个方面来思考和表达，即：

① 为什么某些事不可以做？

② 指出困难和问题！

③ 保持道德和规范的价值观！

④ 维护规则！

黑帽子以父母的身份出现，是批评性的，指出将来有可能发生什么情况？其风险在什么地方？

4. 黄色帽子

黄帽子寻找机会，可以从以下几个方面来思考和表达，即：

① 为什么某些事可以做？

② 哪个是问题的积极方面？

③ 实现的想法和建议！

④ 可能的最好情景！

黄帽子要有积极的思想，是乐观主义者，指出好处是什么？并构建想法让其得以实现。

5. 绿色帽子

绿帽子代表革新，可以从以下几个方面来思考和表达，即：

① 新主意、新概念和新理念！

② 新主意的创造！

③ 寻求非传统！

④ 新途径！

⑤ 出感觉！

⑥ 不要有思维定式！

绿帽子是创新派，有激情、破规矩。指出什么是传统，如何破除传统规则予以创新。

四、产品解读的方法

提升设计水平的一个有效途径是解读优秀作品，并从中汲取养料，但不是拷贝其形式，拷贝行为是愚蠢的和短视的，解读与拷贝有着本质的区别。解读首先需要具备专业理论基础，否则是读不懂的，除此之外，解读还需要方法，方法的第一步是分类解读，然后才是综合解读。解读程序如下：

➢ 产品的类型解读

➢ 产品的技术解读

➢ 产品的材料解读

> ➤ 产品的功能与造型解读
> ➤ 功能、造型、结构和生产的交互作用与综合解读

五、影响家具潮流的机构、组织与个人

家具潮流是由被称之为潮流代言人的媒体、展销会、设计顾问、行业协会及其相应机构、自由设计师和专业家具公司共同作用的结果。这些机构和人士既需要自身去把握，同时又影响着潮流的形成与发展趋势。

当然，其中消费者、新材料、新技术、新工艺、新设备等社会发展的各项因子以及家具产业链上下游的景况等都会影响到这种潮流的走向，而我们的讨论是在既定条件下展开的，旨在把握而不是改变这些可资利用的现实资源。

1. 潮流代言人（媒体）

作为潮流代言人的媒体需要对"微弱信号"，即不明显的潮流信息元素进行解读和诠释，并对可能出现的情景进行预测。

其信息源有以下六条途径：a. 由艺术总监指导的专司创意的专业机构，如：设计概念工作室；b. 设计师、社会学家、心理学家和预言大师等特殊人士；c. 社会和文化研究机构；d. 关于未来学的专业书刊；e. 家具公司的原创组；f. 有关潮流的联盟机构，如：巴黎的Peder组织。

2. 家具展组委会

家具展的组织者承担着促进行业发展，引导潮流分析以及提供数据和文件依据等职能，展会后需要对以下要素进行有效的科学分析：a. 材料、配件、饰品和家具产品陈列的走势；b. 风格管理委员会（家具进出口贸易商组织）的意见；c. 国内销售商联盟代表的圆桌会议备忘录；d. 流行色彩排行榜；e. 跨行业座谈会纪要；f. 有关生活场景的影像；g. 独立设计工作室或事务所推出的创意产品；h. 参展商情况。

其中，对新产品需要予以特别关注、分析和研究。

3. 设计顾问

设计顾问应用自己丰富的知识和智慧对消费潮流进行想象、诠释和指导。

设计顾问要经常与以下机构进行讨论，或从以下途径采集、过滤和分析相关信息：a. 有关产品战略设计的分析报告；b. 设计师和市场管理团队；c. 社会和市场分析；d. 潮流书刊，从场景到产品均需关注；e. 家具公司的设计部门。

4. 行业协会及其相应机构

行业协会需要通过以下途径对家具潮流进行想象、诠释并指导企业发展新产品：a. 制订政策以鼓励企业开发产品的创造性和积极性；b. 研究其他国家和地区的产品潮流；c. 与各地方的研究、设计的团队和个人进行交流，如：产品设计师、平面设计师和艺术总监等。d. 与本地家具公司的设计部门进行交流。

5. 自由设计师

自由设计师和工作室在家具产品潮流中扮演重要角色，需要关注以下方面：a. 各区域代表性设计团队的创作情况；b. 产品潮流书刊；c. 客户的定制产品；d. 现实生活和工作中的场景；e. 色彩走向；f. 室内设计流行趋势；g. 材料研究；h. 可获得的产品概念和构想资料；i. 饰品发展；j. 家具公司的设计现状。

6. 生产终端产品的家具公司

家具公司需要不断提升产品，并为客户增添产品和服务的价值。

这些工作与以下五个方面密切相关：a. 供应材料与配件的公司；b. 家具、环境及其相关产品的潮流书刊；c. 内部设计部门与外聘顾问；d. 展示、检验和提升自己的产品并收集反馈意见；e. 与分销商的沟通。

由此可见，家具设计不仅仅是设计师的任务，更不仅仅是产品设计师的事，家具潮流的形成与演化是各有关机构、各界人士共同推进的综合结果。

这并不意味着家具设计师及其企业责任的减轻，而是恰恰相反，他们需要更加努力并以更高的智慧在这复杂的市场和社会中理清头绪，把准方向，创造性地从事设计活动，他们需要更加专业、更加职业化。

第四节　潮流与设计灵感工具

潮流采集的目的是为了设计应用，其中需要经历两次转换，即：第一次转换是从潮流趋势到灵感生成，第二次转换是从灵感到概念设计。概念设计形成后的主要任务就可以转移到技术层面的设计上了，如功能、人体工程学、材料、结构和工艺等各种细节的推敲。

一、从潮流趋势研究到灵感生成工具

在时装行业，与社会文化进化的关联超过其他各种行业，是解译潮流趋势的第一种工具。这些工具将从以前主要通过设计师的预见能力来实现的、未经组织和无程式的应用切换为有一系列精到技术的、有章法的应用，它在时装行业已经形成专业的运行体系。图3-38是从电影《爱丽丝梦游仙境》的场景中抽提出元素而设计出的系列服装，这些元素

图3-38　灵感源自电影的服装概念设计

包括色彩、形态和装饰图案等，学员可以自行仔细对比解读，并从中汲取方法养料。需要注意的是，为了增强视觉效果，剧中人物的着装通常比较夸张，不适合直接走下舞台步入生活，因此，作为现实生活中的商业化服装设计就必须首先考虑其实用功能。

今天，在潮流研究与潮流定向应用之间的边界已经很好地模糊化了。对许多公司，特别是对于将自己定位于"潮流领导者"的公司而言，在消费者定位与潮流研究之间的关系已经理得非常清楚，如果你有必要的资源，那么将比努力跟随潮流的公司运作更加顺畅。这些公司越来越多地从"潮流的狩猎者（trend hunters）"切换至"潮流的构筑者（trend builders）"，他们利用新的市场渠道和新的传播途径。利用社会网络技术有效发射，甚至当他们以"自下而上（bottom-up）"模式呈现时，强化成为潮流构筑者的可能性，提供新的相关的有力工具。

对潮流研究日益增加的兴趣已经从时装行业延伸到邻近行业，而今天已经衍生到了"技术为基础（technology based）"的行业，这些行业在传统基础上提升的潜力远胜于时装行业。

这些现象必须要解释清楚与市场变化的关系，公司用这种途径建立自己的竞争优势。起源于时装行业的很多工具与过程模型已经衍生到其他各种行业，如：家具、交通工具、电子消费

品等。图3-39和图3-40分别是自然元素与有机形体和混搭与堆砌的情绪模板（moodboard），其潮流元素直接形成了可借用的灵感。

二、从灵感到概念设计

情绪模板中所呈现出的灵感在向概念设计转化时需要有创造性，即抓准灵感要素，再依据自己的设计目标予以灵活和恰当的应用。图3-41是"交织（interlace）"的灵感源，图3-42则是将"交织"元素应用于床屏部位的概念设计。图3-43是"软（soft）"的灵感源，图3-44则是有"软"的感觉的床的概念设计。图3-45是"线框（wireframe）"的灵感源，图3-46则是将"线框"这一潮流元素应用于床头软包的缝线设计上而形成新的概念设计方案。以此类推，概念设计可以无限创新。

图3-39　自然元素与有机形体的情绪模板

图3-40　混搭与堆砌的情绪模板

图3-41　"交织"的潮流灵感源

图3-42　将"交织元素"应用与床屏的设计

图3-43　"软（soft）"的潮流灵感源

图3-44　有"软"的感觉的床的设计

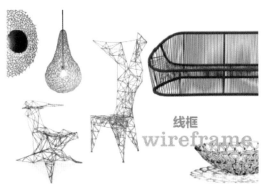

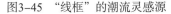

图3-45　"线框"的潮流灵感源　　　　　图3-46　"线框"在床的设计中的应用

三、品牌基因与设计潮流的应用

产品设计时，守旧没有出路，但创新又有风险，这是困扰很多企业与设计师的难题。然而，这个问题并非无解，关键是要弄清楚什么是必须不断地变化的，什么又是不能变、不适合变，至少是不应该轻易变化的。我们可以对此总结成一句话：不变的品牌基因，变化的设计潮流。

（一）不变的品牌基因

品牌基因，又称DNA，示意图见图3-47，是一个品牌的遗传密码，它是不变的。不同的基因造就了不同的品牌内涵及其可视的品牌形态。就像人一样，没有两个人是一模一样的，有血缘关系的人，基因比较相似，反之就相远，但再怎么近亲的两个人也不可能一模一样。世界正因为如此而精彩。

图3-47　品牌基因示意图

每一个特定的品牌，都有着自己的前世今生，有着影响这个品牌特性的一切变量，包括滋生的土壤、企业创始人的个人特质、后续发展所遭遇的各种不可测因素，等等。在草创时期，一切都是为了生存下来，但随后将逐渐形成自己独特的品牌人格，我们姑且称之为"品格"。品牌也和人一样，当自己长大成人以后，要有所建树，就需要不断优化和强化这种"品格"，以便能够脱颖而出，能够保持它的识别性、知名度和美誉度，否则就会被林林总总的品牌海洋所淹没。

品格必然会呈现出来，这种呈现能够被人的感觉系统所感知。人类的感觉系统至少包括视觉、听觉、嗅觉、味觉和触觉。这种感觉系统的综合反映就是一个品牌的"调性"。这种调性是由品牌基因决定的，并逐步形成和进化的，但一旦成熟就最好不要变化，否则人们会对你感到陌生、感到不成熟、感到无厘头和厌烦，明明是一头羊，给他装上一个人头，你能接受吗？

然而，这还不是问题的全部。最重要的问题是，当你没有明确的品牌定位和属性时，消费者就难以建立起对你的信任，因为，品牌是一种承诺，或者更确切地说是一套承诺，只有你能做到才能承诺，否则必然会被精明和急需安全感的用户所抛弃。消费者发现购买品牌产品更方便也更安全。

品牌基因作用于一个品牌的所有方面，仅产品开发而言，必须遵循两个同步：一是与价值同步，二是与风格同步。这里所说的风格并非分类用的大概念，而是每一个特定品牌区别于其他品牌的独特的外在形态。你必须持续保持这两点，才能将这种感觉植入消费者的心智、并固化和强化在消费者的心智中。

1. 案例一：优衣库与无印良品

优衣库（UNIQLO）把服装诠释为生活风格（Lifestyle）的一种组件，承诺持续提供时髦的、高品质的、基本的休闲服装，并在市场上以最低价格配置。其风格元素的配置是：纯色、基础与功能化的形态，以绵和毛等自然纤维为原料，所用设计语言是简单、直接和中性，调性是靓丽、干净和轻盈。而无印良品（MUJI）的风格元素配置则完全不同，因为其品牌基因不同。图3-48为优衣库与无印良品的品牌解码。

需要再次强调的是：它们是不变的！

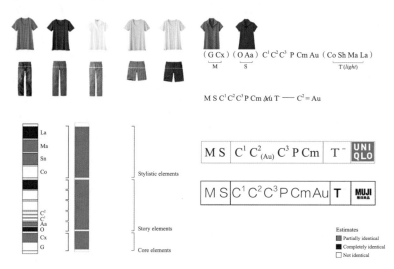

图3-48　优衣库与无印良品的品牌基因解码

2. 案例二：卡特彼勒

卡特彼勒（Caterpillar）是一家美国企业，生产建筑机械、引擎、大型机器和设备。CATERPILLAR的品牌基因可以被描述为：

▲ tough（mindset）坚韧（心态）

▲ massvive and powerful（aspect）大体量和强大（表相）

▲ reliable（behaviour）可靠（行为）

以品牌价值作为基础，Caterpillar开始将初始的业务多样化，生产休闲装，其服装和鞋类设计完全与上述品牌基因高度吻合，如图3-49所示。

图3-49　Caterpillar重型机械的品牌基因衍生到休闲服

3. 案例三：B&B

B&B是意大利一个高端家具品牌，其品牌基因关键词为：高雅、设计导向、意识流，因为其对应的消费群是西方人种志的成熟人群、成功人士，有文化、有品位、有支付能力，风格偏向软现代和时尚。无论由谁来设计，无论设计何种产品，都必须符合这三个关键词，以确保统一的基因。见图3-50所示。

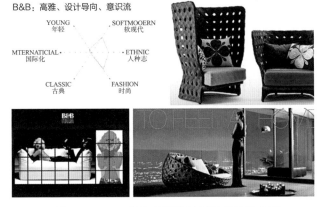

图3-50 B&B品牌基因关键词及其设计应用

4. 案例四：MDF

而意大利另外一个品牌MDF的基因关键词与B&B截然不同，为：白色、简单、最小化、功能化。见图3-51所示。

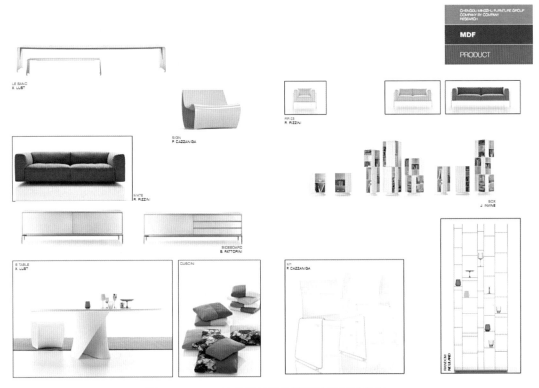

图3-51 MDF的品牌基因关键词及其设计应用

5. 案例五：LAGO

同样是意大利家具品牌LAGO的关键词又完全不同，是：革新、多彩、可爱。这在产品设计与传播界面的设计上可以清晰地识别。见图3-52所示。

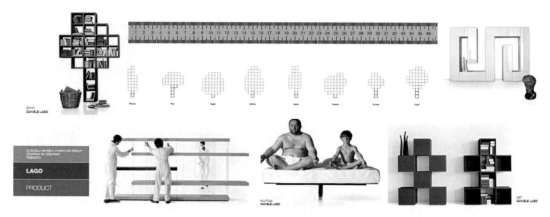

图3-52 Lago的品牌基因关键词及其设计应用

（二）变化的设计潮流

品牌既需要依据其自身独特的基因来保持它在价值和风格上的基调不变，同时，也要与时俱进，持续保持它在不断变化着的环境中的适应能力、鲜活度和感觉上的张力。

靠什么来保持？潮流！

图3-53a为雅各布森的卵形椅，这是现代设计的经典作品，而图3-53b则是给它换上新装以后呈现出了时尚的感觉。

图3-53a 雅各布森的卵　　图3-53b 卵形椅换上的
形椅　　　　　　　　潮流装

始于20世纪60年代的Baleri Italia家具品牌，1984年成为意大利高设计和高品质公司，致力于将人和多元环境的协调，迄今毫无老化之感，而是始终处于引领世界潮流的第一阵营，Alessadro Mendini和Philippo Starok都为其做过产品设计。见图3-54所示。

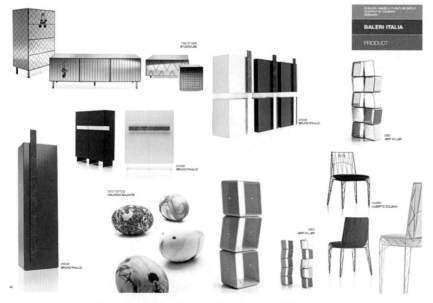

图3-54 将近60年历史的Baleli家具依然时尚

第五节　现代国际设计思潮

现代国际设计的流变历程是一个巨大的思想宝库，可以给我们带来深深的启迪。

设计要从单调和陈旧的设计模式中解脱出来，不能随心所欲，不能简单思维，更不能想当然。设计界要有想法，要争鸣。合理的想法会形成一种思潮，要在这种思潮的导引下积极地加以探索，从而产生新的概念，并最终加以物化。全员努力以创造多元化的设计世界。

政府和行业协会要有相应的激励政策；学界要潜心研究；媒体要敏锐观察、积极传播；设计师要勇于实践；企业要尊重专家意见，不要坐井观天、我行我素。我们需要一个可持续的设计体系，如果不能拓宽思路、不能深入地看问题，那么就无法完成知识和经验的积累，永远不能长大，永远只能在低层次上运作。

一、全球设计思潮的历史流变

思潮的产生是有其社会和文化基础的，它离不开现实生活和宏观背景。图3-55是20世纪100年中全球设计思潮的变迁，其中有三个具有里程碑意义的美学价值取向，即：功能主义、风格意义上的美学、语义学层面上的情感。从"形式追随功能""少即是多""丑不能售""少是令人厌烦的"，到后现代主义与新装饰主义，清晰地反映出了其流变的脉络。

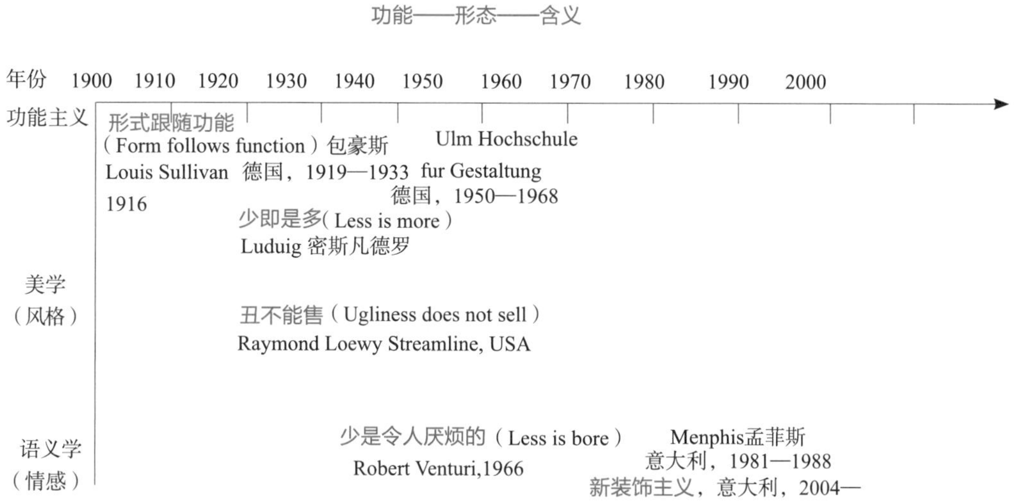

图3-55　20世纪100年全球设计思潮的变迁

图3-56是20世纪下半叶55年99张椅子所呈现出来的特征，按照每10年一个时间刻度来进行分析，对应六个关键词，即：基础、沉思、动荡、魔魅、热情和情感，见图3-57所示，这是与不同时期的历史背景分不开的。50年代是第二次世界大战刚刚结束，百废待兴，需要最基本的物资供应；60年代经济好转，人们开始思考未来的发展方向；1973年的能源危机使得世界经济大萧条，整个70年代处于动荡之中；80年代经济繁荣、以计算机为标志的科技高速发展，设计呈现出巨大的魅力；90年代冷战结束，全球化加速，设计界热情洋溢；1998年金融危机导致全球经济危机，理性、冷静回归，同时，步入21世纪人们更加追求内心深处的真情实感。

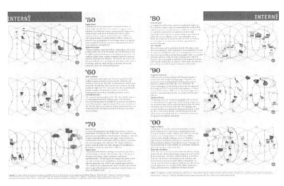

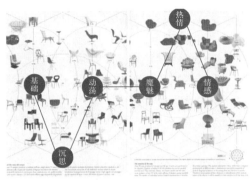

图3-56　20世纪下半叶55年99张椅子　　　图3-57　20世纪下半叶每10年一个不同的关键词

二、欧洲设计美学与潮流的地域差异

欧洲文化受不同时期的潮流影响：在南北方向，纯净、简洁、理性主义是北部的文化和风格；而热情、复杂、多物质主义则是南部的生活风格。而在东西方向，西部受美国影响较深，包括自然与风景的感觉浓烈、超大尺度；东方呈现的是美好的"亚洲梦"，把不同类型的异国情调融入视觉中，呈现出神秘色彩。这幅潮流地图不仅包括了建筑与室内设计，而且还包括了汽车与其他工业产品设计。这两对地理极性是连续被定义和更新地进入永不停歇的进程的，但理解它们与思考如何融入家具与室内设计之中非常重要，其文化影响是非常强烈的，包括整体和某个局部细节，如家具、门，见图3-58所示。

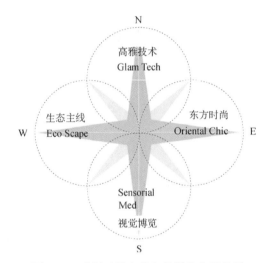

图3-58　欧洲地域文化与美学取向的差异

（一）北欧的高雅技术

这种潮流是技术与高雅的杂交，技术变得有魅力和更加女性化，这是相对于20世纪80年代与90年代的男性化而言的。如深银灰和亮光白被强烈地呈现出来，封闭的边部和柔性的形状，创造一种仙剑奇侠般的平衡感，是现代人追求的完美艺术，如图3-59所示。北欧学派的不变理念是：以人为本、使用为本、自然纯净。

图3-59　北欧的高雅技术

（二）南欧的视觉博览

南部呈现出的是对未完成的表面和自然元素的偏好，热情的色彩与亚光的表面呈现出强烈的视觉感受：如被时间和气候老化的原材料，手工活是如此亲切，地方之间的品位与文化各不相同，如图3-60所示。意大利设计遵循3E理念：美学、人体工学、经济学。

图3-60　南欧的视觉博览

（三）西欧的生态主线

去西部意味着研究荒野和自然，满足逃避主义和自由的感觉需求。如材料通常是粗糙的和本土的，色彩自然和纯净，简单而诚实，如图3-61所示。生态有时比实际感觉更显浪漫。

图3-61　西欧的生态主线

（四）东欧的东方时尚

东方文化对于西方人而言是非常有魅力的，丰富的细节和知识，充满神秘和差异化：如黑色和光亮的红漆搭配纯粹的异国木材和榻榻米，透明的几何屏风结合难以辨认的魔幻书法。带有本国符号的迷雾般的软饰，如图3-62所示。

三、最新思潮

新的设计视野应当投向哪里？设计潮流的最新表现如何？这是国际家具界普遍关心的问题，但首先需要强调的是：不要局限于表象，而要注

图3-62　东欧的东方时尚

意不同的场景（scenario）。因为，不同场景的本质内涵是不同的，在看似统一的宏观思潮下还有一一对应的设计实现，在这一点上没有普遍的惯例存在。因此，潮流有时也以矛盾的形式表现着。设计不是一个简单的风格问题，而是技术与设计形式的不可分割的综合，设计系统为创新服务，也为未来的生活做准备，对各消费阶层的行为研究和精确的逻辑推断要求我们对人类学（autropologica）进行深刻的解读。思想与理念上的潮流不会导致形式上的类同。

人们在展览会上所看到的现象应该说只是设计概貌的一个组成部分，还需对它的背景进行研究，否则既不能理解国际设计的潮流，也不能理解设计。

每一个独立的生活、娱乐和工作空间都有一个相对独立的系统，系统内部需要和谐，也需要变化，以获得一定的视觉张力，这并不意味着摒弃必要的规则，而恰恰是设计的精义所在，高水平的设计在于多元素的灵活和有效的驾驭。

在此思想背景下，以意大利为代表的国际设计界最新思潮呈现在以下两个方面：

首先是传统功能中心的弱化。家具使用的主体、客体与环境三者之间的交互作用正在不断增强，这使得生活空间也被重新定义。整个生活空间内各功能模块的独立要求与个性化的视觉表现在实用主义的根基上通过设计被不断地激发。传统意义上的生活中心，如厨房、起居室、卫生间和卧室等固然依循其原始的重心，但现代人在其间的生活时间、频度和生活形态都在发生着微妙的变化，家具如何与之相呼应？在某些特定的情况下所发生的功能错位又将如何考虑？如：浴室用于休闲、厨房用来待客、卧室中进行交际或者在起居室内从事健身运动等，这些不是各空间的核心功能，但却是实实在在的例子。在一些场合，或者用户主观上需要，那么传统的空间分割都可以重组，这就是国内一些参观者在米兰展上往往找不到与国内生活空间相对应的家具系统的原因之一，看到了他们的造型，但读不懂他们的产品系统。

意大利设计界关注着这些变化，那是对社会生活变革中一些微弱信号的敏锐观察、捕捉，并化为设计的养料。

另一方面，尤其是近两年来，冷酷和老调的极简主义（minimalista）设计规则已经令人厌倦。这是由于极简主义最初是靠少数优秀的设计师在艺术作品中得到了启示，并通过纯粹和精严的手法将家具设计作品推向了尊贵和高雅的圣地。可随后，有更多缺乏独立思想的、平庸的设计师们将之不加限制地膨胀和繁衍了开来，这就意味着设计的神髓和器物的机械性功能之间的可辨性日益衰弱，设计的价值感也因此而急剧坠落。

正是这一背景诱发了意大利设计的新一波思潮。

面对这一系列的问题，为了从极简主义的陈式中挣脱出来，意大利设计界提出了"唤起空间想象"（evocano atmosfere visionarie）的主旨思想，从产品本身到环境都强调有生气并富有想象力的空间构筑。如果说极简主义有一种高高在上的阳春白雪的感觉的话，那么"唤起空间想象"显然更加人性化，底蕴也更加丰厚。这是考虑到家具视觉表现的多维性以及任何家具的终极表现都在特定的场景之中，因此在精心设计好单件产品的同时，还要关注到家具组或家具系统，对家具系统的发展和组织要求与环境高度统一，进行有效的物人对话。它又不同于室内设计，室内设计只是把家具作为室内的一种元素，是被动的，而这里的要求是一开始就把家具及其功能延展作为设计的中心和主体，最终的环境效果是这一设计的逻辑发展的结果。

当然，这种设计思潮最终也会一定程度地表现在材料和装饰的格调上，以此来承载设计理念。今天，家具不仅仅需要功能和物理性能，意大利设计界强调创立和传导新的感觉波，因此，设计实务一直在动态地发展着，体现了设计的无限性。

表3-3　　　　　　　　　　当代人在社会生活各方面的特征

关键词	具体表现	关键词	具体表现
无缝性	任何地方—任何时间—充分弹性	个性化	独特自我—创造性
沉浸	体验—超现实—细分	自我满足	自娱自乐—时间为我—充分满足
归属	社会网络—社团	自我表达	共享—协作—连接关系
自造	自我的—综合—教育	简单直率	控制复杂性—率真之心
探险	探索—幻想—冒险—敏锐	熔合	文化交融—游牧化—全球化
快乐式	易消化—省时性—尽可能常态化	人矿	共创—共设计—共发明
有氧在线	总是在线—塞紧的—每时每地	小生境	微观—泰勒性—适应性
可持续性	真实性—社会责任—绿色环保	安全性	防病—救助—稳定性—公平定价
品牌仆从	心爱标识—时髦的品牌	玩	自发性—娱乐—享乐
生态城市	时间资源可持续—城市选择灵活性	最小化	小就是大—少就是多—简洁就是酷
长大的我	从自我知晓到自我减负	可供设计	非风格—没有装饰—为我
提升技能	自我依靠—多感觉—性能—整体性	新奢	新奢华主义—新的身份标识—额外体验
健康环境	快乐—健康—保护措施	社会信息	信息社会化—虚实—"笃么"士—P2P

步入21世纪以来，全球科技飞速发展，社会生活形态急剧变化，表3-3呈现了当代人在社会生活各个方面的最新特征，在产品与服务设计、传播和市场营销上都需要充分考虑，从中汲取灵感和养料。

本章小结

本章讲述的是潮流灵感与概念设计。首先从信号的强度与连续性和持久性、时间特点、意图和观察领域的规模对潮流做了分类；介绍了潮流的采集与蓝色天空研究的方法；从信息源、研究案例、思维发展工具、产品解读方法和影响潮流趋势的各种角色等方面给出了潮流预测的理论基础；重点给出了潮流灵感到概念设计转化过程中的工具、方法与模型，同时，针对企业设计实务中亟待理清的品牌基因与潮流应用作了专门的阐述；最后从时空两个维度对全球设计思潮的流变做出了清晰和明确的描绘。

思考与训练题

1. 潮流有哪些分类？各有什么意义与具体内容？

2. 潮流如何采集？可用什么工具？训练蓝色天空研究的方法。

3. 如何捕捉微弱信号并描述为潮流特征？如何进行思维发展？如何解读现有产品？

4. 在教师指导下进行五顶帽子法与思维导图的训练。

5. 在教师指导下利用潮流灵感进行家具产品概念设计训练。

6. 选择有清晰基因的知名品牌，依据"不变的品牌基因、变化的设计潮流"准则做模拟性设计训练。

7. 现代设计思潮是如何流变的？欧洲大陆设计美学在各个方向上有哪些差异？

8. 当代设计有哪些新的思想理念和思潮？

第四章　家具感性设计基础

传统的家具设计理论没有从人类感觉特性的总体高度上来研究家具的感性设计问题，而只局限在视觉艺术领域。在人类的感觉系统中视觉是重要的，而且是最为重要的，但仅考虑视觉是不够的，现代设计正在从单纯的视觉艺术转化为全方位的感觉设计，这是综合体验的感官基础。

第一节　知觉要素

家具需要被消费者感知，感觉好并且客观上有需要就会产生购买欲望，如果有可支配的经济条件，那么就会实现购买。图4-1为家具选购的普遍规律和实现购买的条件。

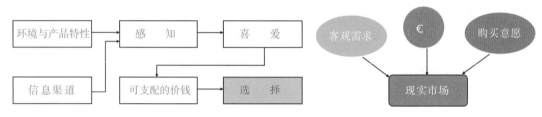

图4-1　家具选购的普遍规律与实现购买的条件

从图解中我们可以看出正面促进选购的举措是卖场要有特色和吸引力，品牌声誉要好、要扩大信息传播渠道，让更多人知晓高水平的产品开发和设计，价格定位合理等。这涉及产品战略方面的更深层次的知识，这里只是从知觉的角度来展开论述。

人们对包括家具在内的物体感知是通过自己知觉的"雷达网"，即感觉系统来实现的，这种知觉界定了意识的边界。

人类已知的感觉通常被认为有五种，即：视觉、听觉、触觉、味觉与嗅觉。传统的设计理论局限在视觉上，所以才会有造型设计的说法。视觉固然重要，而且非常重要，但仅仅考虑视觉实际上是不全面的，其危害性在于首先在理论上排除了其他几种感觉设计思维拓展的路径。而其他的这些感觉正因为在设计界还没有被广泛认知而有着无限的发展空间。而且，消费者对家具的感知往往是各种知觉综合作用的结果。如：一件家具虽然造型不错，但摸一下发现手感不好，粗粗糙糙的，那么马上就会给人以低劣的感觉；或者散发着一种刺鼻的味儿就会让人迅速放弃，凡此种种。因此，本章定义为感性设计基础，而不是造型设计基础，从而正式将五大感觉系统全部纳入设计的理论体系。

一、视觉

视觉主要是通过形与色来感受的，而色与光有关。在所有感觉特性中视觉占有最重要的相对位置，所以，以造型与配色为基础的美学法则从来没有被忽视过，一直被作为家具设计的重要基础。我们也将因此而在后面加以重点讨论。

（一）视觉原理

视觉过程开始时很简单，在古代的海洋中，生物形体发展出几片脆弱的皮肤，对光很敏感，使他们能区分光亮与黑暗，以及光源的方向，仅此而已。随之发展出来的眼睛逐渐能判断动作、然后是形体，最后能辨明令人炫目的多种细节与色彩，正因为有了视觉，我们才能享受到家具的美感。

眼睛的任务是收集光线，眼睛内如豆形的晶状体可以调焦，并经双眼综合而判定位置，根据近大远小的规律使我们找到家具的立体感觉。虹彩肌能改变瞳孔的大小以控制摄取的光线，眼球后壁的薄片网膜由杆状与圆锥状细胞构成。一亿两千五百万个薄而直的杆状细胞分析出黑白，七百万个丰满的圆锥细胞则分析出明亮而充满色彩的视觉。三种圆锥细胞分别辨识出红、绿、蓝三色，在其共同作用下能精确地辨别出五十万种颜色和色调，因此我们对家具的色彩万分敏感。所以当你在配色时总觉得差那么一点儿，因为我们配色的精度远远达不到自己眼睛辨别的精度。视网膜中央的凹处则充满了相当密集的锥体细胞用来精密工作，如在亮光下检查物体，由于该凹处极小，所以只能在一小块区域上执行其功能，网膜上其他的杆状及圆锥细胞则可能连接许多细胞，使视力较为模糊，所以，处理好家具上的重点块面是非常重要的。在微弱的光线下，凹处的圆锥细胞几乎无用，我们只得把眼球移开物体才能以周围的杆状细胞清楚地看到，由于杆状细胞看不出颜色，因此我们在晚上见不到色彩。

当网膜看到物体时，神经细胞即把信息经电化反应传递至脑部，在十分之一秒内，信息即抵达视觉皮层，阐释出其意义。

"看"的动作并不是在眼睛，而是在脑部发生。因此，当你在办公室或行走在路上时能"看到"自己居室家具的形态与色彩，在制作甚至绘图之前，你就能"看到"自己设计作品的模样。

眼睛喜爱新奇有趣的事物，可以让任何事物变得模糊、甚至视而不见。因此，新产品能引起人们的注意，如果它们能让人感到愉悦，就可能被购买。而老面孔的陈旧产品即使再符合美学法则，也难以引起人们的兴趣和购买欲，也正因为如此，家具店的布置对销售的影响可谓举足轻重。

（二）视觉特性

我们所能看到的物体图形是通过形态、大小、颜色和质地的不同在视觉背景中被分辨出来的。当图形大到挤满了它的背景时，背景就逐步伸展它自己特有的外形，并与图形的形状相互干扰。所以，家具的外形是通过虚实空间的共同作用产生出视觉上的艺术效果的。另外，我们不会局限于所看到的形态，而是会设法进行解释，当我们看到一把椅子时，如果它的形体和轮廓与我们所认识的椅子功能能建立起有机的联系时，我们马上就能意识到这是把椅子。

如果我们再仔细地看一下，还可能发现这把椅子在形状、大小、比例、颜色与材质上的独特性。

对设计师而言，在觉察与使用之外的这种识别力是极其重要的，它可以使我们觉察并意识到事物所特有的视觉性质，以及了解它们是如何互相关联、互相作用来形成我们视觉环境的美学素质的。这可加深我们的设计素养。

1. 形态要素

点、线、面、体是一切形式的原发要素。在现实中，一切可见的形体都是三维的，在上述要素中，由于其长、宽、高及其相应的比例不同而千差万别，见图4–2。

（1）点

点是一切形式的原发物。当一个点移动时，形成一条线的轨迹；当一条线向着不同于自己的方向

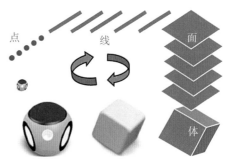

图4–2 点、线、面、体的关系

平移时，就界定出一个面；当一个面沿着斜向或垂直于自己平面的方向移动时，就形成一个三维的体量。

点是形式构成中最基本的构成单位。

1）点的大小和形态

几何上的点是无大小、无方向、静态的，但可在空间中标明一个位置，可标志出一条线的起止，标明两条线的交点，表示出平面与方体线条相交的顶端。点的形状和大小在现实状态中是不能由其单独的形态决定的，它必须依附于具体形象，即要从周围的场合、比例关系等相对意义上来评价。一般认为点是圆状的，这是因为它具有向心性，所以三角形、星形及其他不规则的形，只要它与对照物之比显得很小时，就可视为点。家具的许多拉手都表现为点的特征。

2）点的表情

① 单点：点是向心的，它以自我为中心并可成为注意力的中心。当它处于某一区域的中央时就会显得稳固、安定，并能将周围其他要素组织起来。而当它自中央挪开时，虽然保留着这种以自我为中心的性质，但更趋能动，使其与周围区域间呈现紧张状态。见图4-3所示。

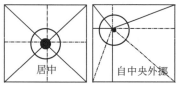

居中　　自中央外挪

图4-3　单点的表情

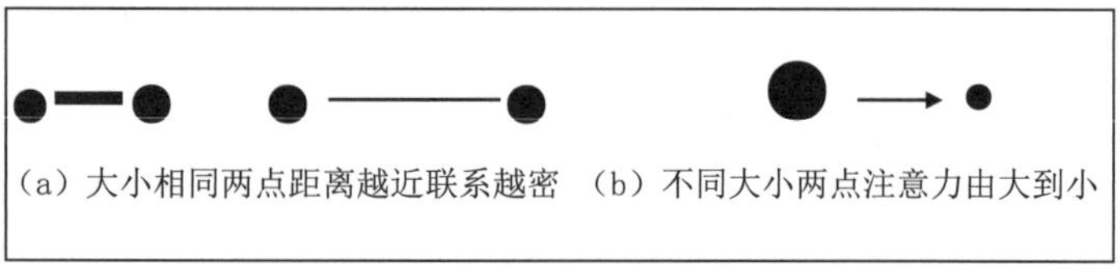

（a）大小相同两点距离越近联系越密　（b）不同大小两点注意力由大到小

图4-4　双点的表情

② 两点：在两点的情况下，在彼此间产生一种眼睛看不见的（暗示）线，有着互相吸引的特征，使注意力保持平衡。随着点数的增加，这种直线感觉更加加强。当两点大小不同时，使人感到注意力从大到小，起着过渡和联系的作用。见图4-4。

③ 多点：在多点群化时会产生线或面的感觉，大小相同的点群化时产生的面有严肃和大方的性格，并有均衡、整齐的美。大小不同的点群化时，则不产生面的联想，而产生动感。这是由于点的大小产生了透视关系，从而形成了空间的层次所致。这种情况常具有活泼、跳动的表性，富于变化美。此外，点群与点群之间也会产生消极的面的联想。如图4-5所示。用点造型的家具见图4-6所示。

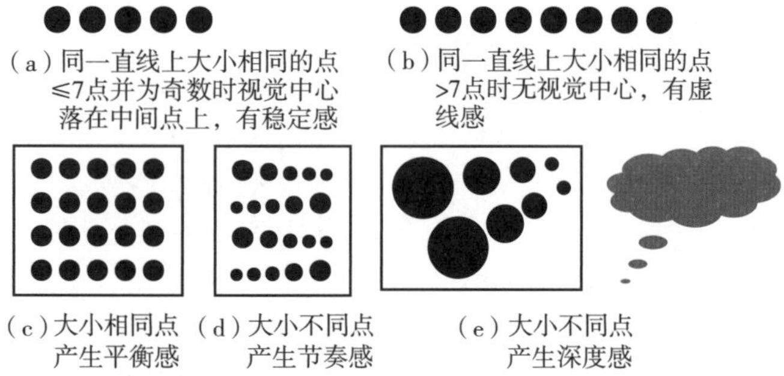

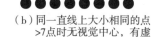

（a）同一直线上大小相同的点≤7点并为奇数时视觉中心落在中间点上，有稳定感　（b）同一直线上大小相同的点>7点时无视觉中心，有虚线感

（c）大小相同点产生平衡感　（d）大小不同点产生节奏感　（e）大小不同点产生深度感

图4-5　多点群化的表情

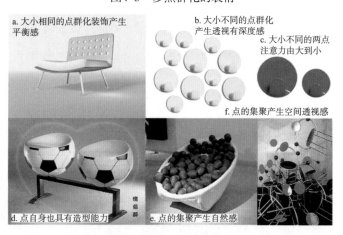

a. 大小相同的点群化装饰产生平衡感

b. 大小不同的点群化产生透视有深度感

c. 大小不同的两点注意力由大到小

f. 点的集聚产生空间透视感

d. 点自身也具有造型能力

e. 点的集聚产生自然感

图4-6　用点造型的家具

（2）线

线是点移动的轨迹，一个点延伸开来成为一条线。在概念上，线只有单维元次，即长度，而在现实中，线的长度在视觉上居于主宰地位，无论线有多细，它必须是可见的。根据点的大小，线在面上就有宽度，空间就有粗细。点是静态的，无方向性的；而线则具有表达运动、方向和生长的潜在能力。

没有线条，就无从限定形状，而我们通常就是靠形状来识别事物的性状与特点的。线条描绘出形状的边缘，将它与周围空间区分开，图4-7是以线构筑的家具。除了能描绘形状之外，线条还能修饰和刻画出体部的面和棱角（图4-8）。

图4-7　以线构筑的家具示例　　　　　　图4-8　线可以刻画出体部特征

1）线的种类

线可分成直线与曲线两大类。直线有垂直线、水平线与斜线三种。曲线还可分成几何曲线与自由曲线两种。几何曲线有：方曲线、弧线、抛物线、双曲线、螺旋曲线、椭圆曲线与变形曲线等；自由曲线有：C形、S形与涡形三种。

2）线的长度、粗细与形状

线的长度、粗细与形状由点而产生，即由点的数量大小与形状所决定。粗线：力度强，浑厚、稳重、豪放、壮实；细线：力度小，精致、挺拔、秀气、敏锐。见图4-9所示。

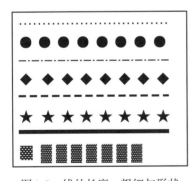
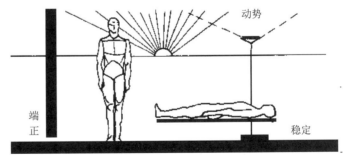

图4-9　线的长度、粗细与形状　　　　　图4-10　直线的表情

3）线的表情

线的第一性质是长度。长度是点的移动量，依靠点移动速度和方向的不同，能赋予其各种各样的性格。

① 直线的表情：一般说来，直线使人感觉严格、单纯和明快。粗直线具有厚实、坚实、强壮之感，而细直线有敏锐、清秀之感。见图4-10所示。

a. 水平线——具有向左右扩展的特点，带给人一种稳定、广阔、沉着、静止之感。用水平线造型的家具见图4-11所示。

b. 垂直线——具上升、严肃、端正、敬仰感。用垂直线造型的家具见图4-12所示。

c. 斜线——有不安定、动势、即将倾倒之感。用斜线造型的家具见图4-13所示。

图4-11　水平线的表情　　图4-12　垂直线的表情　　图4-13　斜线的表情

② 曲线的表情：曲线由于其长度、粗细、形态的不同，给人的感觉也不同。通常曲线有优雅、温和、缓慢、丰满、柔软之感。见图4-14所示。

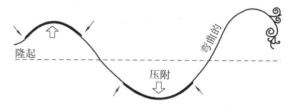

图4-14　曲线的表情

a. 几何曲线——给人以一种理智性的明快、坚实的印象。

b. 折线——是由直线和曲线相结合的曲线。这是一种变化丰富、端庄、大方、丰满而厚重的性格。见图4-15所示。

c. 弧线——有椭圆和圆形两类。圆弧线有充实、饱满的感觉，而椭圆形除具有圆弧线的特点外，还有柔软的感觉。见图4-16所示。

d. 抛物线——近于流线形，有较强的速度感。见图4-17所示。

e. 双曲线——有一种曲线平衡的美和流动感。见图4-18所示。

f. 螺旋曲线——有等差和等比两种，最富于动感的曲线，尤其是后者具有渐变的韵律感。见图4-19所示。

g. 自由曲线——自由曲线中，C形曲线简捷、柔和、华丽；S形曲线有优雅、柔情、高贵、丰富的感觉；涡形曲线有华丽、协调的感觉。见图4-20、图4-21和图4-22所示。

图4-15　折线（Cassina 餐椅）：曲折、坚劲有力、具有一定的攻击性、不安定性

图4-16　圆弧线：丰富、饱满感

图4-17 抛物线：有流线的速度感

图4-18 双曲线：有一种曲线平衡的美和流动感（德国ROLF BENZ沙发）

图4-19 螺旋曲线：富有趣味，有渐变的韵律感（设计师：Beppe Rocco）

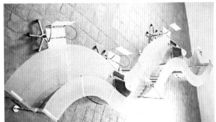

图4-20 S形曲线：含有一定的力度，优雅、抒情、高贵

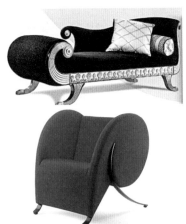

图4-21 涡形曲线：无力度，华丽、耀眼、装饰性强（意大利arflex休闲椅）

图4-22 C形曲线（Fritz Hansen 休闲椅）：含有一定的力度，简要、柔和、华丽

4）线的用法

① 纯直线构成的家具。直线形家具给人以正直、坚定、平稳的庄重感，注目这种直线形家具可以放松紧张的精神，达到这种意念上的平整舒适。见图4-23所示。

② 纯曲线构成的家具。曲线形家具给人以活泼、轻松、幽雅、柔和、丰满的动态感。在曲线的选用上产生了一种舒适

图4-23 纯直线构成的家具

的梦幻。见图4-24所示。

③ 直线与曲线混合构成的家具。直线和曲线相结合的家具兼具两种性格，其倾向由其相对比例及用法决定。见图4-25所示。

图4-24 纯曲线构成的家具　图4-25 直线与曲线混合构成的家具

（3）面

一条线在自身方向之外平移时，界定出一个面。在概念上，面是二维的，有长度和宽度，但无厚度。而在现实中不管厚度如何，它必须是可见的，当然长宽还是主要的。

图4-26 形状是面的主导性质

① 面的种类。面可分成平面与曲面，平面有垂直面、水平面与斜面，曲面有几何曲面与自由曲面。

② 面的形状。面的形状平时被透视作用所歪曲，只有正视时，才看到真实形状。

③ 面的表情。平面较单纯、直接，适用于表现现代造型的简洁性；曲面则具有温和、柔软和动感。

不同形状的面具有不同的表现特性。正方形、正三角形、圆形等都是方向性较明确的平面形，由于它们的周边"比率"不变，而具有规则、构造单纯的共性，因此一般表现为安定、端正的感觉；多边形是一种不确定的平面形，边越多就越接近曲面，从而表现出丰富或轻快感。形状是面的主导性质（图4-26）。

除形状外，平面状的形还具有各种材质的表面、颜色、质地和花纹等不可忽视的特性。这些视觉特点在下列诸方面影响着面的性质：a. 视觉上的重量和坚实感。b. 所见到的大小、比例以及在空中的位置。c. 反光的程度。d. 触觉与手感。e. 声学特性。

图4-27、图4-28、图4-29、图4-30和图4-31分别为各种形面构成的家具。

图4-27 正方形：明确稳健、单纯大方、整齐端正　图4-28 横放或斜放的三角形：前冲感（西班牙Nueva Linea厅柜）

图4-29 圆形：丰富、饱满（意大利Edra茶几）　图4-30 椭圆形：柔和、温雅、匀称、律动　图4-31 有机形：轻松活泼、富有动感（蚁形椅）

（4）体

一个面不沿着它自己表面的方向扩展时，即可形成体量。在概念上和现实中，体量均存在于三维空间中。体可以是实体（由体部取代空间或封闭式围合），见图4-32所示；也可以是虚体（由面状形所围合的开放空间），见图4-33所示。

图4-32　实体或封闭型家具

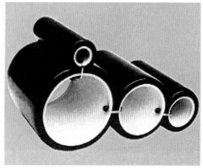

图4-33　虚体或开放型家具

① 立体形状的种类。立体形状的种类和二维的平面一样有块状、线状与板状。这三者处于连续的、循环的关系，不能严格地区分。把块状物体向一定方向连续下去就变成线状，把线状物体平行地并列时，就成为板状，再把板状物体堆积起来就又回到块状。见图4-34。

② 立体形状的表情。块状所取得的心理特性是能明显地与外界区分，成为一个占有空间的闭锁性的量块，并具有一定的量感，给人的印象是稳重、安定、耐压。线状无论是直的还是弯曲的，总给人以一种锐利、轻快、紧张与速度感。板状的最大特点是薄与延伸感，而且虽然薄却具有充分的力感，见图4-35。

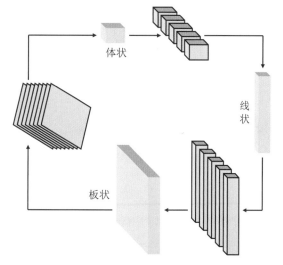

图4-34　块状、线状、板状的连续关系

2. 形状

形状是用以区别一种形态不同于另一种形态的根本手段。它可以参照一条线的边缘、一个面外轮廓和一个三维体部的周界而形成。

形状可以分成自然形、抽象形和几何形。

图4-35　立体形状的表情

（1）自然形

自然形泛指自然界一切生物和非生物（包括微观和宏观的）具有自然外貌特征的形态。这种形态也可以抽象化，通常是一种简化的过程，但仍保留着它们天然来源的根本特点，如图4-36。但这类图形虽然经过主体加工，却依然保留了原物象的基本状貌、特征，所以也属于自然形的范围。

（2）抽象形

所谓抽象，就是剔取物象最本质的特征和精神，经过主体多次概括，提取到纯粹的点、线、面或自由形的极端。虽然抽象形不拘于物象的自然状貌，甚至与物象相去甚远，但还是体现了主体与客体的一种感受，并上升到一种高度形式化、抽象化的精神和纯化状态。见图4-37是毕加索对牛进行去繁就简的变形方法，是具象到抽象的逐步演绎。

图4-36　自然型

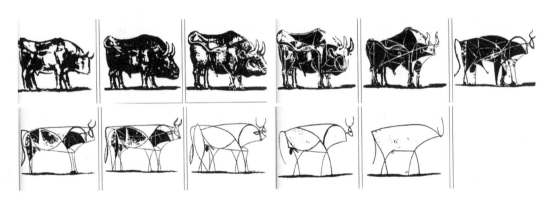

图4-37　毕加索画牛的简化过程（从具象到抽象）

（3）几何形

几何形几乎主宰了家具的构成形式。其基本形是正方形、正三角形和圆。其他如梯形、三角形、椭圆形都是以上三种基本形的变化。这些平面形态推广到三维中就生成了球体、圆柱体、圆锥体、方锥体与立方体。

①圆。圆是一种紧凑而内向的形状，这种内向是对着自己圆心自行聚焦，表现了形状的一致性、连续性和构成的严谨性。圆的形状通常在周围环境中是稳定的，且以自我为中心。然而当与其他线形或其他形状协同时，圆可能显示出具有分离的趋势。

②三角形。三角形表现稳定，但当它矗立于某个顶点时，就动摇，当趋于倾斜向某一边时，也处于一种不稳定状态或动态中。三角形可以通过组合形成正方形、矩形及其他各种多边形。三角形的能动性取决于三条边的角度关系，由于其三角度可变，所以比正方形、矩形更灵活多变。

③正方形。正方形表现出纯正与理性。它的四条等边和四个直角使正方形显现出规整和视觉上的精密与清晰性。正方形并不暗示也不指引方向，与三角形一样，放置在自己的某一边时，平稳、安定。否则就会出现动态。各种矩形都可看成是正方形在长宽上的变体，在家具中矩形是最规范的形状，测量、制图与制作都方便。

3. 色彩

色彩与形状、质地一样，是各种形态的视觉根本性质。我们被包围在环境所配置的缤纷色彩中。我们把色彩的来源归因于光。光是根源，它照亮了形态和空间。没有光，色彩就不复存在。

（1）色彩的三种属性

由物体发射、反射或透过的光波通过视觉所产生的印象为颜色。人眼的视网膜上有红、绿、蓝三种可识别颜色的锥体（见图4-38a所示），这三个锥体接收的信号称为三刺激值，在色度学上用X、Y、Z表示。三刺激值送到大脑皮层内判断后，形成了三个具体判别颜色的指标——色相（H）、明度（V）、彩度（C）。

色相就是色彩的相貌，根据色相的属性，我们能辨认并描述一种色彩，如红色或黄色。明度是指色彩的明暗程度，如鲜艳与暗淡，黑与白是色彩明度的两个极端。彩度也称为纯度或饱和度，是与同等明度的灰色相比较时，色彩的纯净程度或饱和程度。三种属性是互相关联的。

（2）色彩与可见光谱

物理学把色彩当作光的一种性质，在光的可见频谱中，色彩是由波长决定的；最长的波始于红色，经过橘黄色、黄色、绿色、蓝色到达最短的紫罗兰色。当某种光源的这些色光接近同等量时，它们混合产生白光——光线接近于白色。见图4-38b。

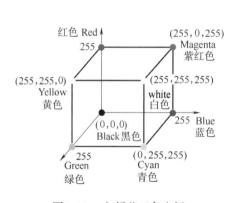

图4-38a　红绿蓝三色坐标

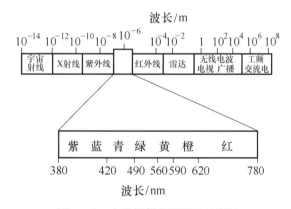

图4-38b　电磁辐射范围及可见光源

白光照到一个不透明的物体时产生有选择地吸收作用，物体表面吸收了一定波长的光，反射出其他波长的光，我们的眼睛识别出反射光的颜色，并把它当作物体的颜色。所以，红色表面呈现红色是因它吸收了照射在它上面的蓝光与黄光，同时反射出光谱中的红色部分。显然，一个蓝色表面吸收掉红光。同样，一个黑色表面吸收了全部光谱，一个白色表面反射出全光谱。

（3）色彩的表示方法

为了科学地表征物体的颜色特征，国际照明委员会（CIE）于1931年规定用XYZ代表三刺激值，用一定的方法对三刺激值加以变换，使其达到符合人眼的判断规律。目前国际上常用的有$L^*a^*b^*$变换法和孟塞尔变换法，这两种方法分别称为$L^*a^*b^*$色系及孟塞尔色系。我国也基于国际上的规定，制定了国家标准《颜色的表示方法》（GB3977—83）。

1）$L^*a^*b^*$色系

$L^*a^*b^*$色系是以a^*为横轴、以b^*为纵轴的直角坐标色度图，与其垂直方向的是表示明度指数的L^*轴，由此构成立体色空间。a^*b^*称为色度指数，如将a^*b^*的直角坐标变为极坐标，则可求得表示色相的色相角$H°$、表示彩度的C^*。各个指标的计算公式见4-1至4-5，C^*、a^*、b^*及$L^*a^*b^*$三者的关系如图4-39所示。

$$L^* = 116(Y/100)^{1/3} - 16 \tag{4-1}$$
$$a^* = 500\,[(X/98.072)^{1/3} - (Y/100)^{1/3}] \tag{4-2}$$
$$b^* = 200[(Y/100)^{1/3} - (z/118.225)^{1/3}] \tag{4-3}$$
$$H° = \tan^{-1}(a^*/b^*) \tag{4-4}$$
$$C^* = \sqrt{a^{*2}+b^{*2}} \tag{4-5}$$

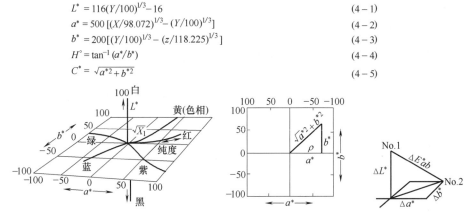

图4-39　$L^*a^*b^*$色系的色度坐标及各自的关系

2）孟塞尔色系

美国艺术家孟塞尔（A. H. Munsell）于1905年提出一种表示颜色的方法，后来称为孟塞尔色系。他用一个三维空间类似球体的模型来表示色相、明度、彩度。在立体模型中每一个部位代表一个特定颜色，并给予一定的标号。这是一种从心理角度出发，根据颜色的视知觉特点所制定的颜色分类和标定系统。目前国际上很多行业都采用这个系统作为分类和标定表面色的方法。如图4-40所示，孟塞尔颜色立体的中央轴代表中性色的明度等级，共分成0～10共11个在感觉上等距离的等级。一块颜色样品离开中央轴的水平距离代表彩度的变化。彩度也分成许多视觉上相同的等级，中央轴的彩度为0，离

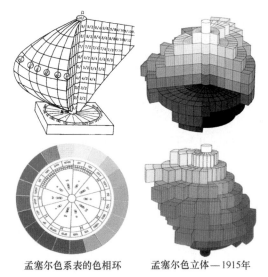

孟塞尔色系表的色相环　　　孟塞尔色立体—1915年

图4-40　孟塞尔色立体示意图

开中央轴越远，彩度值越高。各种颜色所能达到的最大彩度不同，最高可达20。

图4-41是颜色立体的水平剖面图，它代表10种孟塞尔色相。这10个色相域以顺时针方向分别为R（红）、YR（黄红）、Y（黄）、GY（黄绿）、G（绿）、BG（蓝绿）、B（蓝）、PB（紫蓝）、P（紫）、RP（红紫）。每一个色域又可以进一步细分为10条，这样色相环就共有100

个小色域。主色相记为5R、5YR、5Y、5GY……。任何颜色都可以用颜色立体上的色相、明度、彩度这三个值进行标定，然后写成VH/C的形式。如一个10R 8/12的颜色，它的色调是在红（B）与红黄（YR）之间，明度值为8，彩度为12。

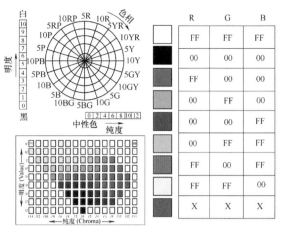

图4-41　孟塞尔色立体水平、Y-PB剖面及色号示例

3）$L^*a^*b^*$色系与孟塞尔色系的关系

目前一些高级的仪器，可以直接测出孟塞尔色系的三个特征值及$L^*a^*b^*$色系的参数，而一般的测色仪只能测得X、Y、Z三刺激值。由X、Y、Z值求孟塞尔色系的HVC值较为复杂，需要时可参阅有关专著。

4）色彩的相互影响

一个明快的色总是使沉着的颜色更低沉，而低沉的颜色则使明快的颜色得以强化。黑与白同色彩对比时，都会对其产生特殊的效果。背景中含黑色时，总是使色彩更浓郁、更富感染力，而相反背景中含有白色时会产生相反的效果。大面积白色使光线反射到相邻的色彩上，细的白线条一般有扩张感，并带有它们所分隔的色彩的色相。色相对比和明度对比的效果，取决于作为分隔色的面积大小能否足以被感觉到。如果面积太小并且挨得太近，眼睛难以在过短的时间里适应它们中的差别，会通过视觉把色彩混合掉。视觉混色效果，通常被利用到只有少数几种颜色线编织出的富于肌理的织物，而创造出有丰富色相和明度变化的印象。

5）色彩的性格

一般而言，暖色与高纯色在视觉上是活跃而富刺激性的；冷色与低纯度则显得消沉而松弛。高明度让人愉快，中等明度使人平和，而低明度令人忧郁。明亮的饱和色与强烈的对比色吸引着人们的注意力，灰色和中等明度则效力较低。对比的色相和对比的饱和度也能限定出形状，但如明度太相近，它们做出的限定就会较模糊。深而冷的色彩有收敛感，明亮而暖的色彩总有扩张感而使物体显得较大，尤其是衬托在深色背景中时更是如此。高明度的冷色相和灰柔的颜色可使实际距离看似更长。暖色相有逼近感，而低明度、低饱和度的颜色会暗示距离缩短。

每个人都会有喜爱的颜色，也有其他不喜欢的颜色，但颜色并无好恶之分。有些颜色仅仅是因某个时期流行与否而有所憎爱，而有些颜色在特定的色彩方案中合适与否也是引起好恶的原因。一种颜色运用恰当与否首先取决于对其使用的方式与场合，以及是否适合于色彩方案中的配色。表4-1与表4-2分别列出了颜色在各类人员心理所产生的反映及其具体与抽象的联想。图4-42至图4-53分别为应用各种色彩的家具。

表 4-1　　　　　　　　　　　　各类人员对颜色的具体联想

色彩　　　年龄层与性别	少年（男）	少年（女）	青年（男）	青年（女）
白	雪白、白纸	雪、白兔	雪、白雪	白砂糖
灰	鼠、灰	鼠、阴天	灰、混凝土	阴云、冬天
黑	夜	头发、煤	夜、雨伞	墨、西装
红	苹果、太阳	郁金香、西服	旗、血	口红、红鞋

续表

色彩 \ 年龄层与性别	少年（男）	少年（女）	青年（男）	青年（女）
橙	橘柿	橘人参	橘子、肉汁	橘、砖
茶色	土、树干	土、巧克力	皮箱、土	栗子、靴
黄	香蕉、向日葵	菜花、蒲公英	月、雄鸟	柠檬、月亮
黄绿	草、竹	草、叶	嫩草、春	嫩叶
绿	树叶、山	草、草坪	树叶	草
蓝	空、海洋	天空、水	海、秋空	海、湖
紫	葡萄、紫菜	葡萄、桔梗	裙子、礼服	茄子、紫藤

表4-2　　　　　　　　　　　各类人员对颜色的抽象联想

色彩 \ 年龄层与性别	青年（男）	青年（女）	老年（男）	老年（女）
白	清洁 神圣	清楚 纯洁	洁白 纯真	洁白 神秘
灰	阴郁 绝望	阴郁 忧郁	荒废 平凡	沉默 死亡
黑	死亡 刚健	悲哀 坚实	生命 严肃	阴郁 冷淡
红	热情 革命	热情 危险	革命 热烈 喜庆	热烈 喜庆
橙	焦躁 可怜	卑俗 温情	健美 明朗	欢喜 华美
茶色	雅致 古朴	雅致 沉静	雅致 坚实	古朴 淡雅
黄	明快 泼辣	明快 希望	光明 明快	光明 明朗
黄绿	青春 和平	青春 新鲜	新鲜 活跃	新鲜 希望
绿	永恒 新鲜	和平 理想	深远 和平	希望 和平
蓝	无限 遐想	永恒 理智	冷淡 薄情	平静 悠久
紫	高尚 古朴		古朴 优美	高贵 消极

图4-42　红色：积极、激进、革命、热烈

图4-43　橙色：明亮、华丽、兴奋、愉快

图4-44　黄色：辉煌、阳光、富贵、希望

图4-45　绿色：生命、健康、环保、凉爽、和平

图4-46　蓝色：崇高、理想、高远、理智、冷静

图4-47　紫色：神秘、优雅、沉稳、富贵

图4-48 白色：纯洁、轻盈、明亮

图4-49 黑色：强烈、冷峻、深沉

图4-50 鲜调：生机盎然、充满活跃、跳动的力量

图4-51 粉调：朦胧、温和、含蓄、富有内涵

图4-52 低调：稳重、含蓄

图4-53 高调：优雅、明亮

（4）家具上的配色案例

1）典型的调和色环境设计方案

图4-54是典型的调和色环境设计方案。水曲柳本色是其主色调，试想如果没有其他色彩或质感的话会是什么感觉？一定会生硬和刻板。这里所采用的手法是：

① 中间的地毯用的是和水曲柳相同的色调来与靠墙的家具呼应，从而把主色调确定下来，但材料质感不同，家具的光洁与织物地毯的粗糙构成对比，在沉静中激活。质感的对比没有色彩对比那么强烈，这就是本方案要达到的效果。

② 微带浅灰色的地面（可能还有天花板或墙裙）作为背景把家具衬托出来，并与金属拉手的色彩相呼应，使背景和家具两种色彩交融而不显生分。

图4-54 调和色配色设计

③ 乳白色的坐具和道具呼应，它们与地面背景及家具都能协调，地面中有白的成分，而坐具等物件中也有，而且他们还有微许黄色和水曲柳本色相协调，同时也有质感的对比。

④ 其他物件的色彩只要不重和多，总体效果已经能得到保证了。

其营造的总体效果是素净和协调。

2）典型的对比色环境设计方案

图4-55是典型的对比色环境设计方案。解

图4-55 对比色配色设计

读如下：

① 两种色彩基调，深浅对比，富有视觉感染力，但不张扬，因为是冷色调配法。

② 相对于黑白对比而言，水曲柳浅色要收敛得多。

③ 家具本身基本上用纯水曲柳色，于是以坐垫和靠背的黑色来对比，但黑色分量还不够，所以用桌面的深色茶盘来辅助，玻璃酒具缓和两者的矛盾，构成有视觉张力的调和。

④ 地柜与吊柜用同样的配色手法，从而使室内空间的格调一致。

⑤ 地面用深灰色来衬托家具，没有黑色那么沉重，由于其面积较大，所以能压住阵脚。同时，也能在两种对比色中保持视觉上的平衡。

⑥ 质感上的区别既是使用上的要求，也能使原有对比色的紧张感得到一定程度的舒缓。

总体感觉是沉稳而不古板，有内涵、有深意、有身份，极其耐看。

3）樱桃木基调下的调和色配色方案

图4-56为樱桃木基调下的调和色配色方案。自然光与人工光相结合。

① 红樱桃配以暖色光源营造卧室的温馨氛围。

② 浅木纹地板、窗帘和乳白色床上用品均与樱桃木本色家具色调上调和、深浅上对比，夹在床靠上的深色靠垫也还是同色相的。

③ 墙面局部饰有樱桃木板面与家具呼应，增加室内背景与家具间的相融感，基调主题明确（温暖），绿化借景赋予生气，增加通透感。

4）整体调和中局部对比

图4-57整体调和中求局部对比。

① 红色地毯、橘黄色床上用品、樱桃木本色和米黄色墙面由深入浅、逐级调和；

图4-56　樱桃木基调下的调和色配色

图4-57　整体调和中求局部对比

② 黑、白、红三色经典对比；

③ 红色与主基调有血缘关系，分量较重，白色次之，黑色只以器具形式点缀。

色彩在视觉中占有很重的分量，色彩需要在环境中综合考虑。还要认识到目前多数家庭的居室环境是白色墙面和木纹色地板，地板有深有浅，也有浅灰色地板，要有分别应对的设计策略。展示设计中还要考虑绿化。饰品也要精心设计或选择，摆放位置也要精准设计，分销商不可随意更改。

4. 质感

质感是由物体表面的三维结构产生的一种特殊品质，最常用来形容物体表面的相对粗糙与平滑程度。也可用来形容物体特殊表面的品质，如石材的粗糙面、木材的纹理以及纺织品的编织纹路等。

质感有触觉质感与视觉质感，触觉质感是触摸时感知，但所有触觉质感均给人视觉质感。视觉质感是眼睛看到的，可能会是一种错觉，但也可以是真的。这两者是紧密交织在一起的，当我们的眼睛识别出表面的视觉质感时，通常不需进行触摸就能感觉出它外观上的触觉品质，这是因为物体表面质地的品质，基于我们过去对相似材料的回忆联想而得出的反应。

（1）质地的视觉特性

影响质地视觉特性（即视觉质感）的因素有尺寸大小、视距远近与光照等。

一般而言，质地肌理越细，表面呈现效果越平滑、光洁。粗糙的质地在远处看去也能呈现某种相对的平整效果，近看时才暴露出其粗糙程度。物体表面有粗和细、光亮和暗淡等情况，若经组合，可产生下列四种典型的质地效果和表情。

① 粗而无光的表面：有笨重、强固、大胆和粗犷的感觉。

② 细而光的表面：有轻快、平易、高贵、富丽和柔弱的感觉。

③ 粗而光的表面：有粗壮而亲切的感觉。

④ 细而无光的表面：有朴素而高贵的感觉。

（2）质地与光照

光照影响着我们对质地的感受，反之，光线也受到它所照亮的质地的影响。直射光线照在实在质地的表面上可以增加视觉质感。漫射光线会减弱这种实在的质地，甚至会模糊掉它的三维结构。平滑与光亮的表面能反射出耀眼的光线，使图像清晰，吸引我们的注意力。粗糙或中等粗糙度的表面能吸收并均匀地扩散光线，它比同类颜色但光滑的表面表现得更暗些。用直射光线照在粗糙表面上，会形成清楚的光影图案。

（3）质感与背景

对比作用影响质地表现的强弱程度。在光滑而单一的背景对比下，一种质地会比相似质地并列在一起时表现得更加突出。当它衬托在更为粗糙的背景前时，该质地会显得更为细腻而且会在尺度感上缩小。

光亮的表面上容易发现尘埃而且也不耐久，但较易于清洗，粗糙表面耐脏，但维护困难。

图案的重复性设计也带给装饰表面一种质地感。当各部分组成的图案很小，以至于失去了它们自己的特色而混成为一种色调时，它们的质地感更胜过图案。

二、听觉

谈到声音与家具设计的关系，也许有人会不以为然。那么声音与饮食文化又有什么联系呢？似乎还是未知可否。然而曾有人把日本的饮食文化比作视觉文化，将美国的饮食文化比作听觉文化，虽然未必恰当，但也说明了一些问题。即日本料理制作精美、秀色可餐，而美国人喜欢吃洋芋片、脆饼干、脆谷片等嘎滋有声的食品，在营销这些食品时，声响是相当重要的因素。同样，家具设计至少在以下几个方面与声音有关，一是家具材料的声学特性及其对环境音响效果的影响，二是音响上的私密性要求，三是音乐旋律对家具创作灵感的积极作用，因为音乐是情感化的，而家具设计也需要情感，家具上的韵律感源自音乐。在坐上芬兰家具设计大师库卡波罗（Yrjökukkapuro）所设计的摇椅（图4-58）之前，你似乎已经能感受到海浪轻摇小舟的舒适与

图4-58　库卡波罗设计的摇椅

聆听大海低语的惬意了。

声音是情绪的帘幔，我们的周围都有着一定的"背景音乐"——办公室的声音、交通噪声、暖气与空调送风的声音等。影响这种声音的因素有声源，如说话声、物体撞击声等，也与室内空间的大小、室内物体的形状与所用材料有关，因此家具的尺寸、形状、用材以及在室内的布置将在一定程度上影响我们的"背景音乐"。如果我们的环境能吸收掉令人心烦意乱的高频杂音，而强化悦耳动听的声音的话，那么一定会让人感到平静、安逸和舒坦。

（一）听觉原理

我们所听到的"声音"实际上是一种前进、达到高峰、再后退的空气分子，由不论大小的任何物体的运动所引发，向各个方向扩散出去。首先要有物体运动——发动机、蟋蟀的翅膀等，这些物体震撼了其周遭的空气分子，使紧邻这些空气旁的分子也开始振动，以此类推。一波一波的声音就像波浪般向我们的耳朵澎湃前进，使我们的耳膜颤抖，再依次振动三块人体内最细小的骨头——砧骨、锤骨和镫骨。

声音的传接分为三个阶段，外耳的功能是接收和引导声音的通道，当声波振动扇状的鼓膜时，会先振动第一块听小骨，而第一块听小骨的顶端配合第二块听小骨的环状孔，震动第二块听小骨，后者如活塞一般压迫充满液体的柔软内耳，内耳中有螺旋状的耳蜗，其内部嵌着许多毛发，作用是向听觉神经细胞传送信号。当液体振动时，毛发亦波动，刺激神经细胞，向大脑发出信息。因此，听的动作在空气与水的古老障碍之间搭起了一座桥梁，接收声波，将之转变为液体的波浪，再变成电的刺激。听觉的功能与空间、声音的频率等有关，瑟瑟作响的稻田以纯朴的低语环绕着我们时，就没有豹子在我们身后咆哮那般急迫。声音必须在空间中订出位置、辨明种类、强度，及其他特色，也就是说，听觉有地理方面的特质。

不过，这些全都是源自于空气分子的振动，每一个分子都推挤着下一个，如同一群人依次向前进入地下道一般。它们所组成的波浪有特定的频率（每秒钟分子压缩和放松的数量），亦即我们所听到的音调，频率越高，声音的音调也就越高；声音的量越多，就越大声。

（二）听觉特性

1. 环境与听觉

环境中存在着主音与背景音两种，一般来说，无论大小，背景音总是存在的；所谓主音是在客观上或主观上特别引起注意的声音。人耳有着把某些声音拉到几乎听不见的后方，又把其他声响牵引到前方的能力。如在忙乱的晚会中，天花板若低而音效不好时，声波即会撞击到墙面上再反弹回来，而不会被吸收，那么你就会觉得自己仿佛置身在酣战的球场中，但又能在所有的噪声里分辨出你伴侣的讲话，就仿佛我们耳中有变焦镜头似的。我们之所以能这么做，主要是因为我们能听见事物两次：外耳是结构复杂的反射器，接收声音，再将之直接送入耳孔中；但有少许的声音则由外耳的上下或边缘溢出，几秒钟之后才导入耳孔中，因此造成了一定的延迟现象，而延迟声音的时间则依声音入耳的角度而定，脑子读到延迟的讯号之后，就知道音源来自何处。但这并不意味着我们可以忽视对周围"背景声音"的优化。人长时间处于嘈杂环境中会感心烦和疲劳。

如果背景声音包括各种频率且漫无规律、太大声、太尖锐时就成了噪声，噪声可能损害我们的耳朵，由于大的噪声折磨我们的心灵，使我们想要逃避它。另外，也有虽并不那么吓人，但却是我们不喜欢的声音，也可将之归为噪声，例如不和谐的乐音。如果有人用手指甲刮过黑板，我们就会不自主地痉挛、抽搐，全世界这么多人听到这种声音的反应全都相同，因此这必定不只是学来的反应，而是与生俱来的。神经学者认为，这可能是我们进化中的一个遗迹，惊恐的尖叫声会使我们警觉到突如其来的噩运，或者刮黑板的声音太像掠食者的爪子轻轻滑过我们身后岩石的声响。

2. 声音与联想

我们居住在充满熟悉声音的环境中，但若在夜晚独处时，你所熟悉的声音也许会像凶手一般向你扑来，令人恐怖。我们由各种声音引起种种幻觉的机会远较由视觉引起幻觉的机会多，而听觉的海市蜃楼一旦消失，便无迹可寻。声音能将我们带向小鸟鸣唱、河流急湍与春风化雨的大自然。

音乐被誉为听觉的精华，它可能是从宗教行为而萌芽的，目的是为了激励人群。鼓使得心脏迅速地奔腾，而喇叭则使人乘上声音的战车。音乐激励人们采取行动，抗战进行曲、现场救助演唱会、游行示威以及其他许多公众活动都显示了这一点。语言是对物体、感性与思想的理性声音，而音乐是对感情的非理性声音。各个国家都有他们独特的语言，但整个人类文明都喜爱某些音乐形式，音乐是由人类共有情感泉源所发出的呐喊，我们可能听不懂外语，但可以通过语音语调得知对方的态度，更可以通过直觉了解呜咽、哭泣、呐喊、欢笑、叹息以及其他各种叫喊与呼唤。

3. 材料与音色

几乎没有人会对材料影响乐器的音色表示怀疑，但多少人会把它与家具连一起呢？然而，这一问题正在逐渐突显，集体办公的系统化家具对室内环境音色的影响就不可忽视，因为其总体的表面积已占室内面积的相当比重，只是由于影响因子较多，我们暂时还难以精确计算。然而，定性地来看，以纺织面料所包覆的屏风隔板所形成的柔软而粗糙的表面无疑将有助于吸收背景杂音。

史特第瓦拉制的小提琴由于其无与伦比的优美音色而被认为是世界上最宝贵的乐器。为了解开其中的奥秘，剑桥大学的一组研究人员用能量分散X光光谱学（EDAX）的方法来分析木材的成分，结果惊讶地发现了介于小提琴表面油漆与木材之间的一层薄薄的火山灰，这是史特第瓦拉所居意大利北部克里莫纳地方所产的火山灰。史氏可能将之用作一种黏合剂，而未想到会影响乐器的音色。当然，只有火山灰是不可能创造出这种名琴的，其年岁、结构和制作的手艺都会影响其音质。许多小提琴家和制作小提琴的人都坚称，小提琴是逐渐成长出美丽低沉的声音的，他们说长时间细腻弹奏的小提琴最后也会拥有那细腻的音色，木质总会保存其充满精神的飞扬旋律。换言之，多年来不断重复的某些振动，与所有成熟的正常程序，会造成木质极小的变化；而我们对这种细胞变化的感受是丰富的音质。那么，我们是否可以通过特殊的处理方法来获取具有特殊作用的家具用材并将其应用到设计中去呢？这就是创造，且可能是划时代的创造。创造的灵感来自于专深而广博知识基础上的理性思维。

三、触觉

触觉是人类最重要的感觉系统之一，触觉能理清眼睛所做的速记并添加信息，教人知道生命有深度有轮廓，使我们对世界和自己的感受主体化，告知我们生活在三度空间的世界中。语言中充满了触角的比喻，如我们称情感为"感觉"，我们深受"感动"，问题"棘手""烫手"等。

木匠会用大拇指擦过刚刨好的厚木板，试探它是否粗糙；厨师会把一点面团捏在拇指与食指之间，测试其硬度；刮胡子时受伤，不用看就知道伤在哪里。我们也可能在自己并未沾水的情况下，感觉到湿意（例如戴着塑胶手套洗碗），这显示了构成触觉的复杂感受。在我们面对冰冷的泳池时，总是脚先湿，原因是脚上没有如鼻端等部位那么多对寒冷的感受体。

（一）触觉原理

皮肤介于我们与世界之间，细想就可知道人体除了皮肤之外，没有其他部分与外界接触，皮肤囚禁我们，但也给了我们独特的体型、保护我们防止侵略者、视需要为我们散热保暖、制造维生素D、保存我们的体液。然而，更重要的是，它容纳了触觉。

皮肤可分表皮与真皮两层组织，表皮厚0.07mm至0.12mm，有浓密海绵状组织的真皮厚1mm至2mm。在表皮与真皮之间，有许多微小呈蛋形的梅司纳氏体，天生是内含神经的被囊，专门分布在人体上无毛之处——脚底、指尖（每6.45cm²有9000个）、手掌和舌头及其他极端的敏感的部位，它们对最轻微的刺激都有快速反应。在梅司纳氏体中，就像灯泡中的灯丝般，分枝、圆圈形的神经末梢与皮肤表面平行，能收受多种感觉，其平行的排列法使他们对于垂直角度接触的物体特别敏感。此外，由于触觉小体的各部分能独立反应，因此相当灵敏。

处于关节附近、深层组织及乳腺等部件的帕奇尼氏小体对压力的变化反应极快。它们是厚而呈洋葱形的神经末梢，司压力感觉告诉大脑压力源为何、关节的动作以及我们移动时器官如何改变其位置。只要一点点压力，它们就会迅速反应，将信息传送至大脑。它们对振动或变换的感觉也很敏锐，尤其是高频率的振动。帕奇尼氏小体的做法是把机构能量转变为电能。

触摸是最古老、也是最重要的知觉。牙齿尖利的老虎爪子搭上你肩膀时，你非得立刻知道不可。第一次的触觉或是触觉有所改变（如由轻柔变为刺人）时，会使脑部开始一连串的动作，前者感觉到的是关怀与呵护，令人舒适，而后者感到的是危险，令人不安。持续的低度接触则成为背景。当我们故意碰触某物——台面、沙发、席梦思时就启动了触觉细胞的复杂网络，使它们暴露在某种感觉之下，因而有所反应。改变它们，再使它们承受其他感觉，脑部读出其反应，并记录光滑、粗糙、寒冷、干燥与湿润。

触觉细胞可能只因持续单调而遭忽略。当我们刚穿上厚毛衣时，可以敏锐地察觉其质地、重量、触感，但不久后，我们就完全地忘记它的存在。我们首先感受到持续的压力，启动了触觉神经末梢，然后神经末梢却不再发挥作用，因此穿毛衣、戴手表或项链并不会使我们心烦。除非天气转热，或是项链断裂。幸好如此，否则我们会因轻轻毛衣附在皮肤上的感觉而发疯，或因微风不止而发狂。这种疲乏的现象并不会发生在帕奇尼氏小体（人手、足真皮深层的振动觉感受器）、路非尼氏终柱（位于韧带、关节及皮下组织的压觉辅助器）和戈尔吉氏腱梭这种给我们体内情况资讯的部位，因为如果这些部位的感受体松懈下来，我们就可能在走路时跌倒。但其他的感受体在起初保持警觉，渴望着新鲜，但稍后却表现出"噢，又是那个"的电码而松弛下来，使我们能继续生活。

（二）触觉特性

1. 冷暖感

用手触摸家具表面时界面间温度的变化和热流量会刺激人的感觉器官，使人感到温暖或凉爽。

如果用手触摸放置于室温20℃的家具时，由于家具的温度低于体温，热量就会通过皮肤——家具界面向家具体方向流动。此时垂直于界面的热流量Q随时间t变化的关系式为$Q=qtk$，式中q和k是由家具材料种类所决定的材料本身所固有的特性常数，热流量将随着时间的延长而减小。铃木正治测定了手指与木材、本质人造板等多种材料接触时的热移动量（见

表4-3），可见木材与人造板等木质材料的热移动量和导热系数远远低于钢板、铅板、玻璃等材料，具人体较适应的冷暖感，作为家具用材是非常理想的。

表4-3　　　　　　　　　　手指与各种材料接触时的热移动量

材料名称	热移动量/（4.18×10^{-2}J/s）	热导率/〔4.18kJ/（m·h·℃）〕	材料名称	热移动量/（4.18×10^{-2}J/s）	热导率/〔4.18kJ/（m·h·℃）〕
钢板	5.69	32	扁柏	2.98	0.07
铝材	7.59	180	白桦	3.39	0.14
玻璃	5.97	68	氨基醇酸漆柞木	3.12	0.137
陶瓷器	4.43	0.9	聚酯涂饰胶合板	3.79	0.088
混凝土	4.88	1.6	三聚氰胺贴面板	4.61	0.25
砖	3.93	0.47	硬质纤维板	3.39	0.105
硬质聚氯乙烯	3.53	0.252	软质纤维板	2.98	0.05
脲醛树脂	3.25	0.25	刨花板	3.25	0.1
酚醛树脂	4.07	0.25	纸	3.52	0.15
聚苯乙烯	2.71	0.035	羊毛	2.71	0.038

一般认为，木材经涂饰后，接触面的热学性质会产生微小的变化。但日本研究者大熊等人1979年曾对10mm和20mm厚的日本柳杉径切板用丙烯酸清漆多次涂刷，每次涂刷后均测定其接触冷暖感，其结果并未出现因涂饰所引起的冷暖感觉的差异。松井测定表明，当涂层厚皮达到40~50μm时，才略能测出涂饰前后冷暖感的差别。

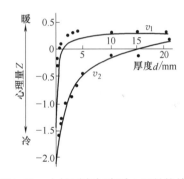

图4-59　木材厚度与冷暖心理量的关系

在使用时，木材常常被加工成单板作为贴面材料覆盖于其他材料的表面上。从而对基底材料的冷暖感产生影响。大熊等人曾用不同厚度的柳杉单板覆盖在5cm厚的金属板上，在20Y的室内测定其接触冷暖感，结果表明，即使厚度仅为1mm的单板也对改变基底材的冷暖感十分有效。同时测定了单板厚度与冷暖心理感觉量的关系（如图4-59所示）。从图4-59可见，铁板表面的冷暖心理量（Z）为-1.9，当贴上1mm厚的单板后变为+0.1，说明贴一薄层木材后材料的冷暖感就可以大为改善。

从用初期热移动速度v_1求得的Z_1和用长期热移动速度v_2求得的Z_2来看，Z_2—d曲线比Z_1—d曲线上升得缓慢，当木材厚度增加到20mm时，冷暖心理量仍继续上升。荒川等人曾以金属、木材、混凝土、泡沫塑料等为基底材，在很宽的导热系数变异范围内测定了单板贴面后材料的接触冷暖感，结果表明，随着木材单板厚度的增大，其贴面材料的冷暖感逐渐接近于木材素材的冷暖感。

从实际家具的使用条件和居住条件来看，Z_1可表示人与墙壁、柜类家具等接触时间短的瞬间接触，Z_2可表示人与地板、椅子、桌面等长时间接触时的冷暖感。从图4-59中可以看出，虽然木材贴面部可以使表面变暖，但要在木材厚度（d）等于17mm时Z_2等于零。也就是说要在木板达到一定厚度时才能掩盖住基底材的冰冷感。从这一点出发，在实际应用时，地板、椅子、桌面板等不仅仅要进行表面加工,而且基材也以选择木材或木质材料为宜。

2. 粗滑感

用手触摸材料表面时，摩擦阻力的大小及其变化是影响表面粗滑感的主要因子。铃木在1970年曾以9种木树以及钢、玻璃、合成树脂、陶瓷和纸张等材料为对象，研究了触觉光滑性与摩擦因数之间的关系。结果表明摩擦阻力小的材料其表面感觉光滑。在顺纹方向上针叶木材的早材与晚材的光滑性不同，晚材的光滑性好于早材。木材表面的光滑性与摩擦阻力有关，摩擦阻力的变化与木材表面粗糙度有关，它们均取决于木材表面的解剖构造，如早晚材的交替变化，导管大小与分布类型，交错纹理等。

3. 干湿感

人体能感觉出物体的干湿程度干湿感源自压力与温度的混合，因此，在两种情况下会产生湿感，一是物体含水率变化到一定程度时，二是物体表面性状能使人感觉类似有水时的温度与压力刺激。

目前，在世界上已经根据人的感觉特性精心设计与制造出来各种材料用于家具等各种商品的面层材料，以增加其感染力。如传统的仿皮材料由于没有自然的细小孔隙而总给人以一种人造的、不自然、不透气的感觉。而现在已有人通过造出许多肉眼几乎看不到的小孔，使其质感马上具有明显的反差，高分子薄膜材料看上去就可以像一块纺织品，因为入射的光线被吸收与发散。另外，明明是一块很"干"的材料，但摸上去就有"湿"的感觉，把它用到沙发或椅子上时，夏天不感到热。因此，材料对家具设计而言总是最为关键的要素之一。

木材属于毛细管多孔有限膨胀胶体，具有极高的孔隙率和巨大的比表面积，因此木材的表面现象十分显著，具有强烈的吸附性和毛细管凝结现象，统称为木材的吸湿性，包括吸湿和解吸。这种性质具有两重性，一是具有调温调湿机能，有利于室内环境，二是会产生湿涨干缩，从而影响家具的质量。因此，要解决好这对矛盾就必须从整个室内装饰材料中木质材料的使用比例上来考虑，而对于具体家具而言，其结构设计是关键。

4. 软硬感

各种材料均有其固有的硬度，复合材料的硬度与面层材料的硬度、基底材料的硬度以及面层材料的厚度有关，有关这方面的定量化研究尚待进一步深化。硬度不同，给人的压力不同，感觉也就不一样。能给人以良好软硬感的材料是木材、皮革等天然的生物材料以及仿皮、泡沫等人造软体材料。显然，用某些合成材料来直接与人接触是不合适的，会给人以冷硬面缺乏人情味的感觉。木材表面具有一定的硬度，其值因树种而异，通常多数针叶木材的硬度小于阔叶材，所以，前者在英文中称软材（Soft wood），而后者称硬材（Hard wood）。国产材的硬度值为12.5～165MPa，其中针叶材为19.2～61.8MPa，阔叶材为12.5～165MPa。泡桐等软阔叶材比针叶材还要软些。若以端面硬度为准，针叶材最高与最低值相差约3倍，阔叶材则相差12倍左右。同一树种不同断面，木材硬度也不相同。针阔叶材的端面硬度均比侧面高，弦面硬度略比径面高，心材的硬度一般都比边材大。不同树种、不同部位、不同断面的木材其硬度差异很大，因此有的触感轻软、有的硬重。当木材的硬度较高时，漆膜的相对硬度也较高。

四、嗅觉

呼吸与生命相随，而每一次呼吸都会把空气送到我们的嗅觉器官里。每天，在我们呼吸的同时，气味的分子在我们体内泛滥。呼吸，使我们闻到了气味。种种气息包围着我们在我们四周旋转，进入我们体内，又在我们身上发散。我们生活在它们不断的冲击下。

嗅觉是人类另一种重要的感觉特性。

（一）嗅觉原理

由艾默尔（J. E. Amoore）提出的"立体化学"（Stereo chemical）理论认为，分子的几何形状与其产生的气味有关联，当正确形状的分子出现时，能够嵌入神经细胞的空格内，引发神经冲动，向大脑发出讯导。麝香气味的分子是圆盘形的，能嵌入V形空格内；樟脑的气味有球形分子，能嵌入较容纳麝香分子更小的椭圆格内；醚类的气味有杆状分子，能吻合槽状的缺格；花香味则有圆盘附尾状的分子，配合碗及槽状的空格；腐败的臭味有负电，会被吸引至带正电的位置；而刺激性的气味则带正电，会被吸引至带负电的外面。有些气味同时能配合数个缺口，因此有多种气味，或是呈现其混合味道。

（二）嗅觉特性

① 嗅觉区在每个鼻孔的上端，是黄色的，十分潮湿且充满脂肪物质。我们以为遗传注定了人的身高、脸形和发色，其实也同样决定了嗅觉区域的黄色调，色调越深，嗅觉越灵敏。皮肤色素缺乏症患者的嗅觉甚差，而动物天生就长于嗅觉，其嗅觉区域是深黄色的，而人类则是淡黄色，狐是红褐色，猫是深芥菜黄色。曾有科学家报告说，黑皮肤的人嗅觉区域颜色较深，应该有比较灵敏的鼻子。

② 嗅觉不像其他知觉，它不需要翻译者，其效果直接，不因语言、思想或翻译而诠释。某种气味可能使人极端怀旧，因为在我们还未及剪辑之前，它已勾起强烈的形象和情感。你所看所听也许很快会消失在短期回忆的混合物之中，但正如莫里斯（Edin 7. Moni8）在《香味》中所指出的："气味几乎没有短期的记忆"，全都是长期的。更有甚者，气味刺激学习和记忆力。

③ 要引发神经末梢的冲动，只需要唤醒8个刺激物的分子，然而若要嗅闻到任何味道，却需要唤醒40个神经末梢细胞。并不是任何事物都有气味的，只有具挥发性能，能把微小分子洒在空气中的物体，才有气味。我们日常见到的许多物体——包括石头、玻璃、铜铁和象牙，在室温下并不会蒸发，因此嗅不到其气味，而木材、胶料、涂料、皮革等就存在着挥发分，也就会有各种各样的气味。

第二节　家具美学造型法则

视觉是家具最重要的外在感觉特性，作为商品，如果缺乏美的感觉就难以唤起顾客的购买欲望，作为生活用品，人们天天要与之直面相对，其视觉感受如何将在很大程度上影响人的情绪、影响人的健康。

设计一件造型优美的家具，若要精心处理好那些基本的构成要素，就必须掌握一定的美学规律，主要是构图法则，学会运用多种多样的表现手段和方法，以构成美的主体形象。

我们所讨论的法则，不被认为是固定不变的规则，但可当作若干可行途径的指南。我们必须学会如何判断这种图形的适用性，判断它们在空间中、在家具上所扮演的视觉角色及对家具使用者的意义。这些原理被要求为各家具部件之间形成并维持一种视觉规律提供帮助，同时也必须能容纳得下它们预定的用途与功能。

构图法则的基本要素有比例、尺度、平衡、和谐、统一与变化、重点的突出、节奏与韵律以及透视原理等。

一、比例

家具的比例包含两方面的内容，一方面是整体或者它的局部本身的长、宽、高之间的尺寸关系；另一方面是整体与局部，或者是各局部彼此之间的尺寸关系，见图4-60。比例也称"比率"。

比例相称的形，能给人以美感，大凡优秀的家具都具有良好的配合比例关系。因此，研究家具的比例关系，是抉择家具形式美的关键。

比例关系也可以是数值上的、数量上的、抑或是程度上的，一个物体的外观大小受到其所处环境中相对于其他物体大小的影响。

当论及有关空间的形态时，必须考虑三个维度上的比例。同时，比例也受视距甚至文化偏见的影响，可能在南方认为比例恰当的家具在北方会觉得过于纤弱，也可能都市的人们会认为有些林区出来的家具是在浪费木材。

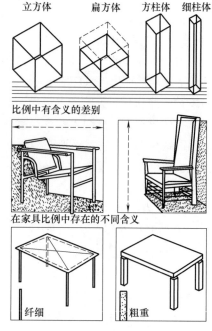

立方体　扁方体　方柱体　细柱体

比例中有含义的差别

在家具比例中存在的不同含义

纤细　　　　　粗重

图4-60　家具上的比例关系

（一）比例基础

在决定家具的比例关系时，首先要考虑家具的功能要求和结构方式，然后再以美学的比例关系来协调、修正。修正时还要考虑不同的环境状况。例如，同样的餐桌、办公桌或会议桌，因其功能与环境的出入，在比例上会出现全然不同的尺寸关系与视觉效果。

（二）几何形状的比例关系

几何形状本身，以及若干几何形状之间的组合，有时会形成良好的比例关系。

1. 几何形状自身的比例

对于形状本身来说，当具有肯定的外形而易于吸引人的注意力时，如果处理得当，就可能产生良好的比例效果。所谓肯定的外形，就是形体周边的"比率"和位置不能加以任何改变，只能按比例地放大或缩小，不然就丧失这种形状的特性。如正方形，无论形状的大小如何，它们周边的"比率"永远等于1，周边所成的角度永远是90。圆形则无论不同比例的视觉效果大小如何，其圆周率永远是π。等边三角形也具有类似的情况。因此，正方形、圆形、等边三角形等。都具有肯定的外形。

长方形没有肯定的比例关系，它的周边可有各种不同的比率而仍不失为长方形，所以它是一种不肯定的形状。但经人们长期的实践，探索出了若干种被认为具有完美比率的长方形。

（1）黄金比

把一条线分成大小两部分，使小的一段和大的一段之比与大的一段和整个一段的比相等，这样的分割叫作黄金分割，这样的比率就叫黄金比（图4-61）。黄金比的值，若小段AE $=1$，大段$AE=x$，则：$x/1=\dfrac{1-x}{x}$，$x^2=1-x$，$x^2+x-1=0$，得$x=\dfrac{\sqrt{5}-1}{2}\approx0.618$。$AE$与$EB$就处于具有最匀称的优美的比例关系。自古罗马以来，一直作为美的比例，受到尊重。

把一边与另一边的比所形成的长方形，叫作黄金比长方形．被作为优美长方形的典型，也多用于家具、室内与建筑等各行业。

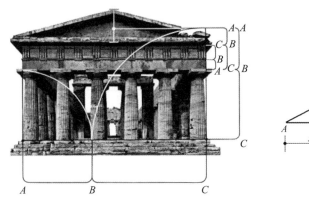

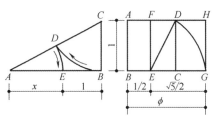

图4-61　黄金分割比

（2）根号长方形

设正方形的一边为1，用其对角线作图，可画出短边为1长边为$\sqrt{2}$的长方形。又以$\sqrt{2}$长方形的对角线$\sqrt{3}$，用同样方法作图，也可画出$\sqrt{3}$的长方形。用此方法，可顺次画出无限多的根号长方形。如图4-62所示。

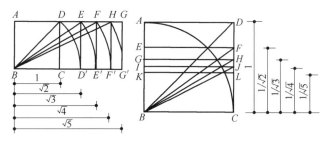

图4-62　根号长方形比

（3）整数比

把1：2，2：3，或1：2：3…这样由整数形成的比例叫整数比。这是处于一种易于理解的数列关系，因而，应用范围甚广，实用价值较高，整数比具有文静而整齐的明快感。

（4）级数比

这是从级数关系中获得比例美的。级数比的方式很多，常用的有两种。一为等差级数比，另一种是等比级数比。如由2：4：8：16：32…构成的级数，其特点是增加率大，具有较强的旋律感。由2：3：5：8：13……构成的级数是以各项等于前两项之和的相加级数形成的比例。其相邻两项之比为5：8＝1：1.6，34：55＝1：1.617，接近于黄金比1：1.618。

2. 几何形状的组合比例

对于若干几何形状互相并列或包含等组合情况而言，如果具有相等或者相近的"比率"，也能产生良好的比例。如图4-63所示，其各部分对角线互相平行或垂直，则它们的形状就具有相等的比率。图中两个相同的长方形经划分后，左边的一个整体和局部具有相等的比率，即$AD：AB＝AB：AF$。右边的一个没有相等的比率（$AD：AB≠AB：AF≠FD：AB$），因此，前者比后者好看。图4-64为Bruno Munari比例系列。

进一步来看，在家具的造型设计中．我们不能仅仅从几何形状的观点去考虑比例问题，而应综合各种形成比例的因素，作全面的平衡分析，以便创造出新的比例构思。如：红蓝椅是在精确计算基础上科学确定其零部件之间局部和整体间的比例关系的，见图4-65所示。

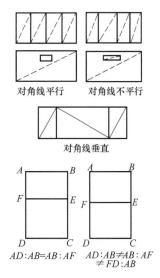

$AD:AB=AB:AF$

$AD:AB\neq AB:AF$
$\neq FD:AB$

图4-63　几何形状的组合比例

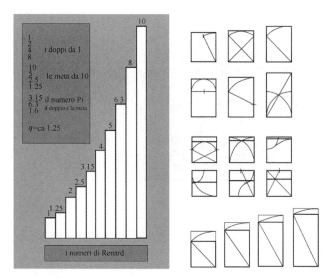

图4-64　Bruno Munari比例系列

上面谈到的这些按"数"的概念形成的比例法则为家具造型设计赋予了科学的含义，但这不是僵化与教条的，而是人们从实践经验中积累与总结出来的。我们在进行家具造型设计时，如能充分考虑几何形状的比例，对各种比例进行推敲，如橱柜的高、宽、深之比；椅座面与靠背、椅腿间的比例关系，乃至细部装饰的设计等，那么最终设计出来的作品将具有更好的视觉感受，如图4-66至图4-71所示。

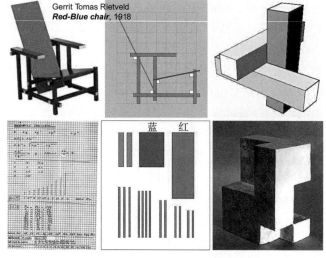

图4-65　通过科学计算的红蓝椅比例

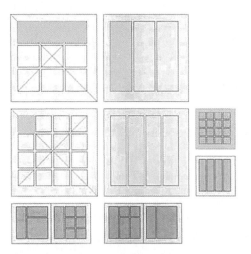

图4-66　正方形与长方形的互相转化

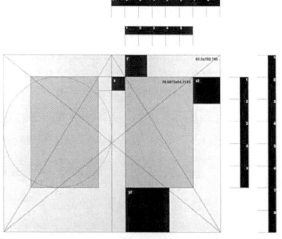

图4-67　长方形组合的5/8法则

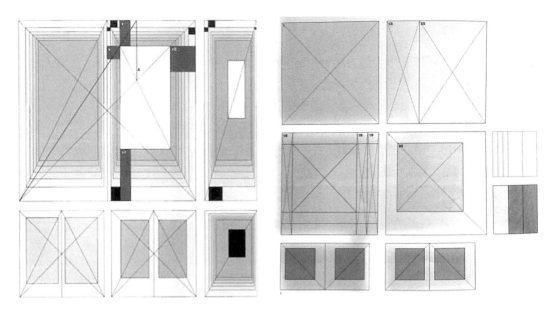

图4-68 正方形与长方形的无限递进　　　　图4-69 正方形无限分解为矩形

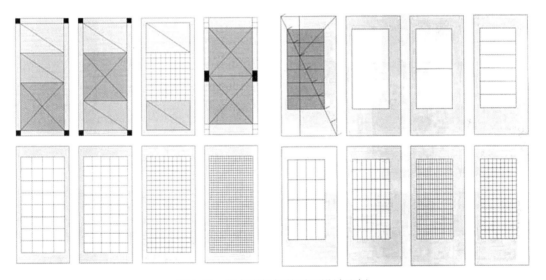

图4-70 长方形门板的平面设计比例

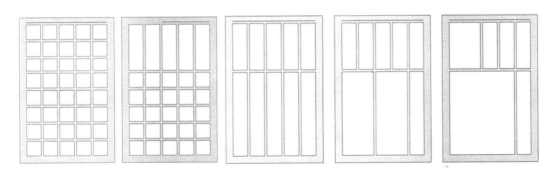

图4-71 长方形与正方形的组合与拆解

二、尺度

比例与尺度都用于处理物体的相对尺寸。前者是指一个组合构图中各部分之间的关系，而后者是特指相对于某些已知标准或公认的常量时物体的大小。

尺度可分为物理尺度与视觉尺度。物理尺度是根据标准度量衡测出的物体尺寸，而视觉尺度是根据已知近旁或四周部件尺寸所做的判断。家具的尺度主要应考虑人体工程学、基本的使用功能，在室内配套设计时还需考虑人的活动范围以及与室内其他元素的配套性。图4-72 为勒·柯布西艾研究和应用的家具模数，图4-73 是欧浩拉（Ohara,1969）建立的六种基本座位，图4-74 是人的姿势变化与相关尺寸。更多参数请阅读本丛书中《室内与家具人体工程学》教材。

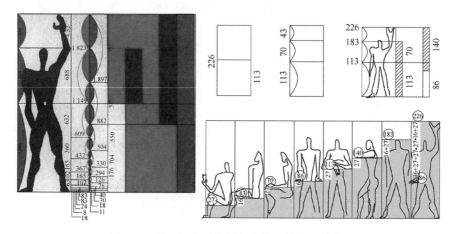

图4-72　勒·柯布西艾研究和应用的家具模数

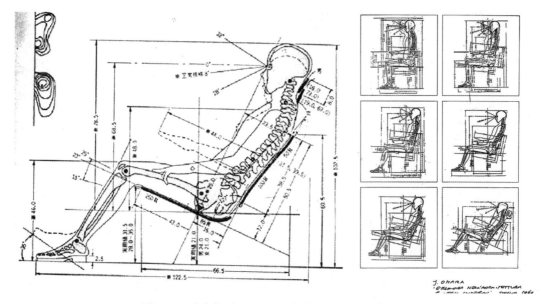

图4-73　欧浩拉（Ohara,1969）建立的六种基本座位

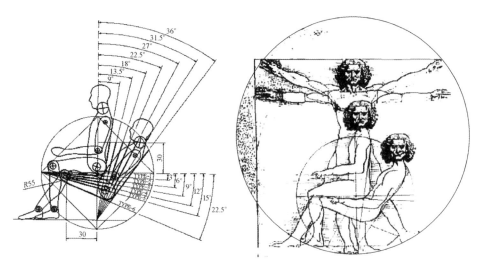

图4-74　人的姿势变化与相关尺寸

三、平衡

平衡，也可称为均衡。在造型设计中，平衡带有一定的普遍性，在表现上具有安定感。由于家具是由一定的体量和不同的材料所组合的，故常常表现出不同的重量感。平衡是指家具各部分相对的轻重感关系。学习和运用平衡法则是为了获得家具设计上的完整感与安定感，见图4-75。

图4-75　平衡带来的完整感　　　　图4-76　平衡包括尺度、造型、色彩与肌理等
　　　　　与安全感

平衡不是单纯的尺度上的平衡，而是造型、色彩及肌理的综合平衡，这些要素的组织必须达到视觉上的平衡. 这是这些要素投射出来的视觉威力间的一种均衡状态，见图4-76。能够突出并加强一个部件的视觉分量，即吸引人们注意力的特性有：不规则的或具强烈对比的造型，大尺度和超常的比例，鲜明的色彩和强反差的肌理以及精制的细部等。

（一）对称平衡

对称平衡是指以一条线为中轴线，线的两边相当部分完全对称，犹如天平之衡，它可以是平面的、静态的，也可以是立体的、动态的。对称的构图都是平衡的，但对称中需要强调其平衡中心才生动。平衡需要有明显的平衡中心，否则在视觉感受上没有停息的地方，所以其效果必然是既乏味又动荡不安。如果在其间强调出平衡中心，那么一种完美而宁静的平衡表现会油然而生。图4-77是应用对称平衡原理所设计的家具。

（a）　　　　　　　　　　　　（b）

图4-77　以对称平衡原理设计的家具

（a）意大利Mobilegno Fattori（b）德国FORMSACHE

（二）非对称平衡

当平衡中心两边形式不同，但平衡表现相同时，我们称之为非对称平衡。为了获得一种微妙的或视觉的平衡，非对称构图必须考虑视觉分量和构图中每个要素的力量，并用杠杆原理去安排各个要素。如有时可用一边竖向高起的体量与一边低矮平铺的体量相互平衡，有时可以一边用一个大的体积和一边用几个小的体积的方法取得平衡，见图4-78所示。

图4-78　为意大利lago公司设计按照
非对称平衡原理设计的家具

在设计中，家具的平衡还必须考虑另外一个很重要的因素——重心，好的平衡表现必有稳定的重心，它给外观带来力量、稳定和安全感。在家具构图中，所谓重心的概念主要是指家具上下、大小呈现的轻重感的关系而言，如何获得稳定的重心，使家具看上去不会有头重脚轻之感。人们在实践中，遵循力学原理，总结了重心靠下较低、底面积大就可取得平衡、安定的概念。椅、桌类家具底部虽处于透空状，但之所以也能获得稳定感，是因为它们的重心仍然在支腿所占的底面积内，形成势感空间的底部或具有量感实体的底盘，承托着上部的负载，见图4-79。

此外，有视觉效力并引人注意的是那些有异常造型或强烈色彩、沉重色调甚至有斑斓肌理等特点的要素。能与这样的要素相抗衡的则必须是效果较弱但块面较大的，或是距中心远的要素，见图4-80所示。

图4-79　物理重心 VS.视觉重心

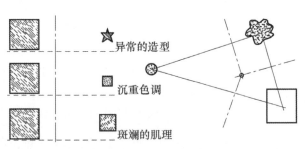

异常的造型

沉重色调

斑斓的肌理

图4-80　平衡手法

所以，有些家具的设计并不是以体量的变化作为均衡的准则，而是利用材料的质感和较重的色彩来形成不同的重量感，以获得视觉重心稳定的平衡感，如用粗质感、明度小而较深色彩来处理橱柜的包脚或底座。

非对称平衡不如对称式平衡那样明显，但更具视觉能动性和主动性，它能表达动态、变化甚至有生机勃勃之感，它较对称形式更灵活，能适应不同功能、空间和场合的各种条件。

四、和谐

和谐即协调，体现在构图中各部分之间或各部分组合当中悦目的一致性。相似与不相似的各要素，经仔细的布置后，使平衡取得统一。和谐原则应包括对要素的细心选择：它们应有一种共性，如造型上的，色彩、肌理或材料上的。正是某种共性的重复，在家具上、成套家具上、抑或在室内众多陈设的要素中产生统一感与视觉的和谐、一致。

1. 线的和谐

从形态构成的观点来看，线条要比色彩更具审美性质，它既是合理组织各部分形态因素的重要环节，也是协调处理部分与整体之间和各部分之间不可忽视的重要手段。不论是采用以直线为主，还是采用以曲线为主，或者两者兼有的基调组合，都可以运用相似线的差异，以获取协调的共性特征，也可从相对线的方向协调中去取得和谐的效果，见图4-81。

2. 色彩的协调

色彩的协调可包括色相和明度的相似。色相的相似是指相邻的色，如红与橙、橙与黄等。明度的相似是指颜色的深浅关系。无论在色相还是在明度上，只要当差异程度降到近似时，使产生了协调的效果。各部分的色彩变化都服从于同一基本色调。在家具设计中，这是常见的运用方法。有时，由于家具用途的不同，如餐厅、文娱活动室、展览厅等家具，需要一些比较活泼的对比色调时则安以适当的中性色（黑、白、金、银、灰）来加以调和，见图4-82所示。

图4-81　线条和色彩的统一（协调）

图4-82　色彩与装饰元素的统一（协调）

3. 其他元素的协调手法

除线条与色彩之外，还可以通过共同的大小、相似的造型以及一致的方向性来取得协调一致，如图4-83所示。图4-84a和图4-84b则是用协调手法设计的具体产品案例。

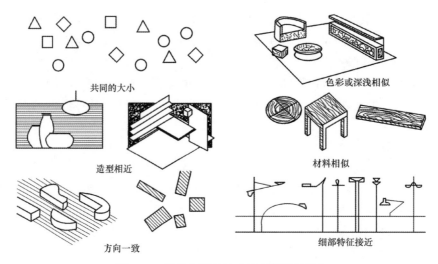

图4-83 其他协调手法（具有某种共性）

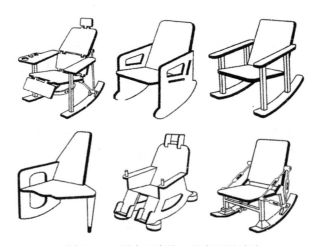

图4-84a 形态元素统一的家具设计稿

图4-84b 形态元素统一的家具设计实物

在增强整体统一性的同时，应注意平衡与和谐的原则并不排除对变化与趣味的追求。相反，平衡与和谐的本意是意欲将构图中互不相似的特性与要素兼收并蓄。

例如，非对称的平衡可使不同尺寸、不同形态、颜色或质地的各要素获得平衡。有相同特征要素产生的和谐允许这些同类的要素具有统一中的变化，即允许个性特征。在有序与无序，统一与变化之间存在着细致的和艺术的紧张状态，它使室内家具呈现活泼的和谐与趣味性，如图4-85所示。在同一套造型中，变化可由以下几方面引入，即：改变尺寸、改变质地、改变方位、改变细部特征或改变颜色。

图4-85　有相似尺寸的办公椅，在轮廓和其他细部有新的变化

五、对比

所谓对比，是指强调差异，表现为互相衬托，具有鲜明突出的特点。

没有对比，则没有生气，形象就不鲜明；有对比，才会有形象。没有方，就没有圆；没有白，也就没有黑。在自然界中，曲直、动静、高低、大小、色彩的冷暖等概念常常是相对共存的。家具设计中，从整体到细部，从单件到成组，常运用对比的处理手法，构成富于变化的统一体，如形状方圆的对比、空间的封闭与开敞，颜色的冷暖，材料质地的粗细对比等。

1. 线与形的对比

线与形的对比包括线的曲直、形状的方圆等。但在具体运用时，不能简单地用数字的几何状关系来说明某种程度的差异，这要视具体情况而定。如在以直线为主的构图中，即使一条曲率不大的弧线置于其中，也能产生对比效果；而以同祥曲率的弧线置于曲线为主的构图中却与直线产生近似的协调效果。在家具设计中，经常采用曲线与直线的对比来求得造型的丰富变化，或者采用圆形与方形的组合，以取得形体上的对比。见图4-86所示。

2. 方向的对比

在等长、等形的图形上采用横向与纵向的方向对比，是一种颇具视感效果的表现方法。家具造型设计中经常运用这种垂直和水平方向的对比来取得表现上丰富而生动的变化。

3. 材料的对比

利用不同的材料所具有的不同质感形成对比也是一种很有成效的变化手法，甚至在同一材质中由于深浅与亮暗的处置不一样，也能表现出微细的对比效果。设计中经常运用这种材质上粗与细、光滑与粗糙、轻与重、硬与软的对比来表达家具体量与空间的尺度感。即使光泽相近的不同材料搭配在一起，也

图4-86　明式圈椅，线与形的对比

会因其质感各异而具不同的效果。见图4-87所示。

4. 虚实对比

家具由于功能的要求，形成各种程度不同的开敞与封闭空间。开放部分具有开朗轻巧感而称之为虚空；封闭部分具有稳定的重量而称之为实体。在家具的造型设计上常采用玻璃的透空或开敞的空格来减少实体部分的沉重、闭塞感，或用封闭的实体来加强开放部分的重量感与稳定感，给人以实则虚之、虚则实之的轻重对比之感，从而呈现出丰富多彩的家具立面形象。见图4-88所示。

5. 色彩的对比

色彩的对比包括色相与明度的对比。色相的对比是指相对的两个补色。如红与绿、黄与紫、黑与白等。明度的对比亦即颜色深浅的对比，只要差异明显就能产生对比，易于显示新颖开朗之感。见图4-89所示。

图4-87 新巴洛克家具，材质的对比　图4-88 厅柜设计的虚实对比　图4-89 新巴洛克家具的色彩对比

六、韵律

造型设计上的韵律基于空间与时间中要素的重复。这种重复不仅创造了视觉上的整体感，同时也引导观察者的眼与心在同一构图之中，或环绕同一空间，沿一条路径作出连续而有节奏的运动。这恰似诗歌、音乐中的节奏和图案中的连续与重复，以起到增润造型感染力的作用，使人产生欣慰、畅快的美感。无韵律的设计，就会显得呆板和单调。韵律可借助于形状、颜色、线条或细部装饰而获取。在家具构图中，当出现各种重复现象的情况时，巧妙地加以组织、进行变化处理是十分重要的。常见的韵律形式有以下几种。

1. 连续的韵律

由一个或几个单位组成的，并按一定距离连续重复排列而得到的韵律，称连续韵律，见图4-90所示。在造型构图中，可根据具体的要求和设计意图，运用单一形态要素的排列方式或两种以上形态要素交替重复排列的方法，以取得简单或复杂的韵律。前者显得端庄沉着，后者表现出轻快活泼的艺术效果。

2. 渐变的韵律

在连续重复排列中，将某一形态要素作有规则的逐渐增加或减少所产生的渐变韵律，见图4-91所示。通常所见的成组套几和具有渐变序列的多屉柜都在不同程度上表现出统一中求变化的韵律效果。

3. 起伏的韵律

在渐变中形成一种有规律的增减，而且增减可大可小，从而产生时高时低、时大时小，似波浪式的起伏变化，称作起伏韵律。这种处理手法用于家具造型设计，其作用是取得情感上的起伏效果，加强造型表现力，图4-92。

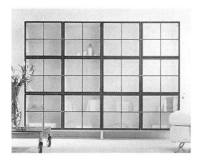
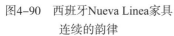

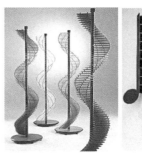

图4-90　西班牙Nueva Linea家具　　图4-91　渐变韵律　图4-92　意大利VISMARA起伏韵律的家具
　　　　连续的韵律　　　　　　　　　　　　的家具

4. 交错的韵律

这是有规律的纵横穿插或交错排列所产生的一种韵律，见彩图4-93。在具体运用上，有时也可通过交错韵律的重复而取得韵律的效果。交错的韵律较多地用于家具的装饰细部处理。

上述四种韵律，尽管其表现形式各有不同，但其共同特征就是重复和变化。

七、重点突出

在家具构图中，没有支配要素的设计将会平淡无奇而单调。如果有过多的支配要素，设计又将会杂乱无章，喧宾夺主。设计应根据整个方案中每一部分的比重，赋予各部分恰当的含义。

1. 衬托

通过含义深远的尺度大小、独特的形态或对比的色彩、明度与肌理可以使一个重要的要素或某种特色成为视觉的重点。在任何情况下都应在支配要素与从属要素两方面之间建立一种可辨别的对比关系。这种对比可用打断正常构图规律的方法引起人们的注意。见图4-94所示。

　　　　图4-93　意大利kartell交叉韵律的家具　　　　　图4-94　全套深木纹色家具将床屏
　　　　　　　　　　　　　　　　　　　　　　　　　　　　　　衬托成视觉重点

2. 加强

一个要素或特征也可在关键的位置或方向性上加强其视觉重要性，它可以空间的中枢或以对称组织中心的面目出现。在非对称构图中，它可以偏置或孤立于其他众要素，也可以是线性序列或某运动序列的终点。见图4-95所示。

突出的程度也有所不同，一旦重要的要素或重要的特色已经形成，那么就应采取恰当的策略使从属要素的处理能起突出各支配要素的作用。

一件或一组家具的焦点应设计得既微妙而又有所克制，而不应在视觉上过分压倒一切，使之不再成为整体中统一的部分。次重点——视觉上的各个分段重点常常有利于支配要素与从属要素结合在一起。按照和谐原理，使形态、色彩和明暗度存在相互的关系，也有助于使设计获得整体性。如图4-94中的床屏上有与其他配套家具一致的深木纹色部分，其白色与环境基调相统一，其他家具中的金属拉手与之相协调。又如图4-95中餐桌面的材料与色调分别有柜子上的玻璃以及地面和地毯的色相调和，而没有因为要强调它而变得过于孤立。

图4-95　桌子通过其自身的椭圆形状强调自己的中心地位

八、错觉

在设计中，为使家具的实际效果和设计意图尽可能一致，就必须注意掌握和运用视差原理（即：错视）。视差就是视觉误差，它包括错觉和透视变形两方面的问题。由于错觉使人们对一些家具所获得的印象与家具实际形状、大小、色彩等之间有一定的差异；由于透视变形，家具的实际效果往往与图纸上的家具设计也有一定的距离。因此，除运用上述的一些构图法则外，还需了解和运用错觉和透视变形的一些特殊规律，这不仅可在设计时对可能出现的问题有所预见，而且有些还能有意识地利用某些视差现象，以更充分地显示设计中所要表现的形状、大小等效果。

（一）错觉

人的视觉有时会产生一些错觉，如图4-96到图4-100所示。各种错觉的产生，主要是由于视觉背景的对照影响而引起的结果。如，在大空间中，视感常常导致家具体量过小，这种情况可将家具尺度在功能许可的范围内放大。又如，在三门大衣柜的设计中，可把中间尺寸适当放大，这样就可避免中间局促的感觉。在一些橱柜中，由于宽度较大，底座上面的柜体有较大的体量，当望板下沿作水平状时，易有下垂感。因此，可在设计时预先恰当地加以调整，采取微微向上拱起的手法，以矫正视差，获得挺直有力的效果。

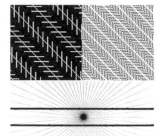

图4-96　平行线的不平行错觉

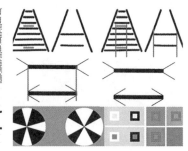

图4-97　长短与大小的错觉

图4-98　静态图形的动感错觉

图4-99 立体形态的错觉   图4-100   实形与虚形

（二）透视变形

家具由于具有一定的体量，所以人们实际所看到的家具形象通常都是在透视规律作用下的效果，它与纸面的设计图形，尤其是三视图或轴测图有一定的差距。因此，我们应该了解和运用透视变形的各种视差规律，以便在进行设计时能事先加以矫正。

1. 竖向透视变形

通常家具在室内与人的视距比较贴近，所以当站在较近的位置时，家具的竖向是加以矫正处理的，从立面图上看，从上至下，各层依序增高，但实际透视效果看上去各层比例关系比较恰当。见图4-101所示。所

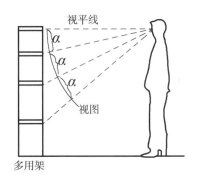

图4-101   竖向透视变形

以一般多抽柜采用上小下大的抽屉设置方式也能获得较好的视觉效果。以视高为基点，向上和向下均有透视变形的现象存在，在高度方向上离开视高基点距离越远，修整力度应当越大。

2. 形状不同的透视变形

当部件的形状不同时，对它的大小感觉也有一定的影响。以方柱桌腿与圆柱桌腿为例，当方柱截面的边长与圆柱截面的直径相等时，其远视的实际效果不同，如图4-102所示。

前者往往比后者显得粗壮些，这是因为方柱体在透视上的实感是对角线的宽度，看到的两个面带有明显的明暗差别；面圆柱体的透视实感始终是直径的宽度，明暗过渡比较缓和。所以，采用方柱腿形，易求得平实刚劲的视觉效果；采用圆柱腿形能显示挺秀圆润的效果。

3. 透视遮挡

在设计中还必须充分考虑到透视遮挡后的比例失调，例如图4-103中柜体的底座后退于立面，由于视点高于该部位，造成了透视遮挡现象，特别是当视距较近的时候，底座的比例就显得矮了。为了矫正透视的变形，设计时应多从实感效果去考虑，不宜把底座后退太多，也可将底座适当放高，以便整件柜子获得较为舒展的效果。图4-104所示茶几的中搁板，由于后缩于面板，造成了透视效果上的遮挡，在一定的视角高度上，搁板和面板会产生重叠现象。因此，设计者对这一情况可以进行必要的调整，采取下降搁板层高的办法，可获得良好的实感效果。

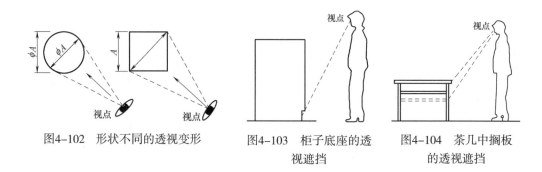

图4-102　形状不同的透视变形　　图4-103　柜子底座的透　　图4-104　茶几中搁板
视遮挡　　　　　　的透视遮挡

第三节　其他感觉设计

到目前为止，除了视觉艺术以外，在家具设计的理论上对其他感觉设计的研究几乎等于空白。不仅如此，在其他工业产品的设计上也处于类似状态，我们有工业产品造型设计专业，但却没有工业产品感性设计专业。然而，这一切都不能否定其他感觉特性的客观存在与重要地位。

其实，人类感觉何其丰富。夏天、我们会因吹入卧房窗户空气的甜香而被诱起床，穿过薄纱窗帘婆婆起舞的阳光使窗帘有波浪效果，似乎与光线共同颤动。在冬天，也许有人会听见晨曦中红雀撞击卧室窗框上自己的倒影，虽然她仍在睡梦之中，却能了解那声音的意义。

当我们回首来感受生命质地的时候，也许会发现历代最伟大的感觉享受者并不是伊丽莎白·泰勒或玛丽莲·梦露，而是缺乏数种感官的残疾女性——海伦·凯勒。又聋、又瞎、又哑的海伦的感官却相当敏锐，当她把手放在收音机上欣赏音乐时. 可以分出小喇叭与弦乐器的不同；她可以倾听色彩缤纷的生命故事沿着密西西比河倾泻而下，由她的朋友马克·吐温的唇边絮絮倾吐。她长篇大论地写下生活中的香气、味道、触觉、感觉，不断地探索追求，虽然她残疾，但却比她那个时代的许多人生活得更深刻。

我们在画册上，在电视里所看到的家具和家具所存在的环境与我们身临其境的感受是不同的，为什么只有在现实中才能找到真正的"感觉"呢? 原因极其简单，因为我们只有在现实中才能辨别出细腻和动态的音色，才能触摸到光滑的台面和松软舒适的沙发垫，才能感受到自然的芳香。

音乐贺卡还略带香味是一种创举，因为它至少包含了人类的三大感觉，即视觉、嗅觉与听觉，若纸面再作一些设计，则还包含了触觉设计。如果所用香料不是普通的香精，而是自己独特的体味，也许感觉还更加奇妙。家具的其他感觉设计没有这么简单，不能只用一段音乐或洒上几滴香水来实现，以免走入庸俗化的歧途。相反，更重要的是对其所用材料进行优化，以便获得既自然又舒适、健康、安全的综合效果，即所谓的"共感觉"。

一、听觉设计

在整个室内设计中，我们关心的是室内空间里声音的控制。更确切地说，是要保留并加强我们需要的声音，而减少或排除干扰我们活动的声音。

前面已经谈到声音是由振动引起的动能形式。产生的波动从它的声源出发，沿球面向外推进，直至被障碍或一个表面挡住去路。坚硬、密实而刚强的材料反射声音，柔软、疏松而富弹性的材料吸收并使声能消失。在一个房间里，我们首先听到的是直接来自声源的声音，然后听到的才是它的一系列反射声。当反射表面诱导并分布房间中的声道，从而增强所需的音响时。这些反射表面是有用的。然而，反射声的持续出现，也可能引起回声、颤音和混响上的问题，见图4-105所示。

在常用的家具材料中，金属、玻璃、石材均有坚硬、密实而刚强的性质，对声音的反射比较强烈，因此，对大体量家具要慎用。此外，在成套家具中，其使用比例也不宜过高。纺织品、海绵、泡沫、皮革等材料柔软、疏松而富弹性，可用来吸收并使声能消失。因此，在大空间办公区域可通过屏风、沙发、办公椅等家具来适当增加其使用比例，以使可能出现的嘈杂声降至较低的程度，从而营造出一份静谧的办公氛围。木质材料具有中等硬度与密实度，能吸收部分高频杂音，反射出悦耳的低音，具有较好的声学特性，因此，常被用作音

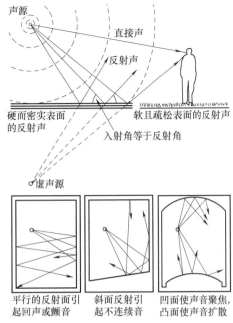

图4-105　声音的反射

箱、乐器等材料。同样，从音响角度看，木材也是一种较为理想的家具用材。

一个大空间里相互平行的反射表面，其间距超过18m时，会使其直达声与反射声的间隔超过15s，则将产生回声。在较小的房间里，平行的反射表面会引起轻微的回声或颤音。混响是指空间中某一声音的持续存在。有些音乐可能因较长的混响时间变得更优美，但如果在这种音响环境中演讲，则会含糊不清。为了纠正这些情况，应改变房间各表面的形状和朝向，或是装置更多的吸音材料。

二、触觉设计

触觉设计因家具的功能而异，同时还应当考虑耐磨性、耐污染等其他表面特性，抓住功能上的主要因素，进行适当的权衡与取舍，这样才能使家具更安全、更合理，更加经得起推敲。

（一）坐卧类家具

从人体工程学原理我们知道坐卧类家具应有一定的弹性，以起到分散与缓冲体重集中于局部的作用，从而使人感到轻松和舒适，因此用海绵、人造发泡材料、弹簧或它们的组合来覆盖在支架材料上的做法已被广泛采用。但这些材料往往导热性较差，因此，在冬天会因为其保暖性好而使人感到温暖、舒适，但夏天则常使人感到闷热而烦人，而从目前的客观条件来看也不可能在每一使用场合都用上空调。在这种情况下，采用中性的木质材料可以兼顾到全年四季的季节变化。当然也可以用软垫可拆式来分别满足冬夏气候变化所提出的使用要求。

与作为垫衬的弹性材料不同，包覆在外的面料由于直接与人体接触，所以必须具有很好的其他触觉特性，如冷暖感、粗滑感、干湿感以及软硬感等。具有良好触感的材料有：皮革、纺织品、竹藤以及木材及其复合材料，但与其他各种材料所不同的是木材的触觉特性在很大程度上与其加工质量有很大的关系，也与树种及切面方向有关。

　　刨削与砂磨赋予木材表面不同的粗糙度，只要用手指轻轻擦拭就能感到粗糙与光滑。加工所留下的机械不平度会给人以粗劣、不上档次的感觉，因此，木家具需要用不同型号（粗细不同的砂纸反复打磨。木材的组织构造也影响到其表面的粗糙度，但其程度一般在可以接受的范围内，油漆工艺的不同能进一步改变这种感觉，但也并非越光滑越好。在有些国家和地区喜欢闭孔装饰，即用油漆盖住所有的孔隙，使表面平整、光洁如镜。而另一些地区则流行显孔装饰，以便保留木材的自然质感，体现人体对木材这种具有特殊触感特性材料的珍爱。明式家具上许多制品的表面都采用擦蜡而不涂漆，其道理也就在于要保持木材的特殊质感。

　　纺织面料制品，如布艺沙发具有松软、粗糙的触觉特性，它与服装相类似，同样能获得人们的青睐，但其缺点是容易落灰且不易清除，因此，人们往往给它再做一个套子，结果是本来的面貌给掩盖，而直接接触到的已是另外一样东西了。如果考虑将面料拆下来清洗，则就不存在这一问题了。

（二）凭倚类家具

　　凭倚类家具的表面性质有两个重要因素要特别重视。一是与手臂接触的机会较多，二是对耐磨性与耐污染性要求较高。

　　凭倚类家具的工作面由于频繁与人体接触，所以其触觉特性比框架部分重要得多。即使都是工作面，也因其功能不同而差异较大。办公桌、写字台类是人手直接伏在上面工作的，故应采用实木或木质复合材料，以取得良好的冷暖感、软硬感等，而且应有较好的光滑感，不能太粗糙。而金属、石材、玻璃等材料由于热移动量太大而给人以冷冰冰的感觉，即使在夏天也因反差太大而感到不舒服。同时，由于这些材料硬度太大而使伏在上面的手臂感到生痛。而餐桌与橱柜表面则完全可以使用这些材料，这是因为人很少会直接伏于其上，工作时通常都是间接与之接触，即使像餐桌这样有时手臂也会靠在上面，但往往时间很短、频率很低。但这类家具经常与油、盐、酱、醋、水接触，所以应具有良好的防污性并易于擦洗，上述材料恰能很好地满足这些要求。

（三）收纳类家具

　　收纳类家具很少与人直接接触，从这一角度来看材料的选择余地要大些。但从其他综合性能来看还是以木质材料较为理想，即便如此也应在加工时作细致的处理以提升其品质，粗糙的表面总会给人以不良之感，基于人的生活经验，物理质感会反映到视觉质感上来。

三、嗅觉设计

　　嗅觉设计的目标是排除潜在的不良气味，并在可能的情况下引入自然芬芳的无毒气味。

　　我们在嗅觉特性中谈到，只有挥发性能，把微小分子洒在空气中的物体才有气味。因此石头、玻璃、金属等在室温中因不会蒸发而嗅不到其气味。家具材料中油漆与胶黏剂由于离不开有机溶剂而残留着大量的不良气味，脲醛树脂中的游离甲醛常给人刺鼻的感觉，而且由于其能够使蛋白质凝固的特点一方面被用作防腐剂，而另一方面则会对呼吸系统造成伤害。从严格意义上来说，几乎所有的有机溶剂都是有毒的，尽管目前的科技发展水平还不能告别所有的不良气体，但可以相信随着科学技术的进一步发展，有利于环保的无毒涂料、胶料会逐渐替代毒性较大的传统用品，如水性涂料等。家具设计师应当关注科技动态，适时地将最新成果应用到家具设计中来。

　　木材的化学成分较为复杂，有些木材具有特殊用途的特殊气味，如香樟树不但有着人们喜爱的独特香味，而且置于衣柜中防止衣物被虫蛀。因此，我国农村在传统上喜爱樟木箱来存放物品。那么，我们是否可以在其他材料制作的衣柜中适当地加上一些樟木构件呢?这样，不但可节约樟木用量，同时也可不影响我们喜欢其他材料所带来的视觉效果。此外，在德国啤酒桶被要求用橡木来制作，原因是橡木中的特殊内含物可以使啤酒获得更好的口感。我们是否还可以根据不同环境的要求，在家具材料中赋予健康、耐久、自然而悠深的特殊气味来与环境氛围相协调，以增加其独特而迷人的感染力呢?这些都是值得探讨的课题，设计师应大胆想象、踏实工作。

四、共感与综合体验设计

在讨论问题时我们必须分解开来，以便获得清晰的思路和深层的理解，但应用时又必须将这些因素组合起来，因为现实中的家具是各种感觉交织在一起的，而且是互有关联、互相影响的。设计理论有时被看作阳春白雪就是因为缺乏综合意识与能力。

共感特性包括每一种知觉，如视觉、听觉、触觉、嗅觉甚至还有味觉本身的整体性以及各种知觉的共同作用。

在任何知觉中，影像首先是作为整体来冲击眼睛的，而细节是在以后才成为可察觉的东西的。由于视觉的整体性，一些分离的直线和点，就会变成联合起来的、整体的图形。有些直线被知觉为某种模式，这种模式的特征通常是由组成整体的部分之中的一个部分来决定的。我们习惯于从左到右阅读，一个从右到左阅读的阿拉伯人就会把一种图形看成另一种模式。家具设计时不能只盯着某一局部的形态与色彩，而是一定要有整体的视觉概念，明式家具的成功之处一定程度上也取决于其整体简洁明快的艺术效果，而单纯从某个局部零件来看也许会感到毫无动人之处，实在普通不过。

我们在本章中详细地介绍了家具造型的基本要素和家具造型的构图法则。但所有这些问题在家具设计中都不是孤立的，而是相互作用、彼此共存的。如造型的基本要素中，形态、质感、色彩之间有着密不可分的联系，它们是互相依赖、互相渗透的。又如在造型的构图法则中，对比常用来表现重点，以取得丰富变化的效果，而在另一方面，对比的双方必须要有主从，才能取得协调统一的效果，并与韵律有着适当的关系。此外，家具的比例关系又与矫正视差有关联，体量的均衡也与家具的比例有着相互依存的作用。所以在设计上，应当综合考虑，灵活应用。对某一具体的设计而言可能对有些法则体现得较明显，而另一些法则似乎用不上，这亦属正常，不可牵强附会。

对初学者而言，最难掌握的是如何综合运用，而教材又不能够以一种僵化的模式来框住思维，而是应当拓宽思路，建立正确的理念。初学者可结合具体实例进行设计分析，只要用这些理论为指导就能从优秀作品中汲取有益的养分。

与视觉相似，在倾听音乐时，我们也不是知觉到一连串的声音，而是把它知觉为一种曲调。这种曲调不论是用交响乐或管弦乐甚至仅用钢琴来演奏都会保持不变。音乐形象的整体性使它比任何特定的音符更生动地印入我们的意识之中。

当我们用电话谈话时，我们听不到所有的字母，但这对任何人都没有什么不方便处。其实，西方人在通常的谈话中也不是对词的所有字母都发音的。一种艺术的作品使我们积极地和创造性地去知觉它，并且由它的细节再去创造整体。

气体分子的混合也使我们的嗅觉呈现出综合性，只是当一种气体特别强烈或刚刚飘来时我们才会有特殊的感觉。

触觉似乎例外，这是因为除了浑身浸泡在泳池或浴缸里外，我们的皮肤与物体的接触通常都是局部的。

我们在置身于某个空间时，对家具及其环境的感觉是综合性的，尽管视觉效果是主导性的，但如果里面嘈杂不堪或者空中弥漫着浓烈的霉味，甚至在你的手抹过家具台面的底边时被固化后如刀的挂胶割开了一个口子时，你还会对这些家具产生多大的兴趣呢?所以我们要提出共感设计的概念。

第四节　家具设计的文化意涵与滋生土壤

一、家具的文化意涵

艺术与美学不仅仅是形状和形态的问题，而且还受到社会与文化价值的引导和依靠。无论是西方还是东方，在历史艺术的潮流与风格中，这是十分清晰和明显的，因为艺术总是主流行为的代表，具体和物质的表现折射出其背后的精神和理论。

家具，反映着人类价值观主导下的文化，这种文化既有地域因素，也有历史成因。

从艺术角度，家具可以设计成各种个性特征，如可以是优雅的、富有表情的、活泼的、庄严的、宏伟的、力量的或具有经济的、高效的，等等，但它必须是一种和功能有着联系的特征，同时也必须是符合当时、当地人们心愿的。因此，这些个性特征也可视为一种文化。

在古代宗教思想占统治地位的社会里，西方15世纪哥特式教堂建筑和家具采用高耸垂直的竖向线条作为造型的基调，具有强烈向上的势感，是一种引向神圣天国的联想表现，体现了中世纪浓厚的宗教文化色彩。

古埃及、古罗马统治者所使用的座椅，前腿均雕刻着兽形装饰，常被视为权力和尊严的象征。

文艺复兴时期的女体雕饰反映了对由宗教所控制的、黑暗中世纪的反叛。

千百年来，草原上的民族，向终日所对的千变万化的蓝天白云倾注了无限的情思。历代人细心的观察和浪漫的想象，创造出繁多的云头图案。因此可以说，世界上没有任何一个民族像蒙古族这样对云朵如此独具钟情。从蒙古包、蒙古刀、蒙古靴以及元代家具上均能得到印证，这深刻地反映了草原上的游牧文化。

我国明、清家具中的圈椅、交椅和各式扶手椅等为了适应封建社会的厅堂陈设，采用了正襟危坐的形象，以显示其地位的高贵和统治制度的尊严。同时，在家具的装饰上，常采用蝙蝠、佛手、桃子等图案为题，比拟富贵、多福、长寿等吉祥之意。如果说宇宙飞船中的座椅设计99%是科技因素，只有1%是美学因素的话，那么古代皇帝的宝座中有99%的因素在于体现身份，是否舒服已经不太重要了。

20世纪末流行于我国的大班台具有庞大、厚重的体态，这不是物质功能上的需求，而更是一种精神需求，是新一代富商体现自己身份的需要。

以上种种，无不与文化相关。家具设计在作科学的理性思考的同时，应当正视文化现象，关心人们的情感需求，只有如此，才能使自己的作品融入这个社会中并被消费者所接受。

二、古典与现代的对话

简洁、明快、重功能作为现代家具的主要特征是当代西方文化的直接反映。与此同时，一股复古风又悄然掀起，表现出一些阶层的人士对传统文化的迷恋。对古典家具的重新演绎可以将两者完美融合成一体，既承载了现代人对传统文化的情愫，又能贴合当代生活方式。图4-106是贵妃椅的古典家具原型，图4-107是依据古典家具形态特征抽象后演绎出的现代贵妃沙发（Alessandro & Albeto）。图4-108是以贵妃沙发为基础在产品线宽度上拓展，衍生出整套沙发系列；图4-109是通过CMF（注：色彩Color、材料Martial、表面处理Finishing）的变化营造出不同的视觉感受和环境情绪，以适应消费者喜好的不同；图4-110呈现的是脚型的变化，下半部分的脚型是古典元素的车制件，而上半部分的锥形脚做了去元素化处理，这一细节的变化旨在可以让这套沙发变得更加现代，还可与其他现代家具实现风格上的兼容。

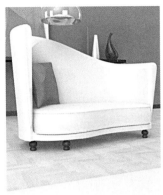

图4-106 古典家具的原型　　图4-107 古典家具的现代演绎

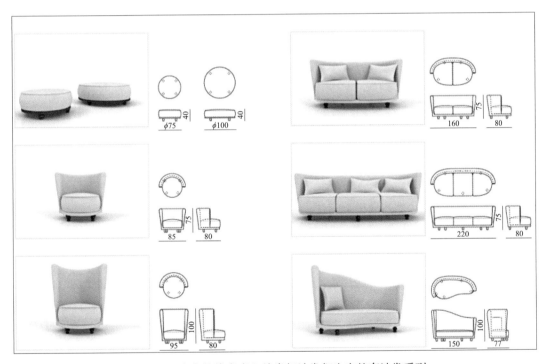

图4-108 在产品线宽度上从贵妃沙发衍生出整套沙发系列

三、成就意大利设计的历史文化根源

意大利设计是企业的历史、企业识别、技术与人们的需要和愿望之间的联系纽带。长期以来，建立这种联系的能力已经成为企业真正的天赋才智。

很多领域内，历史传统都会和地理区域以及他们现在的位置有一定的联系（可能是整个国家或者较小的区域工业集群）。实际上，在这种情况下，总是会有传统和创新之间联系

的问题。中国有着全世界最灿烂的历
史，然而，仍然需要找到一种方法来
建立起传统和创新之间的有效联系：
设计可能会成为这种有效的工具。事
实上，这恰恰就是在意大利曾经发生
过的。这种延续性是会发展的，紧密
联系设计驱动创新，发展和改进传统
是意大利家具成功的关键。

意大利作为全球设计的领导者，
在很大程度上不是因为他们灵感特别
多，而是历史悠久、文化底蕴丰厚。
中华民族同样具有类似的特质，有着
在21世纪重塑设计辉煌的历史文化基
础，只是受近代国家磨难的影响而蛰

图4-109　通过CMF的变化营造
不同视觉效果

图4-110　脚型变化
与其他系列兼容

伏着，也落后了。因此，我们需要向以意大利为代表的设计发达国家学习，而对其历史文化
背景的深入理解将有助于吸收其养料。

意大利之所以能出那么多艺术精品，因为在意大利人看来，你过的每一年、每一月、每
一天都是自己生命中的一年、一月和一天。如果能活到80岁，那么一年就是你生命中的$1/80$，
所以要珍惜生命中的每一刻，珍惜生活、也珍惜劳动。珍惜生活可以使你快乐，珍惜劳动可
以让你避免伪劣，工作不做好就等于是生命出了次品，而一个次品的生命是谁都不愿意见到
的，也是谁都承受不起的。

高标准的生活需求使得高品质产品有了市场，高标准的劳动可以创造出高品质的产品。

意大利为什么总能走在世界设计的风口浪尖呢？从更深层次来看，这是意大利文化的使
然，那是从古罗马时期就已经开始了的。是一种吸收、消化、融合，然后才是基于其本土文
化的创造！

如果说意大利设计在于其悠久、广袤和厚重的文化层积，在于对美好生活的无比热爱和
深情向往，在于对人性化的诚挚诉求和对自然的永恒关爱的话，那么其深层的内核还有其深
邃的哲学思想、严谨的科学态度、务实的精神以及海纳百川的睿智、气度和风范。

作为地中海霸主的古罗马是辉煌的，辉煌到足以傲视全球，无论是政治、军事、经济还
是艺术。但真正让他们自豪的核心却是因为自己的"被征服"，看起来不可思议，因为那是一
种"征服者"的"被征服"，他们征服了雅典，却被希腊文化所征服。如果没有对希腊文
化的全面吸收、消化和融合就不可能产生出更加光辉灿烂的古罗马文明。也就不会有历史上
古典文化形成于希腊，却发扬光大于罗马的说法。东方有中国，西方有罗马！

比如，在意大利文化史上互争雌雄、难分伯仲的两座并立入云的高峰——恺撒和西塞
罗，无论是前者坚毅和平易的风格，还是后者的开阔精深，无不深得希腊文化之精髓。

而比希腊文化更早的、古老的东方文明，早在公元前650年前就由伊达拉里亚人从海上
带入意大利，从而构成了意大利古代文化的一个重要组成部分。

罗马对希腊文化的吸收、消化和发扬光大是彻底的，包括在政治上君主制的废除和共和
国的建立。任何人如果"想做国王"，那么就会立即粉身碎骨，这个传统足以使盖世英豪恺
撒为之付出生命的代价。

　　进入铁器时代一千年后，罗马帝国东接埃及、西亚和希腊的古文明区域，西连欧洲、北非广阔的发展中地区，并通过丝绸之路与远东的中国、印度联系起来，从而使意大利的古典文化有吸收文明世界各族各地的优秀成果而加以综合汇总的盛况。在意大利出生的学者专家之中，也无不以学习、汇集各方成果为首务。

　　谁都知道达·芬奇，他的名字已随《蒙娜丽莎》而不朽。他完成的绘画作品并不多，主要就四幅，即：《岩间圣母》《圣母与圣安娜》《蒙娜丽莎》和《最后的晚餐》，但每一幅都达到了后人难以企及的水平，以至于人们几乎忘记了他还是一位科学巨匠。他的许多科学想法和技术设计甚至在19世纪和20世纪才付诸实践。他对物理、力学、化学以及解剖、生理、地质、地史、植物、动物、天文、数学等几乎当时所有处于萌芽状态的自然科学学科都有着浓厚的兴趣，展开实际的考察和研究。作为建筑师和技术专家，从城堡、桥梁到水陆军械，从灌溉工程到庆典设置，各种能工巧匠秘不视人的绝活他都能用科学的图解加以分析和改进，甚至还开始设计起重机、纺织机以及引人遐想的飞行器、潜水艇、降落伞、自行车和机器人等，他超前的眼光已看到了几百年后。他对人体解剖学的精深造诣更使其绘画慧眼独具，使人物形象塑造奠定在最有高度的科学水平上。他把科学和艺术结合得如此完美，也只有文艺复兴时期的意大利才能产生的奇迹。

　　米开朗琪罗也是在这个伟大时代涌现出的一代骄子，他显示着斗争理想的升华与创造热情的高扬，雄伟坚强，无敌无畏，足以扭转乾坤，力克鬼神，以其勇毅与信念迸射出整个时代最灼人的火花。

　　拉斐尔则兼收并容，善于综合，最能体现秀美典雅与和谐清纯，凝聚着新时代对人的美好理想和完善发展的愿望。

　　在乔尔乔涅的诗情画意、优雅自然旁边，还有提香的丰满健美和富丽堂皇。

　　这是人文主义所结出的硕果，不仅在艺术领域，而且还在科学与文学领域，哥伦布发现新大陆得益于佛罗伦萨地理学家托斯卡内利送给他的一幅正确投影画出的地球图。而14世纪的意大利还连续产生了但丁、彼特拉克和薄伽丘三位伟大的作家。人文主义关于人性伟大崇高的思想，自但丁以来便一直是新文化的一面最鲜明的旗帜，也是一把投向宗教禁欲主义的利剑。乔托就是在这面旗帜的指引下升起的一颗闪亮之星，他在绘画方面的贡献可与但丁在文学领域相提并论。

　　而所有这些巨匠的产生都只有在那个时代的意大利才能出现，因为在他们之前已经有一大批同样伟大的人物在奠定基础，历史不会因他们学生的光芒四射而把他们遗忘。但丁只是拉丁尼培养出来的一个最优秀的学生，而乔托也以建造了佛罗伦萨大教堂和政府大厦的阿诺尔孚以及阿氏师从的比萨雕刻家尼古拉·比萨诺为先导。

　　当代中国家具业在做的工作，处在两个领域：首先，有"物质"方面的工作，主要是产品实际的客观要素。这方面不是很难改进的，实际上我们要做的可能只是一张桌子，而不是去开发最新的技术，由于中国在其他更复杂的领域内都是处在发展的高峰，可以设想在家具领域内，也可以很容易地发展。另外，还有"非物质"方面的工作。这与单纯的、在物质层面达到更高水平有很大的不同，因为这是关联于企业文化的。这方面我们还有很大的提升空间，而且很可能会花很长的时间才能取得成效，主要是因为只有企业将价值真正置于文化层面，设计才可以真正有效地被归结和融入企业之中。

本章小结

本章讨论了家具感性设计基础。分别讲述了视觉、听觉、触觉与嗅觉等知觉要素，比例、尺度、平衡、和谐、对比、韵律、重点突出与错视等家具的美学造型法则，听觉、触觉、嗅觉、共感与综合体验设计。最后深度阐述了家具设计的文化意涵及其滋生土壤，包括家具的文化意涵、古典与现代的对话，并鉴于意大利设计的成功，深入探究了其背后的历史文化根源。

思考与训练题

1. 人类知觉要素有哪些？分别予以叙述。
2. 家具设计中的视觉要素有哪些？对每一种要素进行设计训练。
3. 家具美学造型有哪些基本法则？对应每一种法则进行设计训练。
4. 除视觉外还有哪些其他感觉设计？对这些感觉进行创造性的概念设计。
5. 你对家具的文化内涵如何理解？价值观如何影响家具设计？

第五章　家具造型设计

人们对一件家具的好恶感往往是从其外在形态开始的，如果外形缺乏美感，那么通常就不会再有兴趣去继续关注了。所以，造型对于家具设计而言，将直接决定其成败。

当然，家具需要形式与内涵皆备。当你讲设计的时候，每个人心里都有自己的定义。其中之一就是设计是形式和内涵的综合体。换句话说，就是没有内涵就没有形式，没有形式就没有内涵。一件优秀作品应该能够将形式与内容融为一体、不可区分。当形式占主导地位的时候，设计就很空泛生硬。但是当内涵占主导地位的时候，设计就失去了趣味性。

1. 形式

那么，切入点在哪里？视觉张力的营造！

这是因为，第一印象会影响我们想去了解它的欲望。

诺曼研究发现，闹钟的美学设计越让人感到愉悦，就会有越多的人想去了解它是怎么工作的。通过"光环效应"，第一印象能改变后来的对可信性和可用性的判断，并且从根本上影响我们的购买决定。真如创建一个可以快速读取，可视化地吸引人的站点有助于网站的成功一样。

当大脑暴露在一个新的阶段中，它会立刻去反应。这就是本能反应。直接反应过后，开始解密并且使这种经验合理化，从而更好地去理解它，而不仅仅是做出反应。

在这个过程中，大脑会产生削减物体中让人不满成分的本能反应，而会去关注物体中让人满意的部分。这就是认知偏差。我们本能的倔强，会拒绝承认我们错了，甚至拒绝承认我们自己。

2. 内涵

有一个不难回答的简单问题："是否存在不好的设计？"在某种意义上可以这么回答，没有！因为，糟糕的设计不是设计，如果设计不能实现它自己的目标，如果不能去解决就其本身而言短暂而有方向性的价值问题，那设计就仅仅是装饰，而不是设计。

当然，有人会争论说人们使用的设计语言和工具的不同是基于个人嗜好的，但是在这些嗜好中有一个很大的不同点，这个不同点是基于内在感受和个人品位的、综合的设计评估。

当然，个人的品位是可视化语言的重要一环，但不要混淆个人偏好与美学通则。

初学者常会感觉自己创意不足，苦思冥想而不得其法，事实上，设计不是凭空臆想，而是知识集成。家具形态的构筑果然不应该固守某些陈旧的法则，但还是有方法可以采用的，这就需要先学会解构再学会集成。对于一个复杂的问题，解决的第一步就是将之分解成若干个简单的问题。当然，整体不是局部的简单叠加，而应视为一个有机的整体，但如果没有足够坚实的基础是到达不了那种物我交融的境界的。

家具需要成套才能满足各功能空间的集成需要，即由系统家具（System）、自由独立单体家具（Free Standing）和辅助小件（Accessories）来共同组成套装家具完整的产品集成包。

本章不是阐述一般的造型原理。而是旨在揭开家具造型的本质，并转化为可直接指导设计实务的方法和路径。规律可循，创意无限。见图5-1a，图5-1b。

图5-1a　各色椅子的草图

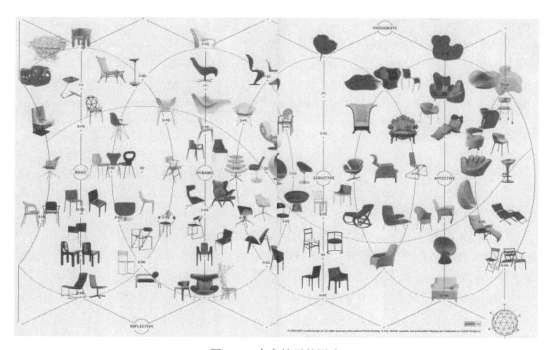

图5-1b　各色椅子的图片

第一节　自由独立单体的家具设计

自由独立单体（Free Standing）家具是指传统认识上的家具单体，其终极产品以自由独立形式存在，如一张椅子、一张茶几或一张桌子等。这一类家具的设计主要聚焦在产品本体，其自身相对较少考虑复杂的系统。

一、凳子

（一）构成分解

凳子形式千姿百态，而设计师的眼光应当具有穿透力，也就是说应当透过现象看本质。事实上，无论外在形态如何变化，凳子都是作为支撑人体坐姿的最基本的物质条件而存在的。凳子设计的基本思维路线是：核心功能——实现条件——位置保持方法——构成分解——再设计。再设计可以在分解的基础上对局部和整体进行无限的创造，而需要怎样的感觉就可以通过有效的方法和手段来加以设计实现。

核心功能：坐——臀部支撑。也就是说，在适应人体坐姿的高度处有一个物理意义上的面能够支撑人类臀部。

实现条件：在这一高度处的物理面能够在空中予以保持，使之能够限制人体下落的自由度，见图5-2所示。

保持方法：支撑、悬吊、嵌固。

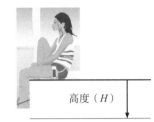

图5-2 保持面的空间位置

一般的习惯性思维是给其装上腿，以起到支撑作用，这固然是一种有效的手段，但却不是唯一的手段，除了直接进行物理支撑外，用悬吊和间接支撑（如嵌固）同样可以实现位置保持作用。能够予以支撑的不一定是固体，在理论上液体、气体甚至磁悬浮均可以实现，这样，我们的设计思路就可以从传统惯性思维的禁锢中得到彻底的解放，至于是否具备实现的现实条件已经属于另外一个问题了。

构成分解：凳面＋支架（或可一体化），见表5-1。凳子可以分解成凳面和支架两个主要部分，我们可以分别予以设计，也可以进行一体化设计，无论如何，对其功能的本质属性均无变化。

表5-1　　　　　　　　　　　凳子的构成分解

分解	支架类型	支撑方式	相应分类产品实例
凳面			
支架	支撑型（固体、液体、气体、磁悬浮）	独腿	
		两腿	
		四腿	
		联体	
	悬吊型		
	嵌固型		
创意	无限		

（二）视觉变量

1. 凳面

凳面的知觉变量可以从人类五个感觉系统来梳理，在这里，最为直接的是视觉和触觉，触觉取决于材料，而视觉变化异常丰富，不同的设计可以赋予其不同的性格特征，视觉变量有凳面的平面形状、幅面尺度与比例、考虑厚度的三维方向变化、平面性状以及边部处理特点等五个方面。见表5-2所示，其变化可以是无限的，设计方案也就可以无限，我们设计时就不会再有绞尽脑汁而不得其法的感觉了。

表5-2 凳面的视觉变量

变量	变量细分	视觉变量	实例	备注
平面形状 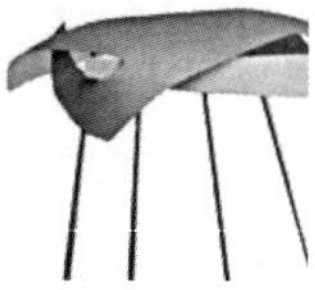	基本形状	圆形、正方形、三角形 ……●▲◆■★		几何型，自然型
	切割与组合			
幅面尺度与比例				实用与视知觉
三维变化	厚度	凳面厚度		
	三维形状	厚度方向有变化		
平面性状  	色彩	材料本色，人工色	 	
	图案	无限 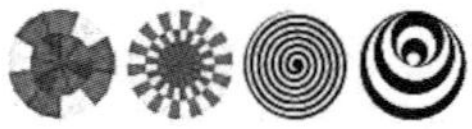		
	质感	材料自然质感，人造质感		
	构成	平板，带框架，编织…		
边部处理	自然边，镶边	直边，型边		

2. 支架

如前所述，固定凳面可以是支撑、悬吊和嵌固等。支撑还可以分为固体支撑、液体支撑、气体支撑或磁悬浮等。固体支撑尚有独腿、双腿、四腿等，也可以与凳面一体化。见表5-3所示。这些方法还可以进行无限的变化，以获得几乎所有需要的感觉特性。

表5-3　　　　　　　　　　　　　　　　支架的视觉变量

支架类型	支撑类型	视觉变量		相应产品实例
		形体（尺度与比例）	表面	
支撑型（固体、液体、气体、磁悬浮等）  	独腿	几何体、自然体、切割、附加、抽象	色彩、质感、图案、构成…	  
	两腿	相同、不同、组合	色彩、质感、图案、构成…	
	四腿	相同、不同、组合	色彩、质感、图案、构成…	 
	联体	腿间联体，与面联体	色彩、质感、图案、构成…	 
悬吊型		吊架+绳杆+坐具	色彩、质感、图案、构成…	
嵌固型		母体（墙壁、地面、其他）+坐具	色彩、质感、图案、构成…	
创意	想象无限	   		

（三）功能响应

凳子的使用场合不同，使用对象不同，所需要的功能还有许多区别，当某一种功能及其细节要求确定以后，限制条件就多了一些，设计方向也就更加明晰一些。表5-4是不同功能的凳子造型。如果我们把现有能见到的各种凳子聚集在一起，就不难发现其变化规律和创新途径，解读现实作品与理论上的逻辑推理相融合可以使我们清楚地掌握凳子的设计规律，设计就不再困难。

表5-4　　　　　　　　　　　　　　　　不同功能的凳子造型

	基本功能要求	实例	备注
普通单人凳	单人使用	 	
排凳（2人以上）	多人使用	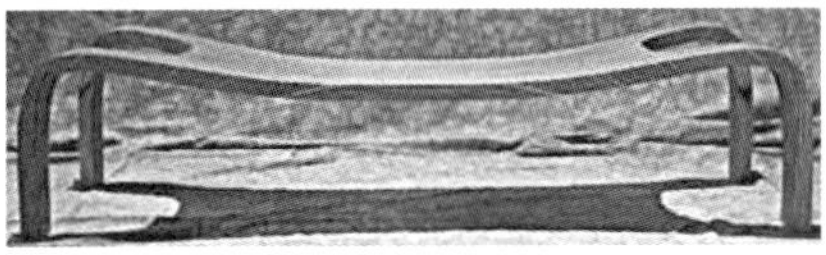	

续表

	基本功能要求	实例	备注
巴凳	高坐面、可搁脚、转身自如		
特殊凳（如：叠堆、折叠凳等）	便携、储运时空间占用小		

二、椅子

（一）构成与视觉设计的共性

椅子是凳子设计的延续，见表5-5所示。有了凳子设计的理论基础，椅子的设计也就顺理成章，从本质上来看，椅子就是在凳子上附加靠背（靠背椅）或再加上扶手（扶手椅）。当然，这些附加部件既可以是独立的，也可以与凳子（或椅子）的腿和坐面连成一体。根据不同的坐姿，椅子在三维方向上的各个部位需要进行尺寸调节，这种调节应当以人体工程学和使用要求为依据。

表5-5　　　　　　　　　　从凳子到椅子的设计

名称	构成	变量	实例	备注
凳子			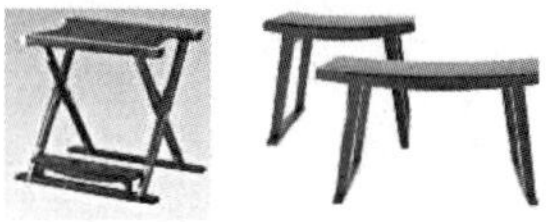	
靠背椅	凳子+靠背	靠背		
扶手椅	凳子+靠背+扶手=靠背椅+扶手	靠背+扶手		

（二）功能响应

1. 常规用途

常规椅子（见表5-6）的设计同样可以将现有作品解读与理性思维相结合，从而为创新设计提供必备的信息、经验与知识基础。

表5-6 常规用途的椅子设计

椅类名称	设计要点	实例	备注
①餐椅	方便用餐		
②办公椅	活动灵活		
③会议椅	舒适严肃		
④休闲椅	充分放松		
⑤沙发	健康舒适		
⑥折叠椅	操作方便		
⑦特殊椅	响应到位		
⑧学生椅	有利学习		

2. 特殊用途

特殊用途更富创意，这方面有许多偶发性灵感启示而设计出的佳作，见图5-3所示。但如果设计师能够深入观察和体验生活，并回到使用的本质层面来考虑问题的话，那么优秀的创作就可以从偶然性转变为必然性。理论永远是设计师最可靠的依托，当然理论自身也必须不断地发展。

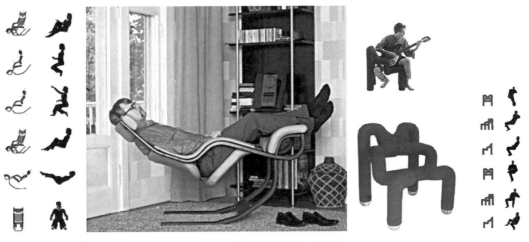

图5-3 特殊用途的椅子设计

三、坐具类家具的设计示范

家具产品一般都不是孤立的，而是需要和其他产品一起考虑目标使用场景，同时，单件产品也需要作衍生设计。如在客厅中使用的沙发，往往需要配置单人位、双人位和三人位甚至转角位等，如图5-4所示，图5-5是这些家具的使用场景图，主题概念为"田园"。

四、桌台类家具

（一）构成分解

桌台类家具与椅凳类家具在功能与形式上有很大的不同，但我们所阐述的思维方式则依然有效。一张最简单、功能最单一和最纯净的桌子，除了尺度有变化之外，其他的设计原理与凳子几乎没有任何区别，只不过桌子的功能类型更加多样化，其复杂程度也各不相同。其共性在于桌子所需要的不仅仅是支撑，而且还有相应的工作（或就餐等生活）面需要考虑，同时还往往需要考虑收纳和临时储物等辅助功能。桌台类家具的构成分解如下。

核心功能：凭倚——有支撑；

辅助功能：临时储物；

实现条件：要求高度处有一个物理面能保持（图5-6）；

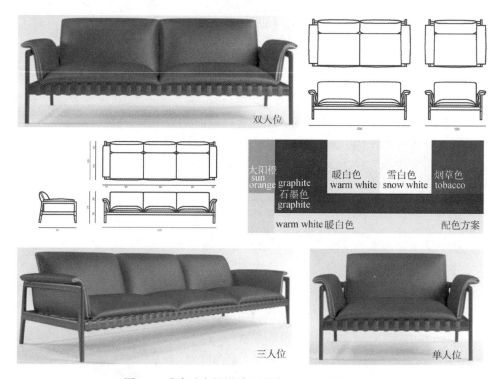

图5-4　成套沙发的设计（设计：ASPS & DEDE）

图5-5　客厅沙发效果图（设计：ASPS & DEDE）　　　图5-6　桌台类家具构成

保持方法：支撑、悬吊、嵌固；

构成分解：桌面+支架（或可一体化），见表5-7所示。

表5-7　　　　　　　　　　　　　　桌子的构成分解

分解	支架类型		支撑方式	相应分类产品实例
桌面				
支架	支撑型（固体、液体、气体） 		独腿	
			两腿	
			四腿	
			联体	
	悬吊型			
	嵌固型			
创意	无限			

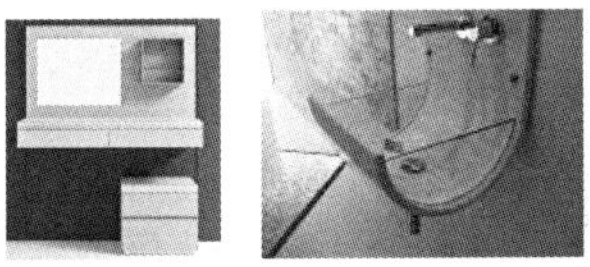

（二）视觉变量

桌台类家具的视觉变量与凳子基本相同，见表5-8所示。关键的不同在于其功能附加。

表5-8　　　　　　　　　　　　　　桌子的视觉变量

变量	变量细分	视觉变量	实例	备注
平面形状 	基本形状	圆形、正方形、三角形… ●▲◆■★		几何型 自然型
	切割与组合			
幅面尺度与比例				实用美观
三维变化	厚度	桌面厚度		
	三维形状	厚度方向有变化		
平面性状 	色彩	材料本色，人工色		
	图案	无限 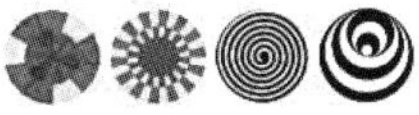		
	质感	材料自然质感，人造质感		
	构成	平板，带框架，编织…		
边部处理	自然边，镶边	直边，型边		

（三）功能响应

桌子的功能相对复杂，应当具体问题具体分析，其基本规律在表5-9中作了相应的提炼。

表5-9　　　　　　　　　　　　各种不同功能的桌子设计

	基本功能要求	实例	备注
茶几、餐桌			
梳妆台			
办公桌	家用写字台 文员桌 经理办公台 会议桌		
特殊桌	课桌 接待台 讲台 ……		

五、桌台类家具的设计示范

这是意大利资深办公家具设计师马可（Marco Fatoni）团队联合深圳家具研究开发院（DEDE）专门设计的部门经理或主管用家具，制造商为圣奥集团。主题为"长城（Grate Wall）"。图5-7a和图5-7b为概念设计草图，图5-8是其组合形式变化，图5-9a、图5-9b和图5-9c分别是成套家具三个不同角度的效果图。

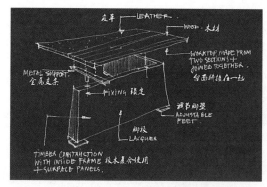

图5-7a　主管用办公桌概念草图

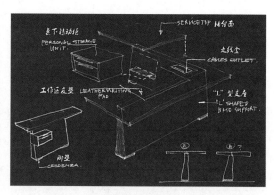

图5-7b　主管用办公功能组合概念草图

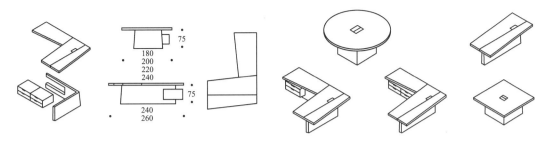

图5-8　主管用办公桌组合形式变化草图

图5-9a　主管用办公桌效果图之一　　　　　　图5-9b　主管用办公桌效果图之二

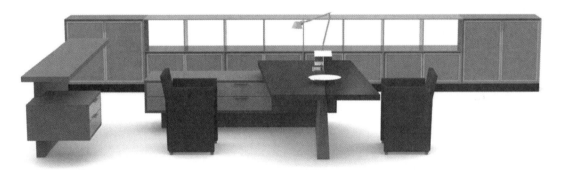

图5-9c　主管用办公桌效果图之三

六、家具单体的风格营造

　　本教材主张家具单体的风格分为西方古典风格、西方新古典风格、中国（东方）传统风格、现代中国（或新东方）风格、现代风格以及自然与艺术化风格。这些风格是人类家具发展的历史所形成的。无论何种风格，家具设计的本质并没有什么变化，只是由于地域和历史条件的不同呈现出了相应的独特表现。这些表征也为今天的设计师提供了不同风格的、有效的设计依据。至于每一种风格家具的详细信息和历史背景可以在本系列教材《家具史》中找到答案，这里只是从其终极形式上来演示设计的变化所在。

（一）西方古典风格

　　表5-10和表5-11为西方古典椅子和桌子的设计。

表5-10　　　　　　　　　　　　西方古典椅子的设计

实例	风格分类	元素与风格解读
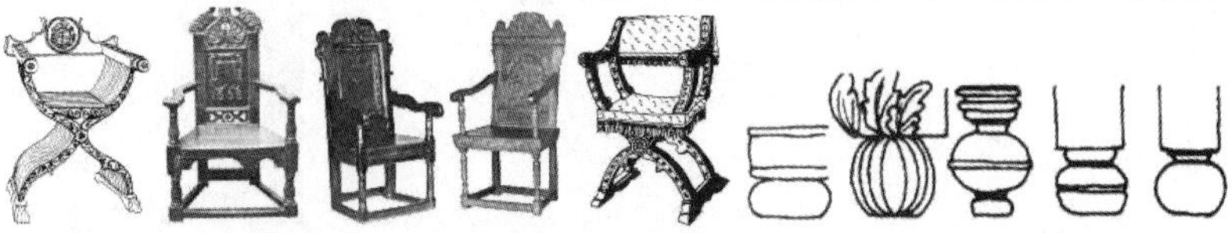	文艺复兴	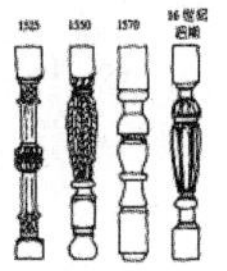
	巴洛克	
	洛可可	
	新古典	

表5-11　　　　　　　　　　　　西方古典桌子的设计

实例	风格分类	元素与风格解读
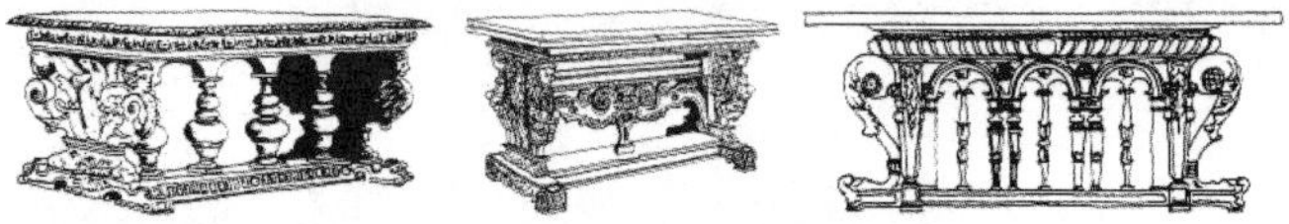	文艺复兴	
	巴洛克	
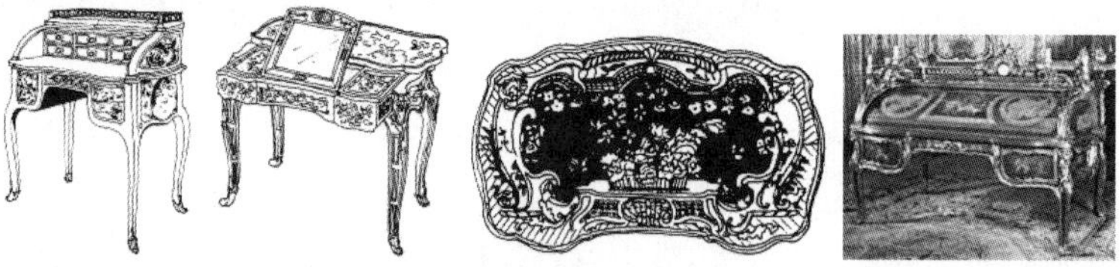	洛可可	
	新古典	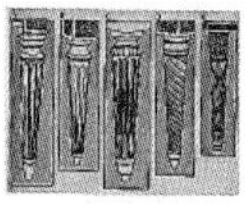

（二）西方新古典风格

表5-12和表5-13为西方新古典的椅子和桌子设计。

表5-12　　　　　　　　　　西方新古典椅子的设计

实例	古典原型	风格神髓

	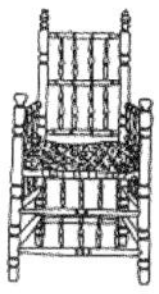	

表5-13　　　　　　　　　　西方新古典桌子的设计

实例	古典原型	风格神髓
	同上表	

（三）中国传统风格

表5-14和表5-15为中国传统风格的椅子和桌子设计。

表5-14　　　　　　　　　　中国传统风格的椅子设计

实例	风格分类	元素与风格解读
	明式	
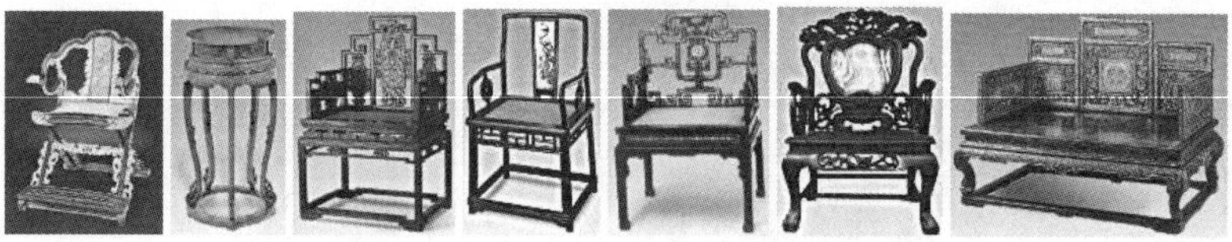	清式	
	其他朝代	

表5-15　　　　　　　　　　中国传统风格的桌子设计

实例	风格分类	元素与风格解读
	明式	
	清式	
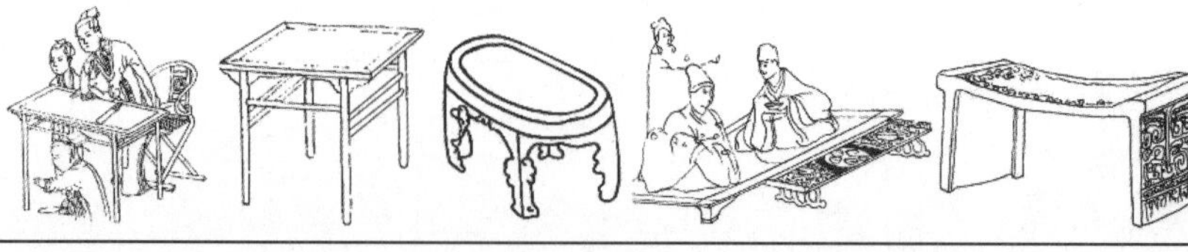	其他朝代	

（四）现代东方风格

表5-16和表5-17为现代东方风格的椅子和桌子设计。

表5-16　　　　　　　　　　　现代东方风格的椅子设计

实例	古典原型	风格神髓
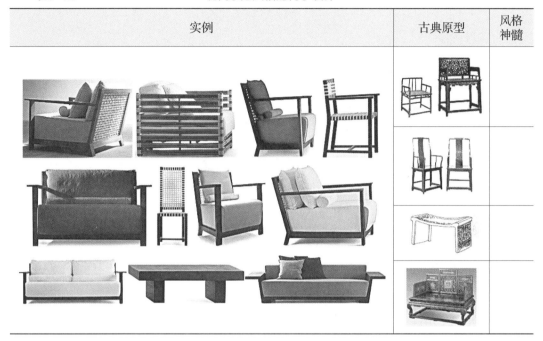		

表5-17　　　　　　　　　　　现代东方风格的桌子设计

实例	古典原型	风格神髓

（五）现代风格

表5-18和表5-19为现代风格的椅子和桌子设计。

表5-18　　　　　　　　　　现代风格的椅子设计

实例 	分类	风格共性

表5-19　　　　　　　　　　现代风格的桌子设计

实例 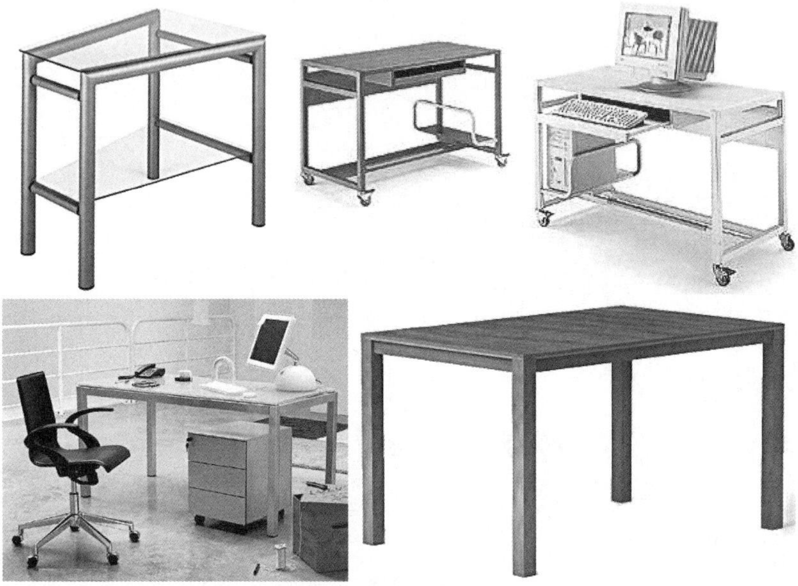	分类	风格共性

（六）自然与艺术化风格

表5-20和表5-21为自然与艺术风格的椅子和桌子设计。

表5-20　　　　　　　　　　　　自然与艺术风格的椅子设计

实例	分类	风格神髓

表5-21　　　　　　　　　　　　自然与艺术风格的桌子设计

实例	分类	风格神髓

七、风格化家具的设计方法

风格化家具包括古典和新古典（注：此处新古典的含义是指今天对古典家具的重新演绎，不同于《家具史》中已经定义的"新古典"风格）。古典家具风格及其元素在历史上已经定格，如西方古典家具中：路易十四的风格特征是角部和拉手处以黄金装饰，"S"形曲线；巴洛克风格的特征是大尺度和蜿蜒的曲线，大量的黄金装饰；意大利解放时期的风格特征是花卉装饰；新古典风格的特征是硬朗的垂直与水平线，小装饰和黄金比；路易十六的风格特征是直形和锥形腿，干净的线形；普罗旺斯和意大利乡村风格的特征是自然的色彩，基础和简单的线条；装饰主义的风格特征则是几何装饰，形体简洁等。见图5-10a至图5-10h所示。

因此，要讲解的主要是古典家具的现代演绎设计。

图5-10a　路易十四的风格特征提取

图5-10b　巴洛克的风格特征提取

图5-10c　意大利解放时期的风格特征提取

图5-10d　新古典的风格特征提取

图5-10e　路易十六的风格特征提取

图5-10f　普罗旺斯的风格特征提取

图5-10g　意大利乡村的风格特征提取　　　　图5-10h　装饰主义的风格特征提取

　　古典风格家具现代延展设计可以分为四种方法或路径，即：原型模仿、原型变异、重构方式和全新设计，见图5-11所示，在图中三角形区域之外的设计被国际设计界视为"垃圾"。

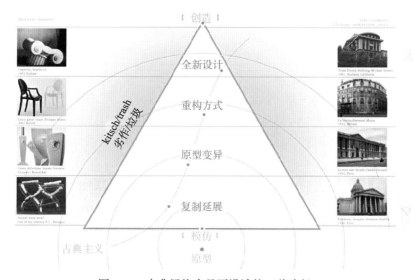

图5-11　古典风格家具再设计的四种路径

1. 原型模仿

　　由于现代生活方式与物质条件与古代有着巨大的差别，因此将纯古典风格的家具应用到现代生活中时，还需要"补件"。对于复制延展而言主要采用原型模仿手法，相对比较直接和直观，无须赘述。但即便如此，也得紧紧抓住原型中的典型特征。

2. 原型变异

　　原型变异与复制延展没有明显的分界线，而是无级变化的。如欧洲新古典主义风格中，车腿与八角形台面也是深具特色的，抓住了这两个特征，那么就可以演绎出无数新的家具形态，如图5-12所示。

图5-12　欧洲新古典主义家具中的车腿与八角形台面

3. 重构方式

重构方式是汲取古典风格家具中具有视觉效力的一种或多种特性来重新进行设计，这些特征或特质可以是形态方面的，也可以是装饰元素上的，还可以是CMF上的。图5-13左边的椅子是洛可可风格的原型，而右图具有古典韵味的现代桌椅就在于抽提了洛可可风格椅背上的弧形曲线和上粗下细的弯腿元素，通过去除一切装饰，洗练出至纯至简、干净利落的家具形态，实现了古典与现代的完美结合。

图5-13　洛可可风格家具的元素抽提

图5-14采用了相同的手法，从新古典主义风格的椅子中巧妙地抽提出一个形态要素，就是一个简单得不能再简单的曲线构件，原型是扶手椅，而新作是去除了扶手的靠背椅，原型中复杂交织的线型木构件换成了新作椅面平行直条纹的软包，既增加了舒适度、呈现出了简约的现代特质，又有一种无形的张力让人忘却不了尘封的历史印痕。

图5-15是文艺复兴时期的家具，图5-16则是采用了混合的手法进行全新的构筑，对古典的元素进行了破碎和多种抽象的加工与重构。既有着对文艺复兴的记忆，又有着难以找出原型、但确实残留着隐约感觉的古韵新风。这种神韵既有形态上的特征，也有CMF的强烈效用。

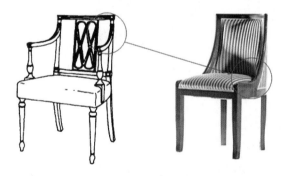

图5-14　欧洲新古典主义风格家具的元素提炼

图5-15　文艺复兴时期的家具

图5-16　古典韵味的现代家具设计

4. 全新设计

全新设计所追求的不再是借鉴古典风格家具中的具象元素，而是取其神韵，对设计师的功力要求极高，因为更加没有规律、难以驾驭，需要具备更高的设计、材料、工艺、艺术和人文方面的造诣，乃至哲学素养。

图5-17没有直接在任何古典风格家具中汲取具体的元素，形体构筑也是颠覆性的。其设计意图有三个关键词，即：历史、浪漫和高品位。经典、静怡、简洁和大气的体态，将现代美学和生活方式融

图5-17　淡淡历史印痕的现代家具设计

图5-18　现代新中式风格的沙发　　　　　　图5-19　中国清式家具

入到了家具的骨髓中，对传统予以革新，以人体工程学的原理营造出极其舒适的坐感，是对传统文化的全新诠释。

图5-18是现代新中式家具的设计，这是一种纯现代风格，但显然有着东方风韵，之所以会有这种视觉效果，原因可以在中国清式家具原型中找到答案，见图5-19所示，手法是色彩与几何形体的抽提与重组，但前提是满足现代生活的功能需求。

最后还有两点需要特别说明和强调：一是上述四种方法也可能混合使用，而且没有绝对的边界；二是具体的设计手法和灵感来源是没有穷尽的，不应该、也不可能给出具体的条条框框来固化思维，以免扼制设计世界缤纷多彩的无限创意空间。

八、现代家具形态构筑手法

以上是就家具风格而讨论的设计变化，实际上从现实市场和现实使用条件来看，家具设计仅仅考虑风格还远远不够，不同的消费群体对各种家具还有着性格和情绪上的不同需求，或豪华、或简约，或张扬、或内敛，或轻盈、或稳重，等等，设计师应当在识别消费需求的同时学会在设计具体家具时用相应的设计语言和手法，并充分考虑材料与工艺等技术条件来予以表现和营造。表5-22为现代家具形态构筑的各种手法。

表5-22　　　　　　　　　　　　现代家具形态构筑的设计手法

○维度	◇从3D到2D	○族群	◇物质感——重
	◇从2D到3D		◇非物质——轻
○功能	◇重新装饰	○法则	◇数字法则
	△在结构上张紧		◇自然法则
	△给目标着装（表皮装饰）	○秩序—混沌	※非垂直对称
	△连续覆盖		◇垂直对称
	◇纯结构	○近似处理	◇协调感
	△构成		◇骨骼感
	△自然成型	○装饰	◇精准处理
	△材质结构		◇粗犷处理
		○重量感	◇钢化造型
			◇柔化造型

1. 维度变化

表5-23为维度变化的设计手法。

表5-23　　　　　　　　　　　　维度变化的设计手法

维度走向	实例	设计手法
从2D 到3D	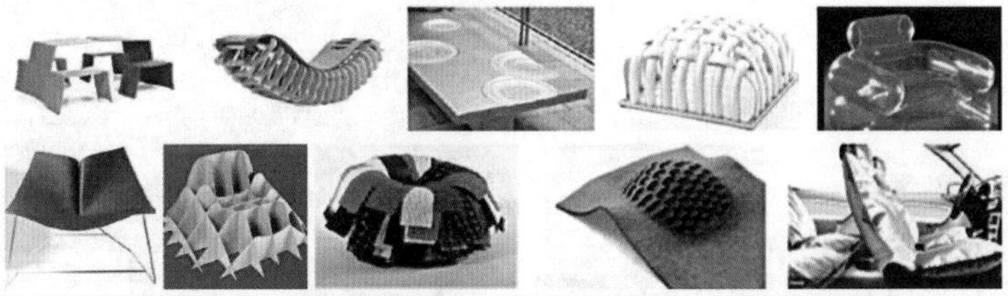	①弯曲 ②镶嵌 ③层叠 ④编织 ⑤充气（或液体） ……
从3D 到2D		①拉伸 ②组合 ……

2. 表面处理方式

表5-24为表面处理的设计手法。

表5-24　　　　　　　　　　　表面处理的设计手法

装饰分类	实例	设计手法
在结构上张紧	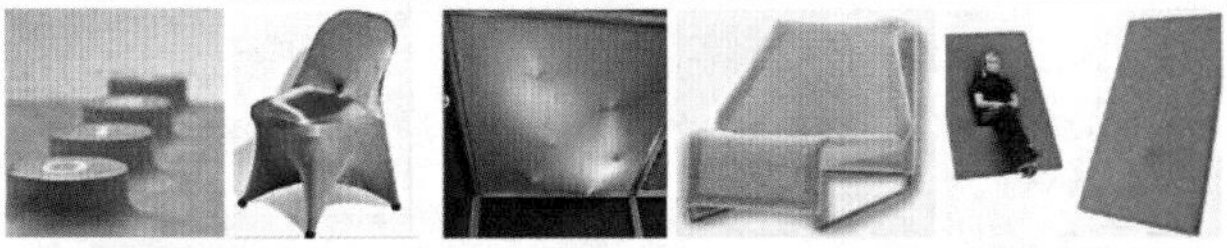	给目标穿紧身衣
纯粹装饰		给目标着装
连续覆盖	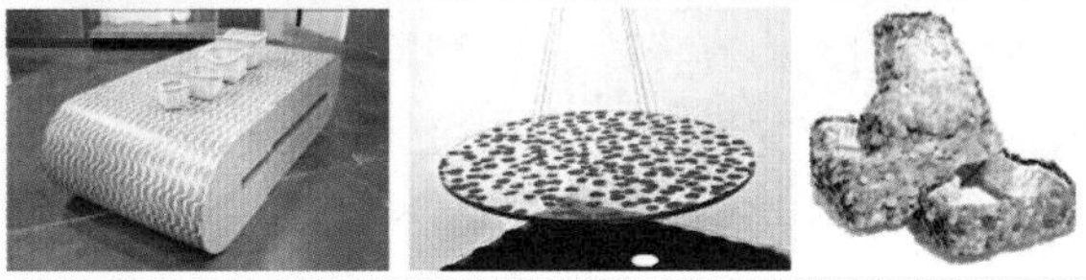	

3. 纯结构表现

表5-25为表现纯结构的设计手法。

表5-25　　　　　　　　　　表现纯结构的设计手法

结构表现	实例	设计手法
构成		
自然成型		

续表

结构表现	实例	设计手法
材质结构	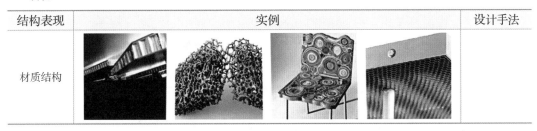	

4. 轻重感

表5-26为表示家具轻重感的设计营造。

表5-26　　　　　家具轻重感的设计营造

轻重	实例	设计手法
轻的视觉感受	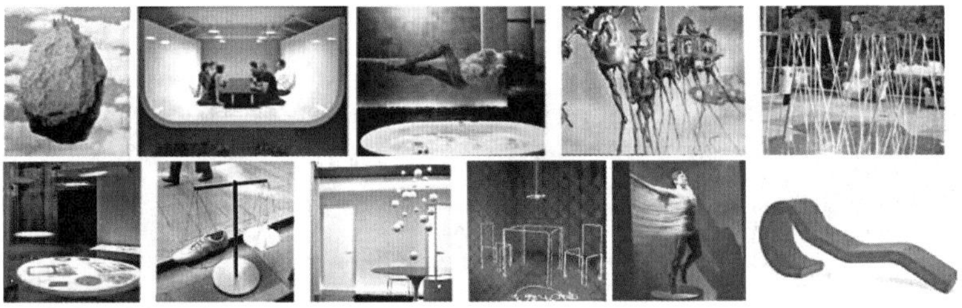	①悬空 ②细长腿支撑 ③色彩与光线 ④动感 ⑤反衬 ……
重的视觉感受	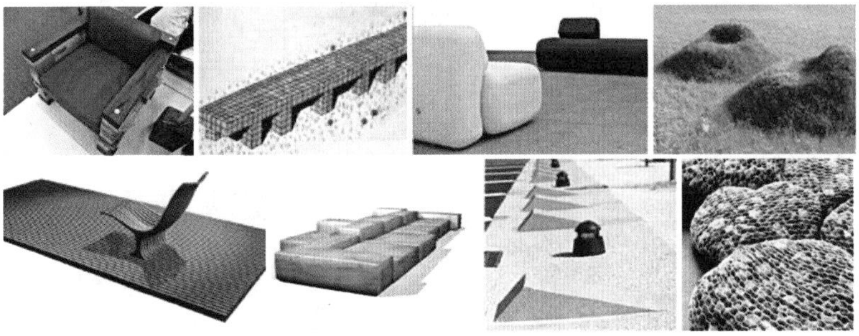	与上面相反

5. 自然感与数字感

见表5-27为用数字感与自然感进行家具造型设计。

表5-27　　　　　用数字感与自然感进行家具造型设计

感觉	实例	设计手法
自然化视觉感受		①可见的自然物体 ②宏观世界 ③微观世界 ④内部世界 ⑤精神世界 ⑥动态捕捉 ……

续表

感觉	实例	设计手法
数字化视觉感受	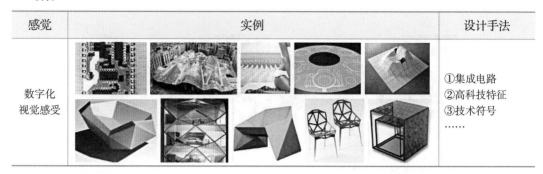	①集成电路 ②高科技特征 ③技术符号 ……

6. 秩序与混沌

表5-28为秩序与混沌的设计手法。

表5-28　　　　　　　　　　　秩序与混沌的设计手法

感觉	实例	设计手法
秩序感		规则、节奏、韵律 ……
混沌感		①混沌中的秩序 ②秩序中的混沌

7. 骨骼感与协调感

表5-29为骨骼感与协调感的设计手法。

表5-29　　　　　　　　　　　骨骼感与协调感的设计手法

感觉	实例	设计手法
骨骼感（对立）	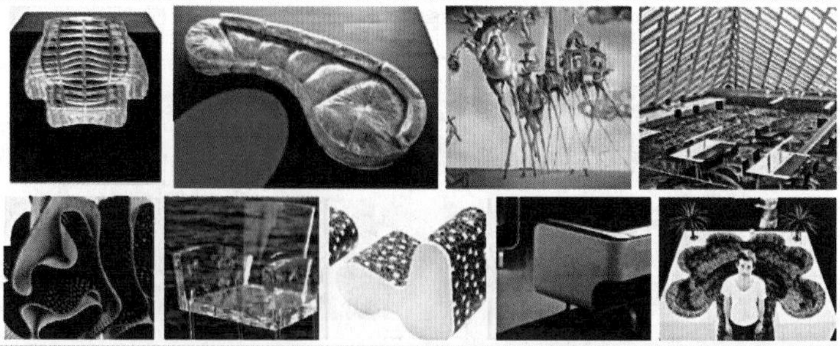	①内容与形式对立 ②色彩对比 ③材料质感对比 ④有核或骨 ⑤自然与人工 ⑥阳性与阴性 ……

续表

感觉	实例	设计手法
协调感 （统一）		①功能协调 ②其他视觉要素 协调……

九、家具单体的主题概念设计

由于品牌属性的需要以及其他各种原因，家具设计往往需要首先确立主题概念，并在这一概念的指引下进行设计执行，下面是关于单体家具主题概念设计的两个简单案例和一个全过程完整演绎的设计案例。

（一）案例一："飞翔"椅

"飞翔"概念的提出：a. 要一种让人感觉轻松的坐具；b. 要轻松，那么形态要轻盈；c. "面孔"要新，不要看惯了的；d. 轻盈到似乎能够飘起来；e. 新面孔，那么最好不用几何型；f. 能飘起的是什么呢？极轻之物或飞翔的动物，前者如鹅毛，后者如鸟类；g. 飞行的基础是：羽展和纤足；h. 羽展就不宜用沉重的材料；i. 体态要活泼。

给定的要求在逻辑的推断和丰富的想象下，催生出了我们看到的"飞翔"。见图5-20所示。

（二）案例二：玫瑰与自然系列（Edra品牌）

玫瑰与自然是一个组合主题，基因是粉红色、玫瑰花瓣的形态及其演绎，当自然的概念延伸到一定程度时，玫瑰的感觉便逐渐褪去。形态万千，而整个产品家族是有血缘关系的。见图5-21所示。

图5-20　飞翔椅

（三）案例三：现代简约型木质家具设计完整的逻辑推演

1. 主题概念

以下案例的"根主题"是"自然"，选择这一主题的意图是：一方面，自然美是与木质家具相契合的表现方向；另一方面，现代都市白领渴望清新自然的格调。而自然本身有着数不清的灵感来源，如山川河流、蓝天白云、大海苍穹、动物体态、鲜花植被等，均可予以不同的表现。

因此，我们不妨再次聚焦，找出其中一个点，即"次主题"来作

图5-21　Edra的系列家具

为产品构筑的引子。这个引子就是"茎叶（Foliage）"。首先可以对应这个关键词来建立一组情绪模板（Moodboards），如图5-22和图5-23所示。

然后，可以从优秀作品中得到启示，如意大利著名品牌Morosso的一种椅子，就是以同样的主题为灵感来设计的，如图5-24所示，其椅面取自植物的叶子形状，相对具象，而支撑部位的线型构件类似于植物的根茎。

图5-22　以自然为主题的情绪模板

图5-23　以自然为主题的"茎叶"之情绪模板

图5-24　Morosso以"茎叶"为造型元素的椅子

Morosso采用具象的形态是其品牌属性所决定的，与其定位有关。但如果过于具象，就会使受众群体缩小。而我们现在需要设计的是相对大众化的产品，所以不宜太具象，甚至要保留市场主流家具的基本框架，因此，我们将一个单体小柜分成两种构件，即"茎"的骨架和"叶"的围板，同时，主要家具平面也不用异形，异形可以在装饰性的小件家具中体现。见图5-25所示。

这个小柜的基本元素可以延伸至整套家具，一个元素足矣。图5-26是采用相同元素设计的地柜，是一件已经成型了的概念设计作品。而色彩图谱的建立也取自自然界中的颜色。如图5-27所示。

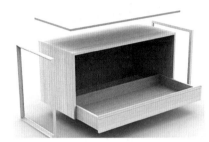

图5-25 "茎"的骨架与"叶"的围板　　图5-26 采用相同元素的地柜

图5-27 以自然为主题所建立的色彩图谱

2. 基础产品的延展设计

从单件产品拉伸至产品线，可以从三个维度来延展，即：产品线的高度、宽度和深度。如图5-28三维概念，图5-29则是以沙发套系产品线三个维度的可视化案例。

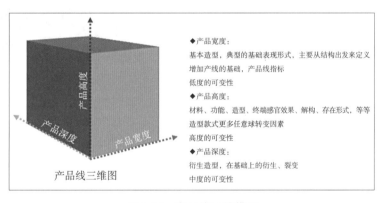

◆产品宽度：
基本造型，典型的基础表现形式，主要从结构出发来定义增加产线的基础，产品线指标
低度的可变性

◆产品高度：
材料、功能、造型、终端感官效果、解构、存在形式，等等造型款式更多任意球转变因素
高度的可变性

◆产品深度：
衍生造型，在基础上的衍生、裂变
中度的可变性

图5-28 产品线三维模型

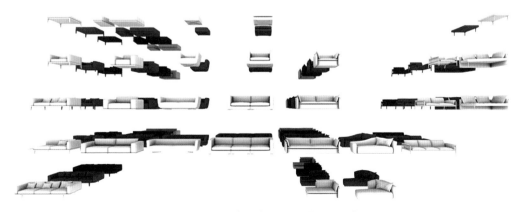

图5-29 沙发套系产品线三维延展示例

图5-30是我们在柜类产品线宽度上的延伸，即以同一种元素延展出来的更多产品种类。

图5-31是在产品线高度方向的延伸，为便于理解，这里所列出的只是最基础的一种，变化幅度比较小，主要通过拉手与抽面的变化来延展，但即便如此，仍不乏必要的视觉张力。

图5-32是产品线深度方向的延伸，这种延伸主要可以通过CMF的变化来实现。

图5-30　产品线宽度方向的变化

图5-31　产品线高度方向的变化

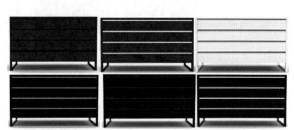

图5-32　产品线深度方向的变化

3. 环境情绪的表达

家具产品最终无一例外地要在环境中呈现，同样的产品，在不同的环境氛围下将会表现出完全不同的视觉特性。家具与环境的综合设计，首先需要确定环境情绪的基调。接下来，我们确定"白色纯净""自然"与"橙韵"等三种环境情绪，尽管产品外形没有任何变化，但其不同的效果

图5-33　环境情绪为"白色纯净"（ASPS & DEDE）

还是可以分别在图5-33、图5-34和图5-35中清楚而强烈地感受到。

至此，我们从主题概念的选择、情绪模板的建立、单件产品的设计、产品线三个维度的变化一直到环境情绪的呈现，对家具产品的设计做了合乎逻辑的演绎，以我们自己的案例对设计理论进行可视化的诠释。旨在让读者切实相信设计理论是有用的、科学的、重要的和可操作的，也算是对设计方法的示范。

图5-34 环境情绪为"自然"（ASPS& DEDE）

图5-35 环境情绪为"橙韵"（ASPS & DEDE）

十、家具单体的标准化设计

（一）产品构筑的"蘑菇式"模型

"蘑菇式"模型是当代产品构筑理论中提出的最新概念，它把产品的构筑分解为三个阶段：第一个阶段是产品成型前的基础阶段，这个过程是构筑产品的"核心面"阶段，产品具有低度的可变性；第二个阶段是产品成型阶段，在这个过程中给产品赋予"辅助面"，使产品具有中度或高度的可变性，丰富其终端表现形式；第三个阶段则是通过CMF的裂变可以满足终端无限的生活风格。图5-36a是意大利米兰理工大学的原始模型，图5-36b是深圳家具研发院在此基础上进行了深化，即为进化后的"蘑菇"式模型。整个理论的指导思想就是：基础的标准化+输出的多元化，其核心内容为产品标准化体系设计。图5-37中三张椅子的底座是用同一副塑料模具浇注出来的，而上半部分则是完全不同的做法。图5-38是芬兰设计大师库卡波罗设计的可予以丰富变化其功能用途和视觉感受的椅子系列。

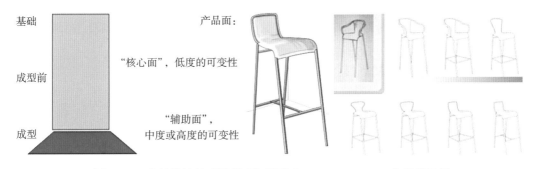
图5-36a 产品设计的"蘑菇式"模型（Alessandro Deserti）及其示例

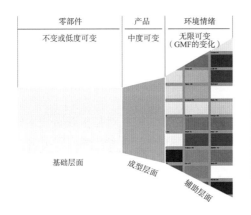
图5-36b 进化后的"蘑菇式"模型（深圳家具研发院）

图5-37 相同底座不同上部的椅子

图5-38　库卡波罗（yrjo kukkapuro）设计的可裂变椅子系列

当今家具企业都在寻求产品的标准化体系设计，这样的标准化给企业带来的收益是无穷的，工业产品十分重视标准化问题。家具结构标准化在提高生产效率、降低制造成本、减少模具与工夹具的数量、缩短设计与生产周期、便于生产组织与管理等方面都有着积极的现实意义。但是在真正付诸实施的时候总是会遇到很多的问题，特别是标准化设计与终端表现要求多样化之间的矛盾，以至于有些企业认为标准化体系不过是学者的一个理想化的假想罢了。其实，明式家具中就已经不乏这种设计思想，只是由于各种历史条件的限制而存在着一定的局限性，如：中国古典家具的玫瑰椅就很好地诠释了产品的标准化体系设计，说明了这并不是遥不可及的幻想。

（二）案例：明清玫瑰椅的标准化设计思想

1. "蘑菇式"模型的产品构筑

玫瑰椅，在江浙地区通称"文椅"，指靠背和扶手都比南方官帽椅更矮，两者的高度相差不大，而且与椅坐盘垂直的一种椅子。玫瑰椅是各种椅类体积形态中最小的一种，用材单薄、造型轻巧美观，在使用上是一种更亲近的座椅，优点是轻巧，背矮不遮挡视线，在室内空间中是处处皆宜，活动性佳。

通过研究分解部分有代表性的玫瑰椅，我们可以看出产品构筑的"蘑菇式"模型是怎样在其中显现的，如表5-30所示：首先我们挖掘出玫瑰椅的"核心面"部分，也就是玫瑰椅的基本构件，所谓基本结构件是指构成玫瑰椅的最基础和本质的构件，如若缺少其中的任何一个构件，就不可视之为椅。玫瑰椅的"核心面"都是一致的，由扶手、靠背、座面和椅腿这四部分组成。

然后我们在基本构件的基础上补充装饰结构件，所谓的装饰结构件就是指既有装饰作用，同时也在结构上起作用的构件。这属于模型中"辅助面"部分，因为中国古代工匠非常聪明智慧，常常一个构件不仅仅起到结构上的加固作用，也起到了装饰作用，在古典家具中最典型的就是各种枨子，不仅活化了家具的造型也起到了加固的作用。

最后我们再补充各种纯装饰件，所谓的纯装饰构件就是指只起装饰作用的部分。这一部分更加丰富了"辅助面"成分，使终端表现更具文化内涵。中国是个含蓄的民族，很多美好的寓意都很会意地表达出来，例如各种具有象征意义的纹饰就有很多。而这些纹饰在家具中通常会通过雕刻、描绘、螺钿纹、髹漆等方式来实现。

表5-30　　　　　　　　　　明清玫瑰椅"蘑菇式"产品构筑

玫瑰椅基础框架					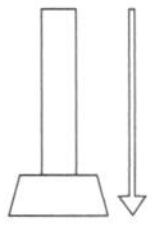
序号	（1）	（2）	（3）	（4）	（5）
添加结构件					
添加装饰件					
明式玫瑰椅					
序号	（6）	（7）	（8）	（9）	（10）
添加结构件					
添加装饰件					
明式玫瑰椅					
序号	（11）	（12）	（13）	（14）	（15）
添加结构件					

续表

序号	（11）	（12）	（13）	（14）	（15）
添加装饰件		无	无	无	无
明式玫瑰椅					

2. 玫瑰椅各部分的变化形式分析

① 玫瑰椅的基本结构件（图5-39）。

② 椅背、扶手、券口：通过分析部分古典的玫瑰椅，我们发现玫瑰椅在造型上有一个很大的特点，那就是椅子的椅背、扶手和券口这三部分的装饰关系是相互呼应的，一把玫瑰椅上椅背、扶手和券口总有相关联甚至相同元素呈现。或是装饰结构件的演变使用，或是装饰纹样的演变反复使用，这样整个椅子不但不让人觉得单调反而更加和谐统一。同时在结构上，靠背较低，仅比扶手略高一点，靠背和扶手与椅座均为垂直相交，椅背与扶手均不出头（如表5-31所示）。

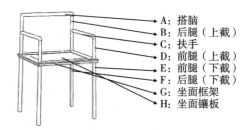

A：搭脑
B：后腿（上截）
C：扶手
D：前腿（上截）
E：前腿（下截）
F：后腿（下截）
G：坐面框架
H：坐面镶板

图5-39　玫瑰椅的基本结构件

表5-31　　　　　　　　　玫瑰椅椅背、扶手、券口造型比较

序号	（1）	（2）	（3）	（4）	（5）
玫瑰椅					
椅背					
扶手					

续表

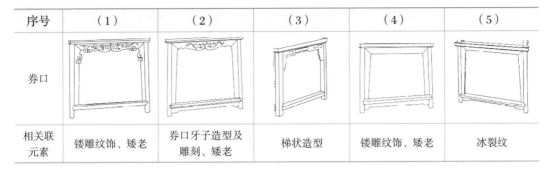

序号	（1）	（2）	（3）	（4）	（5）
券口					
相关联元素	镂雕纹饰、矮老	券口牙子造型及雕刻、矮老	梯状造型	镂雕纹饰、矮老	冰裂纹

③ 座面：座面的变化并不大，基本就是规则的长方形。

④ 椅脚：椅脚的断面形式主要有以下几种：如表5-32所示。

表5-32   **玫瑰椅常见脚足线脚断面形式**

玫瑰椅常见脚足线脚断面形式				
	○	▢	▢	▢
	▢	▢	▢	▢

⑤ 设计装饰元素：玫瑰椅的设计构件有垂直构件、水平元素、几何造型，这种装饰元素的使用使玫瑰椅产生跨时代的现代性。还有装饰元素的适时取用，让理性中的家具有部分感性的呈现，表达出家具优雅知性美学的独具性，其中有很多的装饰元素采用了中国纹饰，具有浓厚的象征意义。

⑥ 材质运用：由于当时物资条件的局限，材质运用较为统一单纯化，皇宫贵族的家具大多用当时流行的名贵木材，市井平民的家具大多用柴木来制作。

3. 综合评价

明清玫瑰椅具有以下两大特色：

① 从以上的分析我们可以看出，早在明清时代，玫瑰椅的设计就是满足"蘑菇式"模型的发散模式，玫瑰椅在秉承最基本的结构原形外，其终端输出表现出丰富多变的特点。

② 玫瑰椅在终端表现的最大特点就是装饰手法的统一性和整体性，其统一性表现在一把玫瑰椅的扶手、靠背和券口三者的装饰相互呼应，使之看起来整体效果更强，风格高度统一。

通过对产品构筑的"蘑菇式"模型的理解和对明清玫瑰椅的分析，我们看到了产品标准化体系设计的一条切实可行的道路，那就是产品最本质部件完全统一并且留有与其他部件的接口，在产品的终端表现上采用不用的方式来赋予产品不同的性格。

4. 玫瑰椅的现代设计拓展

明式玫瑰椅的外部尺寸平均测量值，如表5-33所示。

表5-33   **明式玫瑰椅的平均测量值**   单位：mm

测量名称	整体高度	座面高	扶手高	座板长	座板宽
平均值	850	500	200	580	450

明式玫瑰椅的扶手高度和座板宽度都在人因工作椅尺寸的范围内，而座面高度和座板长度则需要改进。玫瑰椅与一般工作椅的详细人因尺寸对照如表5-34所示。

表5-34　　　　　玫瑰椅与一般工作椅的人因尺寸对照　　　　　单位：mm

项目　　　　　　　　种类	明式玫瑰椅	人因工作椅
座面高	500	400 ~ 480
扶手高	200	191 ~ 254
座板长	580	460 ~ 510
座板宽	450	380 ~ 420

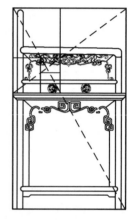

由此我们可以看出玫瑰椅座面高500mm高出人因工作椅座面高的400 ~ 480mm，玫瑰椅的扶手高200mm在人因工作椅191 ~ 254mm的范围内，座板长超出人因工作椅范围，座板宽450mm也超出了人因工作椅范围内。由以上四点外部尺寸可以看出，玫瑰椅之所以让长时间坐的人感到不舒适是有一定的科学理由的。

参考王世襄先生的《明式家具研究》一书及各大博物馆对玫瑰椅的测量记录，对玫瑰椅的尺寸全面了解以后，通过计算总结我们可以发现玫瑰椅具有以下几个特点：

① 座高/座面宽≈1。

② 通高/座面高≈座面高/座面到靠背的高≈黄金分割。

从图5-40中明清玫瑰椅的左视图可以看出其正是一个黄金分割矩形，座面为一个矩形。

从玫瑰椅的发展历程来看，前人总结其有三个基本特点如下：

① 靠背和扶手与椅座均为垂直相交。这与工作椅的背板角度范围为90° ~ 105°之间是相符合的。

② 靠背较低，仅比扶手略高一点，玫瑰椅一般靠窗台摆放，这种使用方式决定了其靠背不会高出窗沿。如果和桌子一起使用，椅背不超过桌面的高度。

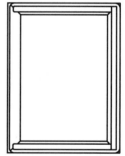

图5-40　明清玫瑰椅的尺寸符合黄金分割比

③ 因靠背的装饰不同和采用牙子不同而有多种样式。常见的式样是在靠背和扶手内部装券口牙条，与牙条端口相连的横枨下又安矮老（短柱）或结子花，是玫瑰椅的典型样式。也有在靠背上作透雕的，式样较多，别具一格。分析玫瑰椅的最基本结构可以看出，在前人总结的玫瑰椅的三个基本特点以外，还有很重要的一点就是基本结构的几何美。

除了前人的分析以外，玫瑰椅符合一定的几何法则也是其造型优美传世经久不衰的原因之一，因此可总结出玫瑰椅的造型本质如表5-35所示。

表5-35　　　　　　　　　　　玫瑰椅的造型本质

玫瑰椅的造型本质	1. 基本构件符合黄金分割矩形的几何法则
	2. 整体形制水平垂直且扶手靠背不出头
	3. 每件作品的扶手、靠背、券口的装饰手法具有相同的基因

通过对各式玫瑰椅的尺寸研究和几何美学角度的研究，明式玫瑰椅改良后的尺寸界定如表5-36所示。

表5-36	玫瑰椅改良后的尺寸			单位：mm	
测量名称	整体高度	座面高	扶手高	座板长	座板宽
平均值	740	460	200	430	420

这样既能保证改良后的玫瑰椅符合人体工学的尺寸要求，又能够满足玫瑰椅的几何尺度美感。图5-41与图5-42为根据上述分析设计出的玫瑰椅现代拓展设计作品（此一设计的实物作品已被三乡人民政府永久收藏）。

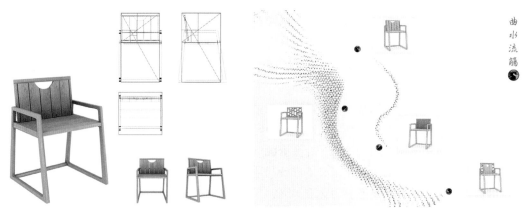

图5-41　玫瑰椅现代拓展设计作品　　　图5-42　作品的多元化表现（设计师：章彰）
　　　　（设计师：章彰）

第二节　定制与系统家具的设计

近年来，定制家具异常火爆。定制是市场细分的终极目标，理论上可以最大限度地满足消费者的个性化需求，在服务和理念上是一种进步。之所以强调只是在理论上，那是因为消费者对自己内心深处真正想要的潜在需求往往是表达不清楚的，而"需求"要转化为"设计依据"，再转化为"产品概念设计"更不是作为非专业设计师的用户自己可以完成的。

所以，定制这个目标并非一蹴而就的，它是一个方向，但完全定制没有必要，也永远达不到。定制要做好并不容易，标准化、信息化和服务能力是定制家具的三大支柱，缺一不可。

一、定制的边界

系统家具是指橱柜系统、衣柜系统和书柜系统等，一般都是指与建筑物紧密配合的大型柜类家具。定制是为了充分利用一面墙体的空间，由于每个户型的每一道墙的面积不同，在高度和宽度方向需要撑满时固定家具尺寸无法对应，因此就需要定制。

（一）定制的原则

定制的原则是能不定制就尽量不定制，因此，不是所有零部件都需要定制的，在柜体的深度方向通常是锁定的，比如橱柜和衣柜的深度均在550～600mm之间根据32mm系统的要求来推导一个最佳尺寸即可。在高度方向，当需要"顶天立地"时由于空间高度均会超出常用的四八尺（2440mm×1220mm）标准工业板材（有些企业采用更大尺寸规格的板材），因此需要做成上下两个柜体，这样下面的柜体高度就可以标准化，调整的余地留给上面顶柜来处理，由于顶柜中适合放置不常用的物件，内部不需要设置其他构件，柜体结构很简单，只要定制垂直构件的尺寸就好。而无论是上柜还是下柜，在宽度方向上也可以几种标准宽度的标准柜体来组合，最后余下部分再做收口处理。

书柜的定制原理相似。橱柜系统由于上下柜体是分开的，所以在高度方向均可标准化，复杂的地方在于排水管道和接头的让位处理。

至于内置件和柜面上的设置一般用不着定制，而是全部采用可选择的标准件来解决，只要在柜体的旁板上预设系统接口就可以灵活满足各种需求。

至于可移动的小型柜类与其他自由独立件、辅助小件等根本没有必要定制，更需要高水平的专业设计、成熟的功能，更需要艺术效果，定制出不了精品，也难以成为经典，这是人员素质和流程决定的。

由此可见，定制不应该是一种追求，而是一种不得已的选择；定制不是目的，而只是手段；消费者个性化需求的满足很多情况下不一定需要定制来实现，更何况在当今中国市场个性化需求不应该被鼓励，因为这既是社会资源的浪费，对原本就不成熟的工业体系而言也是一种拔苗助长。同时，消费者也未必能准确描述他内心深处的真实需求，如果要为此多支出自己的费用时，有多少人还愿意为此埋单呢？

在定制大潮下，成品套房家具企业从来没有面临过如此巨大的压力。衣柜几乎已经卖不动了，这不仅意味着成品柜类家具的市场份额已经大范围丢失，而且由于无法配套而使得其他活动类家具的销售也受到严重的影响。同时，随着软体家具的崛起，又有相当大的市场份额被蚕食，套房家具已经被分割得支离破碎，传统成品套房家具企业正在被日益边缘化。

（二）产品开发的不同思路

传统套房生产企业在开发产品时习惯于一个套系一个套系地开发，套系之间通常是不兼容的。其结果是系列越来越多，产品家族越来越庞杂，当某个套系销售表现不佳时还难以割舍，有的成为"僵死"产品，生产系统面临的压力越来越大，产能受到极大限制，先进的硬件装备无法发挥出应有的作用，库存高企、资金积压。

以不断推出新的产品系列来迎合消费市场的不断变化，而产品生命周期越来越短，开发越来越频繁，终究疲于奔命、无能为力。这是一条根本不可能持续的道路，以往还算成功是因为尚未遇到掌握先进理念与手段的竞争对手。

产品研发不断归零，除了有限的一些所谓经验之外，鲜有沉淀，企业如何进步？

而对于一些新兴的定制企业而言，尽管缺乏套装家具的系列开发能力，但它们对标准化的概念有着深切的体会，对"零部件就是产品"的理念有着更好的认知和虔诚的态度。

于是，开发产品变成了开发并构筑零部件平台。我们所给出的"蘑菇式"模型在传统成品家具企业中始终无法推广，而有些定制家具企业却已经开始认真地执行。

（三）套房家具的重组

在某种意义上来看，现代传统套房家具已经被打散，这不是说家具不再需要配套，而是将以另外一种方式成套，即为重组。

重组思维是指将原先开发一个系列多少件产品的做法切换为首先构筑好标准化的零部件平台，然后再加入非标构件后组合成你想要的任何产品。这个平台一旦构筑好，则可以蘑菇式模型予以裂变，从而以有限的零部件数量实现无限的组配与输出，以满足客户的多元化甚至是个性化需求。

传统套系的开发是企业将自己开发的"完整"产品强行推给市场，而零部件平台的思维是指在工厂内不存在最终的产品，只有当客户选购并安装好以后才会呈现。究竟哪种方式更能满足客户需求不言而喻；同时，哪种方式更加经济、更加科学也不难想象。

我们在本章开头就提倡并始终强调将家具分成三种类型，即：系统家具（System）、自由独立单体家具（Free Standing）和辅助小件（Accessories），如图5-43所示。

系统家具 System

· 衣柜wardrobes
· 步入式衣帽间walk-in closets
· 书柜bookcases
· 厅柜day containers
......

自由独立体Free Standing

· 沙发sofas
· 床beds
· 扶手椅 armchairs
· 椅chairs
· 桌台tables
......

辅助小件Accessories

· 配件类complements
......

图5-43 产品集成包的构成

其中系统家具在民用住宅家具中主要是大型柜类系统，也是最有需要定制的家具主体，这类家具的开发在定制企业已经实现了零部件平台化建设，也就是说除了部分定制构件之外，框架结构和内置件完全实现了标准化，而风格与视觉感受的营造则通过门板、抽面和装饰线条的形态与CMF来实现。小型独立柜类也可以沿着这个思路来设计。

自由独立单体家具更需艺术感、设计感，这对设计创意的要求是非常高的，尽管零部件平台的思维依然有效，但不应当盲目定制，一般驻店定制服务配不起、也找不到这么多高水平的设计团队。由于沙发、软床等软体家具已经被相对独立地供给，自由独立单体家具相较于以往套装家具而言已经少了很多品类，家具设计也不应该再墨守原来单一材料与所谓"风格"的成规（注：风格概念相当宽泛，这里所指的是国内市场目前不科学的流行说法，以免产生歧义），而应走向多元化的设计表现，这种做法更具视觉张力、更具弹性和主观能动性，"混搭"也就顺理成章，"混搭"不是乱搭，而是在生活风格（lifestyle）指引下主题概念表达的具体手段。

辅助小件具有提供功能补充和参与生活风格营造的双重作用。

传统套房家具在陈列、展示与实际使用的空间设计上是在完成家具系列设计后再进行"包装"的；而重组后的家具所在空间则可以根据所需要的"调性"进行灵活配置，几乎具有无限的可适应性。

事实上，成品与定制的界线正在模糊，有限定制，全屋配置才是未来的必然趋势。

无论是成品家具企业，还是定制家具企业在未来将难以区分，其最终的目标都是一致的，那就是更好、更经济地满足消费者的需求。

二、柜类家具的传统设计

大型柜类家具的定制化并不意味着所有柜子都需要定制，活动式小型柜类家具就没有必要定制，即便是衣柜等大型柜类家具也还有其存在的理由。因此，柜类家具的传统设计还需要传承。

（一）功能共性与视觉变量

1. 核心功能与产品要求

核心功能：收纳，见图5-44，图5-45。

产品要求：有储物空间+物件管理（分类与易用）。

视觉变量：体量（三维）；虚实；平面形态。

2. 视觉变量

体量（三维），见表5-37；虚实，见表5-38；平面形态，见表5-39，其他创意见图5-46。

图5-44　柜类家具

图5-45　柜类家具有储物空间+物件管理（归类与易用）

表5-37　　　　　　　　　　　　　　柜类家具的三维体量

	大	中	小	变化依据
厚度：深度				主要依据：功能。如：衣柜厚 床头柜中 书柜薄
宽度				主要考量：①空间可能 ②物品储量

续表

	大	中	小	变化依据
高度				主要考量： ①柜子类型及相应功能 ②空间环境

表5-38　　　　　　　柜类家具的虚实感

	实（封闭）	虚实结合	虚（开放）	变化原则
传统				①根据柜子的不同功能选择封闭与开放。如：衣柜内置物需遮挡视线；书架开放有装饰作用 ②玻璃可隔尘但不阻视线 ③大体量柜子必须封闭时可在平面处理上予以弱化
软现代	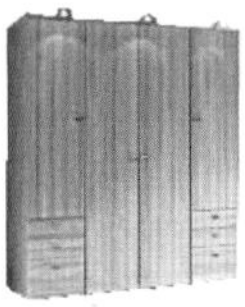			
时尚				

表5-39　　　　　　　柜类家具的平面形态（正立面）

变量	变量细分	视觉变量	实例	备注
平面形状	变化可能性和可行性小，一般以矩形为主，但不尽然			
幅面尺度与比例	根据不同功能柜的要求，分别考虑单体和组合后的情况			
三维变化	边部可视构件的厚度	门、顶板和帽头的厚度，底座的高度和通透性等		
	三维形状	厚度方向有凹凸变化		

续表

变量	变量细分	视觉变量	实例	备注
平面性状 ★（正面平面构成设计具有最重的视觉分量）	色彩	材料本色，人工色		
	图案	无限		
	质感	材料自然质感，人造质感		
	构成	平板，带框架，编织……		
边部处理	自然边，镶边	直边，型边		

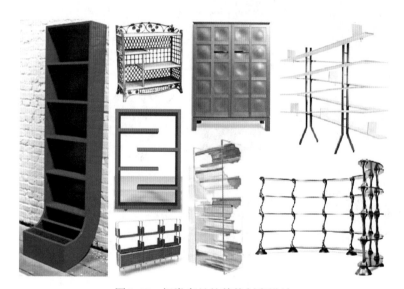

图5-46　柜类家具的其他创意设计

（二）柜类家具的风格营造

（1）西方古典风格，如表5-40所示。

表5-40　　　　　　　　　　西方古典风格家具设计

实例	分类	元素与风格解读
	文艺复兴	

续表

实例	分类	元素与风格解读
	巴洛克	
	洛可可	
	新古典	

（2）西方新古典风格，如表5-41所示。

表5-41　　　　　　　　　西方新古典风格柜子设计

实例	古典原型	风格神髓

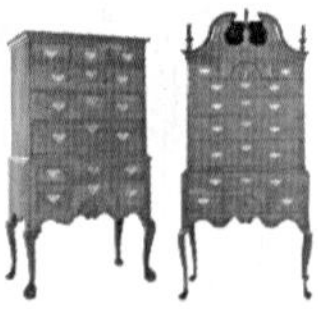

（3）中国传统风格，如表5-42所示。

表5-42　　　　　　　中国传统风格柜子设计

实例	分类	元素与风格解读
	明式	
	清式	
	其他朝代	

（4）现代东方风格，如表5-43所示。

表5-43　　　　　　　现代东方风格柜子设计

实例	古典原型	风格神髓

（5）现代风格，如表5-44所示。

表5-44 现代风格柜子设计

实例	分类	风格神髓

（6）自然与艺术风格，如表5-45所示。

表5-45 自然与艺术风格柜子设计

实例 	分类	风格共性

（三）柜类家具的形态构筑

（1）维度变化，如表5-46所示。

表5-46 以维度变化手法设计的柜子

维度走向	实例	设计手法
从2D到3D	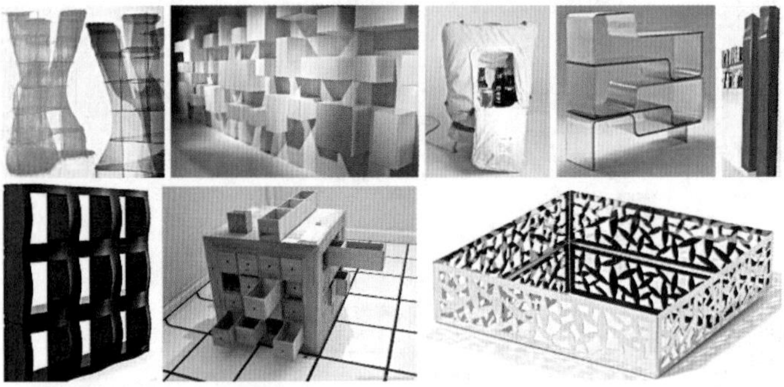	①弯曲 ②镶嵌 ③层叠 ④编织 ⑤充气（或液体）
从3D到2D		①拉伸 ②组合

（2）表面装饰，如表5-47所示。

表5-47 以表面装饰手法设计的柜子

装饰分类	实例	设计手法
在结构上张紧	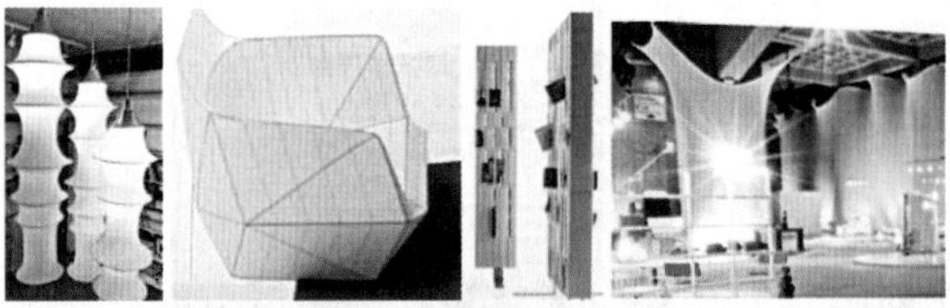	给目标穿紧身衣
纯粹装饰		给目标着装
连续覆盖		

（3）纯结构表现，如表5-48所示。

表5-48　　　　　　　　　　　以纯结构表现的手法设计柜子

结构表现	实例	设计手法
构成		
表面自动支撑		
材质结构	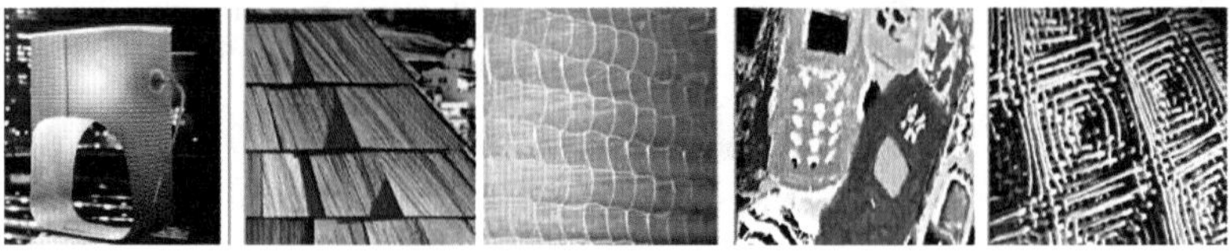	

（4）轻重感，如表5-49所示。

表5-49　　　　　　　　　　通过设计赋予柜子以不同的轻重感

轻重	实例	设计手法
轻的视觉感受		①悬空②细长腿支撑③色彩与光线④动感⑤反衬
重的视觉感受		与上面相反

（5）自然感与数字感，如表5-50所示。

表5-50　　　　　　　　　　以自然与数字感设计柜子

感觉	实例	设计手法
自然化视觉感受	 	①可见的自然物体 ②宏观世界 ③微观世界 ④内部世界 ⑤精神世界 ⑥动态捕捉
数字化视觉感受		①集成电路 ②高科技特征 ③技术符号 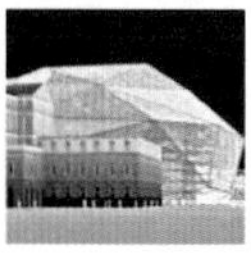 ……

（6）秩序与混沌，如表5-51所示。

表5-51　　　　　　　　　　以秩序与混沌的手法设计柜子

感觉	实例	设计手法
秩序感	秩序 ORDINE　　混沌 CAOS	规则、节奏、韵律……
混沌感	垂直的缺损　对称的缺损　模型的缺损	①混沌中的秩序 ②秩序中的混沌

（7）骨骼与协调感，如表5-52所示。

表5-52 以骨骼与协调感设计柜子

感觉	实例	设计手法
骨骼感（对立）	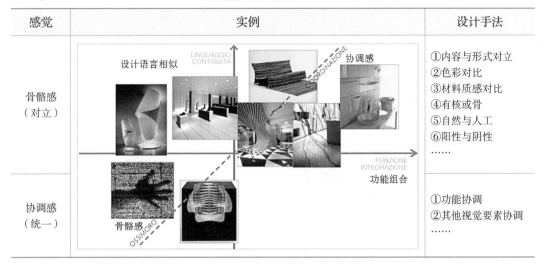	①内容与形式对立 ②色彩对比 ③材料质感对比 ④有核或骨 ⑤自然与人工 ⑥阳性与阴性 ……
协调感（统一）		①功能协调 ②其他视觉要素协调 ……

（四）柜类家具的标准化设计

柜类家具的内框可以进行标准化，而迎面部位则可以有多种选择，以便依据不同的使用条件和配套要求进行灵活选配，见图5-47和图5-48所示。

图5-47 标准柜体与可变部件示意图

图5-48 系列柜体效果图

三、系统家具的设计

系统家具设计是指不是设计一件终端固定的单件家具形式，而是设计有关零部件作为一个产品的系统平台，这个平台可以在终端根据不同的使用条件和需要进行各种可能的组合，以满足宽泛的市场需求，同时，必要时也可以为用户参与设计提供必备的基础。系统家具在柜类家具上的优势尤为明显，如衣柜系统、书柜系统以及客厅柜系统等。32mm系统在一定程度上具有这一属性，但这里介绍的概念更为宽泛，手法更加灵活多变，接口更加丰富多彩。基本元素不仅局限于板式构件，还涵盖各种材料和各种形体，包括三维构件，甚至还包含了灯光及其他一切必要和可能的物质形式。除了一般的家具设计知识外，系统家具在几何学基础和接合技术上有着独特的要求。这是一个新的设计理论，思维方式与传统设计也全然不同，但却是一个极其重要的设计方向和十分有效的设计工具，学员需要高度重视。下面通过一些具体的设计案例来予以诠释。

（一）母板插件结构

这是在墙壁上有一个固定的母板，可安装悬挂层板架、柜体、搁板、方盒子等插件。

图5-49是意大利B&B公司的Domusoo系统家具。基本元素：盒子、带滑门的书橱、五金、抽屉和踢脚板。 这个系列产品最具创新的是其带有一块墙体母板，并配有长度为70cm的层板插件，构建了一个完整的办公空间，左图提供了一种书房空间或视听空间的解决方案。

图5-49　意大利B&B公司的Domusoo系统家具

图5-50是MDF意大利Elenfive08系统家具。墙壁插件系统/固定在墙上的母板与层板和柜体组合为LCD 等离子电视提供良好的陈设空间。

图5-50　MDF意大利Elenfive08系统家具

图5-51是意大利Acerbis.life系统家具。各种各样悬挂的吊柜满足了现代生活贮存、收纳等多方面的需求。灯光、家具和母板的组合提升了空间的容积感，增强了使用性，更好地凸显了陈设物体。借鉴建筑设计利用光影手法，同样可以带给家具设计新的感受。

图5-51　意大利Acerbis.life系统家具

（二）二维模数

其基本的设计理念就是通过五金组合各独立单元，从而实现不同的终端表现。

图5-52是Lago.30mm模数化系统，使自由的组合方式和更大范围的定制成为可能。该系统是由四块板件和连接件组合而成的。此系列产品能衍生不同的组合方案，从而满足不同的功能需求，并且还可根据需要选择安装柜体或门。

图5-52　Lago.30mm模数化系统

图5-53是Kartell可复合书架，这个系统包含三个连接件（T形、L形、十字形）、四个板件和一个方盒子，他们以简单的方式来组装，并且没有使用任何五金。这个产品还可以当成双面柜使用。

图5-54是Porro的无限组合书架，各单元采用特殊的印模压铸铝件来连接。脚部的五金件可拆装，采用漆黑的铝制品，而板材则可以做以下各种表面处理：橡木、黑橡、自然樱桃色、三胺板。

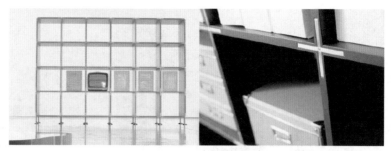

图5-53　Kartell可复合书架　　　　　　图5-54　Porro的无限组合书架

（三）三维模数

可通过三维盒状单体组合创造出一个系统。

图5-55是意大利Targa自由组合系列，LIBRE 像Lego 砖块的玩具模数，通过拼接就可以组合适合各种书本尺寸的书架。这是一个书架系统，具有一个双面模数，你可以任意延长，也可以作为隔断或双面书柜固定在墙上。个体单元也可以用来作椅子或小桌子。其表面可以做成2 种不同的贴面或选择不同颜色油漆或用铝材。

图5-55　意大利Targa自由组合系列

图5-56是lago.Net系列。一个40cm 大的立方体组成网状构成，可以给每个顾客一个自由创造任意组合的机会。

图5-57是Acerbis新概念系列，这个系列产品有边柜、层板、立式家具、带镜子的几个单元构成，这些单元体理论上说是可以自由组合的，这个系统还包括了发光装置，线路采用"技术型通道"实现隐蔽式安装。这个系统是由基座、框架、平台、底层架构、层板、边柜等构成的。

图5-58是MDF意大利Vita系统家具，如果把生活当中的家具看作一个模数化系统，那么可以认为是由架子和层板组成的，其主要的特点在于对空间的适应力和对时间的把控力。每一个组合性模数都是用户在不同需求下建立虚拟空间的结果。客户可以在特制的软件中，调用各种单元模型设计自己想要的家具，模块采用金属结构，可以悬挂在墙上，这种组装可以预留出各种视听设备的走线通道。

图5-56　lago.Net系列

图5-57　Acerbis新概念系列

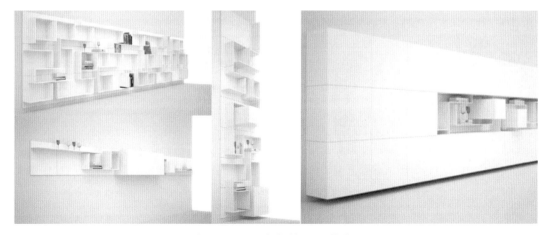

图5-58　MDF意大利Vita系统家具

图5-59是意大利Poliform公司的Sintesi系列，这是一个客厅系统，可向客户提供一个完全自由组合的空间解决方案。它的基本设计思路是在水平方向上延展各单元体，且每一个单元体都有特殊的功能。

图5-59　意大利Poliform公司的Sintesi系列

（四）旁板结构系统

旁板具有支撑功能用以支撑层板。

图5-60是Acerbis.Cambridge系统，带有结构型旁板的旁板系统，或者入墙式，又或独立支撑，适用于住宅和办公室。为了保证其耐久性，边部设计成便于安装的铝制框架，它可以安装玻璃移门或者门板、抽屉、架子等，还可以是可拆卸的层架（内置影碟机或CD）等，这种架子通常用于具有旁板支撑的层板系统，要么固定在墙上，要么独立支撑。适用于民用家具和办公家具。

图5-61是MDF意大利Random系统，书架采用6mm厚的MDF做旁板，背板厚度10mm，层板有很多标准规格，通过侧板开槽结构，且嵌入层板，变化各种高度。背板安装在隐藏的沟槽内，且采用可调节脚，方便与墙体连接。

图5-60　Acerbis.Cambridge系统

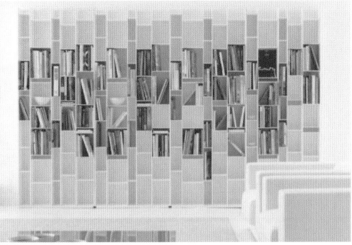

图5-61 MDF意大利Random系统

图5-62是Polifom墙组系统，该产品具有丰富的终端表现和强烈的个性风格，具有很高的美学价值和艺术创造价值。模数的空间非常宽泛，可适用于各类复杂多变的建筑空间。

图5-62 Polifom墙组系统

（五）组合桌与工作站

核心功能：凭倚——有支撑。

辅助功能：临时橱物、适应电子设备、分隔，如图5-63所示。

实现条件：要求高度处有一个物理面能保持。

保持方法：支撑、悬吊、嵌固。

构成分解：桌面＋支架（或可一体化）。

走线方案：内藏、外露。

见表5-53和表5-54所示。

图5-63 突出功能响应的电脑桌

表5-53　　　　　　　　　　　　　组合桌与工作站设计要素

桌面形状	桌腿形状	走线形式	
直线形			   桌腿走线
L弧形			蛇管走线
弯曲弧形	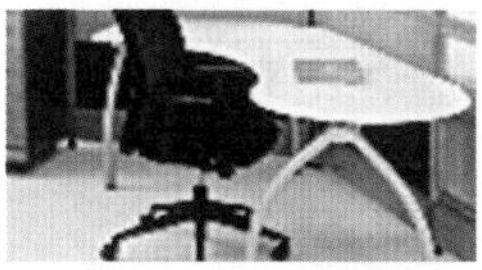	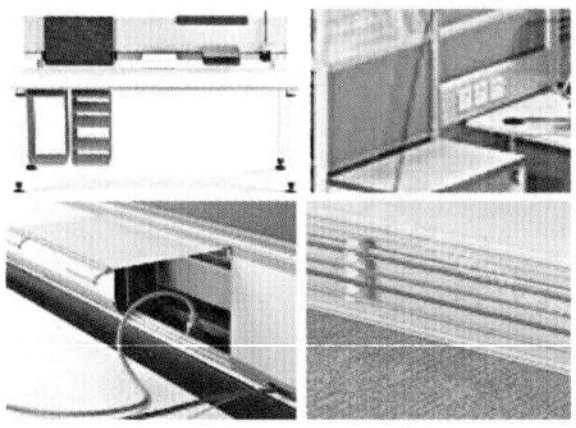	屏风走线
U形 			
折线形	 备注：桌腿功能角度有四种形式：支撑、走线，移动，升降		桌面走线

表5-54　　　　　　　　　　　　　组合桌与工作站的功能与组合

组合形式					多功能
独立	独立+互动	互动	开放弹性办公	小部门办公	
		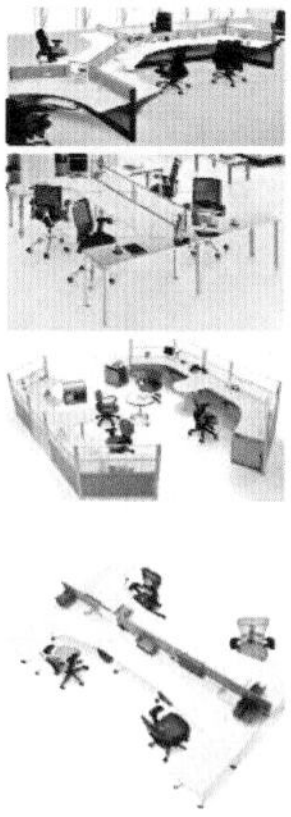	 简单灵活，满足经常外出职员的使用需求 	 小部门：主管+职员工作位	 ①桌腿升降和可移动等；②照明；③角色转换——可以做会议桌也可做工作位

第三节　家具与生活风格的营造

一、生活风格的营造

现在国际上对家具使用环境的情绪是通过生活方式（lifestyle）来营造的，而生活方式是无限的，如意大利著名家具品牌Poliform在当代风格上细化推出了"引入光线走进自然（into the light）""白色纯净（pure white）""红色激情（red passion）""自由多彩（free colors）""湖泊往事（lake stories）""城市心脏（heart of the city）"等生活方式来分别满足户外运动爱好者、高雅的都市丽人、激情少年、自由青年、成熟中年、城市白领人士等各种人群的消费需求。下面展示三种生活方式及相应的家具来诠释该理论。

1. 白色纯净的生活方式

白色纯净面向高雅的都市丽人，图5-64是Poliform产品样本上关于该主题的表达方式。图5-65是白色纯净的情绪模板。图5-66是家具及其场景效果图，图5-67为其产品三视图。

图5-64　Poliform白色纯净的主题表达

图5-65　白色纯净的情绪模板

图5-66　白色纯净的家具及其环境效果图
（ASPS&DEDE）

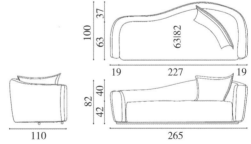

图5-67　沙发产品三视图（ASPS&DEDE）

2. 自由多彩的生活方式

自由多彩与繁花似锦面向朝气蓬勃的自由青年，图5-68是Poliform产品样本上关于自由多彩主题的表达方式，图5-69是繁花似锦的配色方案，图5-70与图5-71是家具及其场景效果图。

图5-68　Poliform自由多彩的主题表达　　　　　　　图5-69　繁花似锦的配色方案

图5-70　Poliform关于自由多彩的家具及其环境　　　图5-71　繁花似锦的生活方式实景图
的实物场景

3. 湖泊往事的生活方式

　　湖泊往事面向成熟的中年，图5-72是Poliform产品样本上关于湖泊往事主题的表达方式，图5-73是该主题的情绪模板，图5-74a和图5-74b是其实物场景。

图5-72　Poliform湖泊往事的主题表达　　　　　　　图5-73　湖泊往事的情绪模板

图5-74a　Poliform关于湖泊往事的家具及其环境　　图5-74b　Poliform关于湖泊往事的家具及其
的客厅场景　　　　　　　　　　　　　　环境实景

需要特别指出的是：无限的生活方式并不是由无限的个性化产品来一一对应的，基础产品往往是标准化的，变化的手段可以通过标准零部件平台来组配，视知觉的效果可以通过CMF的变化来实现。而能否实现傻瓜化输出是最终能否平衡好标准化制造与终端效果的多元化表现这一矛盾之成败的关键。

二、色彩的灵魂与家具用色的抽提

生活风格营造时的CMF（注：这是Colour/Material/Finishing的缩写，即色彩、材料、表面处理），尤其是色彩的选择与配置，并非想当然的随性而为，而是要有灵魂的，灵魂取决于情感主题的确立，源自与主题相关的客观或精神世界。

下面以一个实际的案例来解释这一理论，案例的设计者为意大利米兰理工大学亚历山大（Alessadro Derti）教授和阿贝托（Albeto Sara）领衔的ASPS工作室，品牌商是巴西的Brinna。图5-75选定两个主题，一个是"海滨（Seaside）"，另一个是"乡村（Country）"。图5-76和图5-77分别是从这两个主题中抽提出的三套色板。

图5-75 滨海与乡村两个主题

图5-76 滨海主题的色板抽提

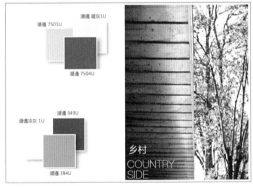

图5-77 乡村主题的色板抽提

其中，大海是蓝色的，然而，在不同的情况下其蓝色的深浅会发生各种变化，纯度和明度也各不相同。如深海的颜色是湛蓝的，比较深；而浅海的颜色相对较浅，甚至有些泛红，所以常有蓝海与红海的说法；激起的浪花则呈现出近乎乳白的颜色。这就可以提炼出一组既有区别又能调和的色板。同理，乡村中树木的颜色有两种，一是木材和树干的棕色，二是树叶的绿色。因此，可以提炼出两套色板。

在家具设计中，除了色彩之外，其形态与装饰图案也可以自然地响应所设定的主题。图5-78的沙发采用的是海浪的图案，或具象或抽

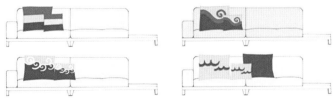

图5-78 海浪响应大海主题的沙发设计

象，图中左上角已经抽象到了平行线，主要意图是为了与其他家具予以形态上的兼容。而由于色彩依然是蓝色的，所以并没有脱离大海原有的主题。同样，图7-79中的树枝和山丘植被形状也是紧扣乡村主题的，并也有兼容性的设计扩展。还需要指出的是，图案只应用在沙发抱枕上的目的在于可以通过置换变化来增加其实际应用场合的适应性。

图5-80和图5-81分别是以"海滨"和"乡村"为生活风格的家具与客厅环境效果图。

图5-82是色彩抽提过程的可视化演绎。

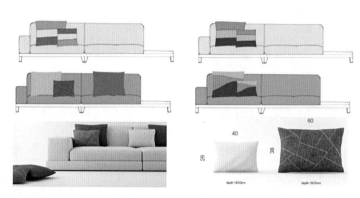

图5-79　树枝与山丘植被的图案响应乡村主题的沙发设计

图5-80　以"海滨"为生活风格的家具与客厅环境

图5-81　以"乡村"为生活风格的家具与客厅环境

色彩抽提过程

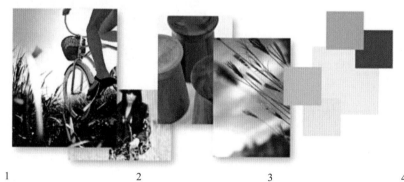

斑马木

象牙色

1
生活风格
生活风格是一套感觉和情绪氛围，呈现出一种理想的生活感觉。
我们可以此为参照，重新构筑一种新的场景。

2
色彩情绪
色彩情绪与生活风格直接相关。
我们也可以用有灵感的图片来描绘出抽象的感觉。

3
色板
色板有一套可能的颜色组成根据色彩情绪重新生成精准感觉。

4
主色和辅色
如果减少色板，我们可以获得终极的色彩选择方案，应用于产品设计上。必须定义主色（包括纹理）用于所用产品，但也要有辅色来点缀，使表面感觉更具变化，更具视觉张力。

图5-82　色彩抽提过程的可视化演绎

三、产品性能的心理感知

前面讲了通过生活风格的营造与CMF的相应变化可以满足各类人员的需求，但产品本身还是基础。很多企业对产品性能的理解往往是表面的、肤浅的、不透彻的和一厢情愿的，而消费者可能比我们自己要敏感、深刻和谨慎得多。因为企业通常只是为了能卖，而且成本越低、生产越方便越好，而消费者则是要拿来用的，只要他们还有选择余地就无法委屈自己。

如果产品自己不会硬朗地"说话"，而指望通过夸大其词和掩耳盗铃的宣传来增加销售是不会成功的，至少是不可持续的。在媒体轰炸和传播同质化的今天，消费者不得不转而回归到对产品的鉴定上来，在某种程度上，"市场营销变成了产品，而产品变成了市场营销"。这就使得产品性能这一不可替代的地位重新得以凸显，产品的"感知品质"至关重要。产品设计的目标是尽可能在市场上存在更长的时间，直至成为经典，否则既对自己做了劳民伤财的事，又对环境资源不负责任。

产品性能才是提供物及其价值的真实身份，不能和"企业形象"这种抽象的概念相混淆。

身份是感知上的各种特性及其总和，是一种通过平台和情景展现的、可被识别与证明的经验。

物品的本身就是身份的一部分，它是从原料到可兼容的产品原型，从生产过程到产品体验价值的一系列语言的积累。身份是独一无二、并且是可以被定义的。它是通过伟大的构想和精湛的技术工艺被设计和制造出来的。

它是一个物品所有标志性语言的集合，是它的所有部分，包含形式和可视化的语言的综合。

它是建立在战略性的洞察力和消费者共鸣基础上的强有力的内容。

因此，如果心智模式不健全是设计不出好作品的，同时，如果没有精湛的工艺也生产不出好产品。

本章小结

本章具体讲述了家具的造型设计。从凳子、椅子、坐具类家具的设计示范、桌台类家具、桌台类家具的设计示范、家具单体的风格营造、风格化家具的设计方法、现代家具形态构筑手法、家具单体的主题概念设计、家具单体的标准化设计等十个方面详细讲解了自由独立单体的家具设计；从定制的边界、柜类家具的传统设计与系统家具的设计等三个角度阐述了定制与系统家具的设计；最后通过具体案例讲述了家具与生活风格的营造。

┌─ **思考与训练题** ─

1. 从最本质最纯粹的功能入手分别进行椅子和桌子的立体构成，并对各关键部位进行形态变化的发展设计。

2. 对家具的各种风格特点进行概括性描述，并尝试提炼出相关的形态要素。

3. 分别应用本章介绍的所有手法进行全方位和各品类家具的概念设计。

4. 设想一种主题概念进行单体家具设计。

5．以一件家具为原型进行标准化设计构筑与发展。

6．什么是系统家具？模仿本章介绍的案例进行多方面的设计训练。

7．理解家具定制的边界，掌握变与不变的关系。

8．设定几种生活风格主题，并以此为依据进行家具与生活风格的营造，画出相应的效果图。

第六章　家具结构设计

家具结构设计是家具设计的重要组成部分，它包括家具零部件的结构以及整体的装配结构。家具结构设计的任务是研究家具材料的选择，零部件自身及其相互间的接合方法和家具局部与整体构造的相互关系。

家具结构正像人体的骨骼系统，用以承受外力和自重并将荷重自上而下传到结构支点而至地面。所以，家具结构是直接为家具功能要求服务的，但它本身在一定的材料和技术条件下，以及在牢固而耐久的要求下也有着自己不同的结构方式。

合理的家具结构可以增加制品的强度，节省原材料，提高工艺性。同时，不同的结构，由于其本身所具有的技术特征，常常可以得到或加强家具造型的艺术性。因此，结构设计除了满足家具的基本功能要求外，还必须寻求一种简洁、牢固而经济的构筑方式并赋予家具不同的艺术表现力。因此，成功的家具设计应是功能、感性与结构的完美统一。

第一节　实木家具的结构设计

一、实木家具的构成

实木家具是由若干木质零件、部件和五金配件所构成的。见图6-1a和图6-1b所示。

零件是家具的最基本组成部分，是经过加工后没有组装成部件或制品的最小单元。如图6-2所示。部件是由若干零件构成的、用于通过安装而直接形成制品的独立装配件，见图6-3所示。如：脚架、台面板、门等。

图6-1a　实木家具整体（白胚）

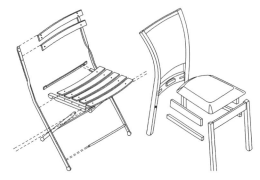

图6-1b　实木家具零件、部件与家具整体的关系

图6-2　实木家具零件

图6-3　实木家具部件

二、实木家具的接合方法

实木家具都是由若干零部件按照一定的接合方式装配而成的，其常用的接合方式有榫接合、胶接合、木螺钉接合、钉接合和连接件接合等。采用的接合方式是否正确对木家具的美观、强度和加工过程都有直接影响。

1. 榫接合

榫接合是指榫头嵌入榫眼或榫槽的接合，接合时通常都要施胶。榫头的基本形状有直角榫、燕尾榫、插入榫与椭圆榫等四种类型（图6-4）。其他形式的榫头都是由此演变而来的。

2. 胶接合

胶接合是指单纯用胶来黏合家具的零部件或整个制品的接合方式。胶接合运用广泛，如短料接长、窄料拼宽、薄板加厚、空芯板的覆面胶合以

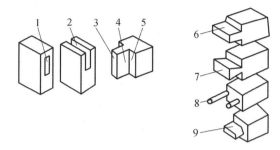

图6-4　榫接合的名称及榫头的形状
1—榫眼　2—榫槽　3—榫端　4—榫颊　5—榫肩
6—直角榫　7—燕尾榫　8—圆榫　9—椭圆榫

及单板多层弯曲胶合等。胶接合还被应用于其他接合方法不能使用的场合，如薄木贴画和板式部件封边等表面装饰工艺。胶接合的优点是可以做到小材大用，劣材优用，节约木材，结构稳定，还可以提高和改善家具的装饰质量。

3. 木螺钉接合

木螺钉通称为木螺丝，是一种金属制的简单的连接构件。这种接合不能多次拆装，否则会影响制品的强度。木螺钉接合比较广泛地应用于家具的桌面板、椅座板、柜面、柜顶板、

脚架、塞角、抽屉滑道等零部件的固定，拆装式家具的背板固定也可用螺钉连接，拉手、门锁、碰珠以及金属连接件的安装也常采用木螺钉接合。

木螺钉的类型有一字头、十字头、内六角等，其端头形式有平头和半圆头等，装配时可用手工或电动工具进行，常见的木螺钉见图6-5所示。

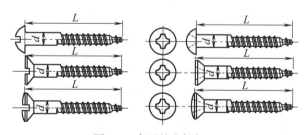

图6-5　常见的木螺钉

木螺钉的握钉力随着螺钉的长度、直径增大而增强，也与接合材料有关，如刨花板的握钉力随着刨花板的容重增大而增强，但板面的握钉力一般为端面的二倍以上。使用刨花板、中密度纤维板制作家具时应采用特殊的深螺纹木螺钉。对于经常拆装的部位最好采用空芯定位螺丝连接。此外，在刨花板上预先钻孔，涂上胶黏剂后拧入螺钉也可以提高其握钉力。

木螺钉接合的优点是操作简单、经济且易获得不同规格的标准螺钉。

4. 连接件接合

连接件是一种特制的并可多次拆装的构件。除金属连接件以外，还有尼龙和塑料等材料制作的连接件。对连接件的要求是：结构牢固可靠，能多次拆装，操作方便，不影响家具的功能与外观，具有一定的连接强度，能满足结构的需要。

连接件接合是拆装式家具的主要接合方法，它广泛用于拆装椅和板式家具上。采用连接

件接合可以简化产品结构和生产过程，有利于产品的标准化和部件的通用化，有利于工业化生产。也给产品包装、运输和贮存带来方便。

三、榫接合的分类与应用

前面已介绍了榫头的基本类型，从接合的方式来看，榫接合还有如下分类。

1. 单榫、双榫与多榫

以榫头的数目来分，有单榫、双榫和多榫等接合方式（见图6-6所示）。一般框架的方材接合多采用单榫和双榫，如桌、椅、沙发框架的零件间接合等。箱框的板材接合则采用多榫接合，如衣箱与抽屉的角接合等。

2. 明榫与暗榫

以榫头的贯通或不贯通来分，榫接合有明榫与暗榫之分，如图6-7所示。暗榫是为了家具表面不外露榫头以增强美观。明榫则因榫头暴露于外表而影响装饰质量，但明榫的强度比暗榫大，所以受力大的结构和非透明装饰的制品，如沙发框架、床架、工作台等明榫接合使用较多。近年来，不少厂家为了证明自己的产品是真实木制作的，就故意暴露榫结构，甚至有厂家刻意用榫结构装饰来制作仿真实木家具。

3. 开口榫、闭口榫和半闭口榫

以榫头侧面能否看到榫头来分，有开口榫、闭口榫与半闭口榫之分，如图6-8所示。直角开口榫的优点是榫槽加工简单，但由于榫端和榫头的侧面显露在外表面，因而影响制品的美观。

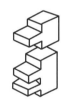   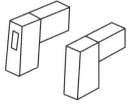 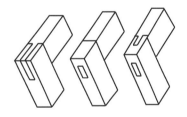

图6-6　单榫、双榫和多榫　　　图6-7　明榫和暗榫　　　图6-8　开口榫、闭口榫与半闭口榫

此外，还有一种介于开口榫和闭口榫之间的半闭口榫接合。这种半闭口榫接合，既可防止榫头的移动，又能增加胶合面积，因而具有两者的综合优点。一般应用于能被制品某一部分所掩盖的接合处以及制品的内部框架，如桌腿与上横档的接合部位，榫头的侧面就能够被桌面所掩盖而无损于外观。

4. 单面切肩榫与多面切肩榫

以榫肩的切割形式分，榫头有单面切肩榫、双面切肩榫、三面切肩与四面切肩榫之分，如图6-9所示。

一般单面切肩榫用于方材厚度尺寸小的场合，三面切肩榫常用于闭口榫接合，而四面切肩榫则用于木框中横档带有槽口的端部榫接合。

5. 整体榫和插入榫

整体榫是榫头连接在方材上开出的，而插入榫与方材不是一个整体，它是单独加工后再装入方材预制孔或槽

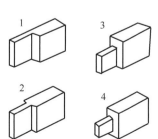

图6-9　单面切肩榫和多面切肩榫
1—单面切肩榫　2—双面切肩榫
3—三面切肩榫　4—四面切肩榫

中，如圆榫或片状榫，主要用于板式家具的定位与接合。为了提高接合强度和防止零件扭动，采用圆榫接合时需有两个以上的榫头。

相对于整体榫而言，插入榫可显著节约木材，因为配料时省去了榫头部分的尺寸，据统计可节约木材5%~6%。此外，还可简化工艺过程，大幅度提高生产率，因繁重的打眼工作可改用多轴钻床一次完成定位和打眼的操作，而圆榫本身可在专用的机器上制造。同时，插入榫接合也为家具部件化涂饰和机械化装配创造了有利的条件。虽然圆榫的接合强度比直角榫低，但多数榫的接合强度远远超过了可能产生的破坏应力，另外还可通过圆榫的数目来提高强度，所以一般情况下用圆榫均能满足使用要求。

为了提高胶合强度，圆榫表面常压成有贮胶的沟纹。根据沟纹形状，圆榫还可分为若干类型，见图6-10a所示。

要提高胶接强度，圆榫表面和榫孔内表面必须紧密接触并使胶液均匀分布。由于圆榫表面压有沟纹，在圆榫插入榫孔时能紧密配合，并且让胶液保持在圆榫的表面上而不被压入底部。当胶液中的水分被圆榫吸收时，压缩沟纹会润胀起来而使圆榫获得紧密配合。螺旋状压缩纹强度大于其他类型的圆榫，原因是螺旋纹好像木螺丝一样，需边拧边回转才能慢慢退出，一般符合技术要求的10mm圆榫配合，其单枚抗拉强度可达13.0MPa。网纹状压缩纹的圆榫受拉时木纹较易断裂，直线压缩纹的圆榫抗拉力略低于螺旋纹圆榫且不易加工，圆柱状圆榫的直径大于榫孔时会使胶液挤到底部和孔外，因而会降低强度，若间隙配合则强度更低，不过可作定位用。后两种由于加工复杂，且纤维被切断而影响强度，所以不常用。圆榫有三个直径，即外径、内径与节径，外径与内径的差为起伏线高度。圆榫有两个作用，一是定位，二是固定接合。当定位使用时以外径为依据；如果作为固定接合，则圆榫与圆孔之间的配合是以节径来计算的，因为外经太松、内经太紧。三个直径及其相互关系如图6-10b所示。

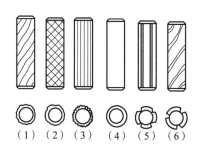

图6-10a　圆榫的形状
（1）螺旋状压缩沟纹的圆榫　（2）网纹状压缩沟纹的圆榫
（3）直线状压缩沟纹的圆榫　（4）圆柱状压缩的圆榫
（5）开沟槽的圆榫　（6）开螺旋沟槽的圆榫

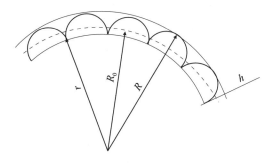

图6-10b　圆榫的三个直径
$R-r=h$；$R-2/3h=R_0=r+1/3h$；R为外径；r为内径；
R_0为节径

四、榫接合的技术要求

要保证家具接合强度，榫头与孔眼必须符合一定的技术要求。

（一）直角榫

1. 榫头的厚度

榫头厚度应根据零件的断面尺寸而定，为保证接合强度应尽量增大榫头尺寸，单榫的厚度接近于方材厚度或宽度的0.4~0.5，双榫的总厚度也接近于此数值。为了使榫头易于插入榫眼，常将榫端倒棱，两边或四边削成30°的斜棱。当零件断面超过40mm×40mm时，应采用双榫接合。

试验证明榫头厚度与榫眼宽度相等或比之小0.1~0.2mm时抗拉强度最大，若榫头厚度大于榫眼宽度，则强度反而下降。原因是榫头与榫眼接合时常要涂胶，当榫头厚度大于或等于榫眼宽度时胶液会被挤出，接合处不可能形成胶缝，将会导致强度下降。同时，当榫头厚度大于榫眼宽度时，也容易使接合零件劈裂，破坏榫接合。

2. 榫头的宽度

榫头的宽度一般比榫眼长度大0.5~1.0mm，其中硬材为0.5mm，软材以1mm为宜，此时榫眼不会胀裂，且接合强度最大。当榫头宽度在25mm以上时，榫头宽度的增大对抗拉强度的提高并不明显，所以当榫头宽度超过60mm时，应从中间锯切一部分，即分成两个榫头，此举可以提高榫接合强度。

3. 榫头的长度

榫头的长度是根据榫接合的形式决定的。当采用明榫接合时，榫头的长度应等于接合零件的宽度或厚度；如为暗榫时，不能小于榫眼零件宽度或厚度的一半。一般榫头长度控制在15~30mm时能获得较为理想的接合强度。

当采用暗榫时，榫眼的深度应比榫头长度大2mm，这样可避免由于榫头端部加工不精确或木材膨胀使榫头撑住榫眼的底部，形成榫肩与方材间的缝隙。

（二）圆榫

制造圆榫的材质应密度大、无节、无缺陷、纹理直、具有中等硬度和韧性的木材，适用树种有柞木、水曲柳、色木、桦木等。

圆榫的含水率应比家具用材低2%~3%，因为圆榫吸收胶液中水分后将会膨胀而提高含水率。圆榫应保持干燥状态，用塑料袋密封保存。

圆榫的直径为板材厚度的2/5~1/2，圆榫长度为直径的3~4倍较合适。

圆榫接合的涂胶方式影响其接合强度，其中圆榫涂胶强度较好，因圆榫沟纹能充满胶液而可使其榫头充分膨胀；圆孔涂胶强度要差一些，但易实现机械化施胶；榫头和榫孔两方面施胶时接合强度最佳。

圆榫与圆孔的配合应采用过盈公差，按节径计，过盈量为0.1~0.2mm时强度最高。但用于刨花板部件的连接时，若端面榫头过大会引起刨花板内部结构的破坏。两个相连接的零件孔深之和应大于圆榫长度1~2mm左右。

第二节　零部件的结构

一、胶合零件

用小块板材或单板胶合起来的零件称为胶合零件。如抽屉面板、旁板、床梃，柜类与桌类的望板，常用几块小板拼接使用。用多层单板胶合弯曲木或胶合集成材锯制的零件均属胶合零件。胶合零件具有变形小、节约木材的特点，所以在家具生产中得到了广泛的应用。

二、方材接长

实木材料可以接长，以便实现短料接长使用，节约木材。接长主要靠胶接合，由于端面不易刨光，涂胶后胶液会沿着木材的纤维方向渗入木材的管孔中而造成接触面缺胶，所以在长度上用对接方法很难使两个端面牢固地接合起来。为了增大胶合面积，提高胶合强度，所以在方材的胶合处常被加工成斜面或齿形榫形状。如图6-11所示。

要获得理想的胶合强度，斜面搭接的长度应等于方材厚度的10～15倍，而齿形榫接合时，齿距应为6～10mm。

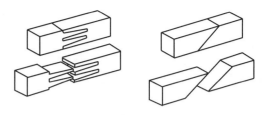

图6-11　方材接长

三、木框结构

木框是框式家具的典型部件之一。最简单的木框是用纵、横各两根方材的榫接合而成。纵向方材称为"立边"，木框两端的横向方材称"帽头"。加在框架中间再加方材，横向的称为"横档"（横撑），纵向的称"立档"（立撑）。有的木框内装有嵌板，称为木框嵌板结构，而有的木框中间无嵌板，是中空的。木框各部分的名称如图6-12所示。

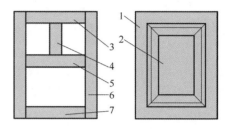

图6-12　木框结构
1—木框　2—嵌板　3—上帽头　4—立档　5—中横档
6—立边　7—下帽头

（一）木框角接合

根据方材断面尺寸和零件在制品中的位置，考虑胶合强度和美观要求，木框角接合可以采用各种不同的接合形式。

1. 直角接合

多采用整体平榫，也有用插入圆榫接合的，如图6-13所示。

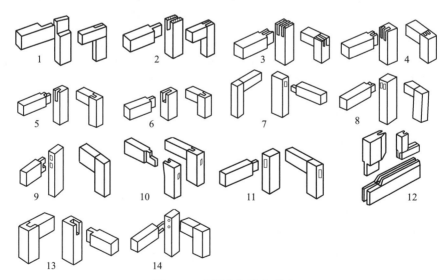

图6-13　木框直角接合形式
1—单面切肩榫　2—开口贯通单榫　3—开口贯通双榫　4—开口不贯通双榫　5—半开口不贯通单榫
6—开口不贯通单榫　7—闭口不贯通单榫　8—闭口不贯通双榫　9—闭口不贯通纵向双榫　10—半开口贯通单榫
11—开口不贯通单榫　12—带斜棱的开口贯通单榫　13—开口不贯通燕尾榫　14—圆榫

2. 斜角接合

这是将两根接合的方材端部榫肩切成45°的斜面或单肩切成45°的斜面后再进行接合的。它可以避免直角接合的缺点，使不易装饰的方材端部不致外露，其结合方法如图6-14所示。与直角接合相比较，斜角接合的强度较小，加工较复杂，但能提高装饰质量。

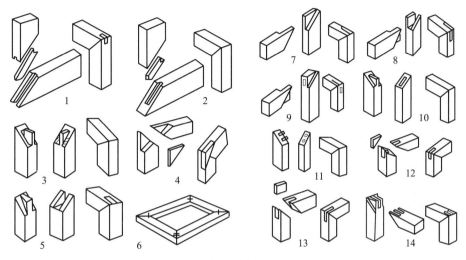

图6-14　木框斜角接合形式

1—斜角插入不贯通榫　2—斜角插入贯通榫　3—双肩斜角交叉胶榫　4—三角贴合榫　5—斜角燕尾贯通与不贯通榫
6—元宝榫或波纹金属片　7—单肩斜角榫　8—斜角开口贯通单榫　9—斜角闭口贯通单榫　10—双肩斜角暗榫
11—斜角插入圆榫　12—斜角插入三角榫　13—斜角插入方榫　14—斜角开口贯通双榫

（二）木框中档接合

它包括各类框架的横档、立档、椅子和桌子的牵脚档等。其常用的接合方法如图6-15所示。

（三）木框镶板结构

在安装木框的同时或在安装木框之后，将人造板或拼扳嵌入木框中间，起封闭与隔离作用的这种结构称为木框嵌板结构。

嵌板的装配方式有裁口法和槽榫法两类，如图6-16所示。

采用裁口法，嵌板装入后需用带型面的木条借助螺钉、圆钉固定之。这种结构装配简单、易于更换嵌板。如

图6-15　木框中档接合

1—张紧的直角贯通单榫　2—直角不贯通单榫　3—不贯通燕尾榫　4—斜口燕尾榫
5—贯通燕尾榫　6—贯通双燕尾榫　7—单肩榫　8—插入圆榫　9—直角双榫
10—直角纵向双榫　11—直角槽榫　12—格角榫　13—带企口的直角贯通榫
14—带槽口的直角贯通榫　15—带线型的直角贯通榫　16—分段对接平榫
17—横向垂直扣榫　18—纵向垂直扣榫　19—带斜口的直角单榫
20—带插肩的直角榫　21—开口燕尾榫　22—贯通嵌入燕尾榫

果是槽榫法，更换嵌板时，则需先将木框拆散再重新安装。

无论采用哪一种安装方法，在装入嵌板时，榫槽内部不应施胶。同时需预先留有拼板自由收缩和膨胀的空隙（见图6-17所示），以便当拼板收缩时不致破坏脱落，拼板膨胀时不致破坏木框结构。木框内的嵌板，不但可以是嵌装拼板和人造板，而且可以嵌装玻璃及镜子，如书柜的玻璃门、衣柜的镜子门等（见图6-18所示）。

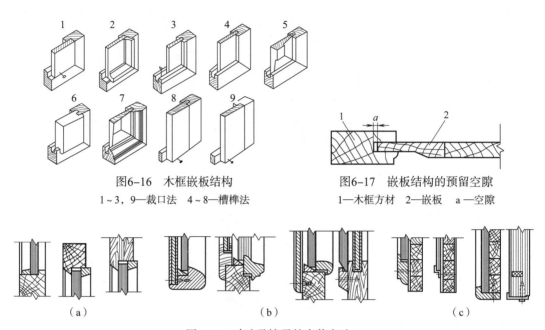

图6-16　木框嵌板结构
1~3，9—裁口法　4~8—槽榫法

图6-17　嵌板结构的预留空隙
1—木框方材　2—嵌板　a—空隙

图6-18　玻璃及镜子的安装方法
（a）玻璃装在木框的铲口内　（b）镜子装在木框内　（c）镜子或玻璃装在板件上

四、拼板结构

用窄的实木板胶拼成所需要宽度的板材称为拼板，传统框式家具的桌面板、台面板、柜面板、椅座板、嵌板等都是采用实木板胶拼的。为了尽量减少拼板的收缩和翘曲，单块木板的宽度应有所限制。采用拼板结构，除限制单块板的宽度以外，同一拼板中零件的树种和含水率应当一致，以保证形状稳定。

1. 拼板的接合方法

拼板的接合方法有平拼、搭口拼、企口拼、齿形拼、插入榫拼等，见图6-19所示。

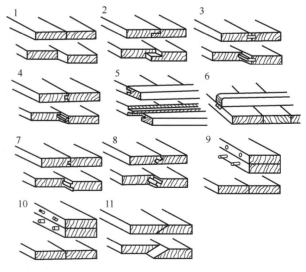

图6-19　拼板的接合方法

1—平拼　2—裁口拼　3—穿条拼　4—凹凸拼　5—镶端拼　6—穿带拼
7—燕尾榫拼　8—斜榫拼　9—插入榫拼　10—暗螺钉拼　11—斜口拼

２．拼板的镶端结构

采用拼板结构，当木材含水率发生变化时，拼板的变形是不可避免的。为了避免端表面暴露于外部，防止或减少拼板发生翘曲的现象常采用镶端法加以控制，如图6-20所示。

五、箱框结构

箱框是由四块以上的板材构成的框体。其常用的接合方法有直角多榫、燕尾多榫、直角槽榫、插入榫、钉接合和金属连接件等接合形式，如图6-21所示。

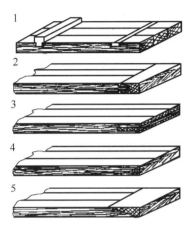

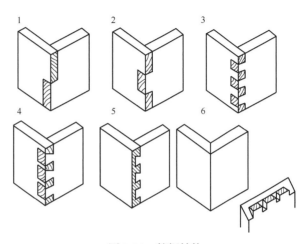

图6-20　拼板的镶端法

1—装榫法（串带法）　2—嵌端法
3—装板条法　4，5—贴三角形木条法

图6-21　箱框结构

1～3—直角箱榫　4，5—燕尾槽榫　6—暗槽榫

六、脚架结构

脚架是由脚和望板构成的框架，用于支撑家具主体的部件。

一般传统的实木框架式家具是采用固定接合的，为了实现部件化生产常将制品分成若干部件，脚架为其中之一，如图6-22所示。

脚架常用的结构形式有亮脚结构和包脚结构两大类，前者有可见的脚，给人以轻松活泼之感，后者是由板材构成的箱框结构形式，具有外形清晰、安定稳重的特点。

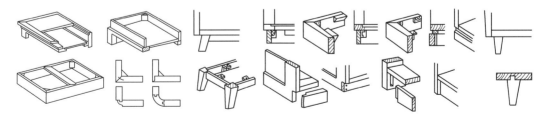

图6-22　各种形式的脚架结构

第三节　框式家具

家具的主要部件由框架或木框嵌板结构所构成的家具称为框式家具。框式家具以实木为基材，主要部件为框架或木框嵌板结构，嵌板主要起分隔作用而不承重。传统家具绝大部分

属于框式家具，其特点是加工复杂，费工费料，不便于机械化组装和涂饰。因此，框类家具已逐渐被板式家具所取代，而坐卧类家具仍以框式结构为主，凭倚类家具结构形式相对灵活。

一、凭倚类家具结构

凭倚类家具主要包括餐桌、办公桌、写字台、课桌、茶几等。从材料上看有木制、金属制、塑料制、竹藤制和不同材料的组合制成。

凭倚类家具主要由面板、支架、附加柜体和零件等构成，这些部件由于材料和造型不同而有不同的结构形式。

（一）面板

面板在凭倚类家具中占有重要的位置，是一个主要的部件。它不但要求表面平整，而且要具有良好的工艺性，在结构上要求在受力情况下不产生变形。选用的材料经涂饰和表面处理后，有一定的耐水、耐热和耐腐蚀等性能，以适应不同场合的使用要求。

面板通常多采用木材，如实木拼板、细木工板、空心覆面板、刨花板、多层胶合板等，还有传统的榫槽嵌板和适于小型桌（台）的活动芯面板。面板结构如图6-23所示。也有金属、塑料、玻璃、大理石、陶瓷、织物等制成的台面。

面板的边缘经常受到触摸和碰撞，所以要求有牢固的封边，它比柜类家具的封边要求更高。

在具有扩展功能的桌（台）类家具中，面板的主要结构特点是附有辅助面板，可以通过折动或连动装置，改变面板的形状，如由方形变矩形，由方形变圆形，由圆形变椭圆形等，以适应改变使用要求的需要。如图6-24所示。

（二）支架

桌、台等凭倚类家具的支架构成形式分为框架和板架两种。框架式支架的结构与柜类家具的脚架基本相似，但桌腿比柜脚长得多，所以腿与腿之间除望板连接外，常用横档支撑。

1. 框架式支架

框架式支架由桌腿、望板与竖档、横档连接而成，如果受力较大，还必须采用相应的加固措施，常见的结构形式如图6-25a、图6-25b所示。

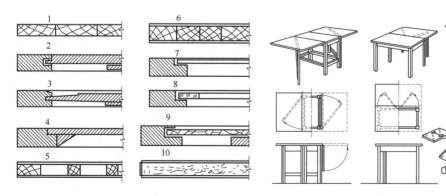

图6-23　面板结构　　　　　　　　　图6-24　面板可伸缩的餐桌

1—实木拼板面　2，3—实木嵌板面　4—实木镶板面

5—细木工板面　6—玻璃芯面　7—织物芯面

8—大理石芯面　9—空芯板面　10—人造板面

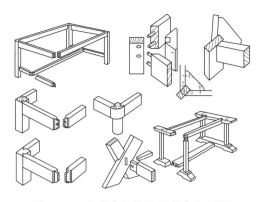

图6-25a　方桌支架的构造形式（四腿）

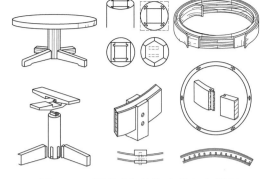

图6-25b　圆桌支架的构造形式（独腿）

2. 板式支架

板式支架是由各种人造板件或胶合成型板所构成的。板式支架与桌面板的接合可采用附加的构件进行间接连接或采用金属连接件直接连接，如图6-26所示。

除以上两种形式外，还有金属支架和塑料支架等多种形式。金属支架更为简洁，有独腿支架、双腿、三腿或多腿等结构形式。

图6-26　板式支架

（三）附加柜体

附加柜体是指写字台、绘图桌和实验台等柜体部分。这类桌（台）的结构较复杂，柜体结构同柜类家具一样，有框式结构和板式结构两种，有带脚架的，也有不带脚架的。柜体与面板的连接可以是整体式的，也可以是拆装式的。

（四）桌面与支架的连接

桌面板显露在视平线以下，要求板面平整、美观，所有榫头、圆钉或螺钉不允许显露于外表，其常见的接合形式如图6-27所示。

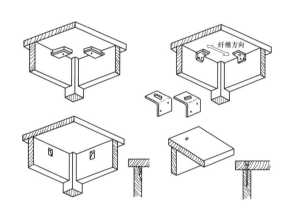

图6-27　桌面与支架的连接

二、椅类家具的结构

椅子一般由支架、座面、靠背板、扶手等零部件所构成。

椅子支架的结构是否合理，直接影响椅子的使用功能与接合强度。如人坐在椅子上常会前后摆动或摇晃，这就要求椅子要有足够的稳定性和刚性。

支架是由前、后腿通过望板和横档的连接所构成。其接合方式随着椅子的类型和材料不同而有不同的结构。例如实木靠背椅的支架，前、后椅腿与望板、横档的连接常采用不贯通的直角榫接合。为了增加强度，常在椅腿与望板间用木塞角加固。

支架与座板、靠背的连接方式有：固定式结构、嵌入式结构和拆装式结构等三种。

（一）固定式结构

椅靠背用木方条或板条直接与两后腿用榫接合连接。座板与支架采用螺钉吊面法固定，同桌面与望板的接合方法一样，见图6-28所示。该结构多采用榫接合，不可再次拆装，椅腿与望板间用塞角加固。

图6-28　用榫接合作固定结构的小凳

（二）嵌入式结构

将椅子分成几部分，单独组装后再组成制品，如坐垫与靠背分别制成木框后包软面再嵌入椅支架的座框内，该结构加工较为方便，如图6-29所示。

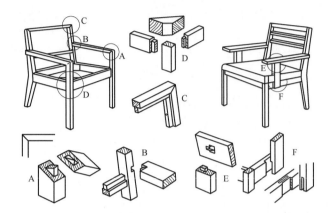

图6-29　框架为固定结构、坐面后嵌入支架的扶手椅

（三）拆装式结构

支架与坐垫、靠背等零部件采用金属连接件接合，可以先涂饰后组装，也可以组装后再涂饰，见图6-30所示。

三、床类家具的结构

床的种类有单人床、双人床、单层床与双层床之分。从结构看，有框式和板式结构之分，此外还有拉伸式、折叠式和组合式等多种形式。

床由床头（屏）、床挺与铺板所构成。

床头可以制成床屏，也可以制成柜体，床板下面还可设置抽屉或箱体等，以便存放物件。床的结构见图6-31所示。

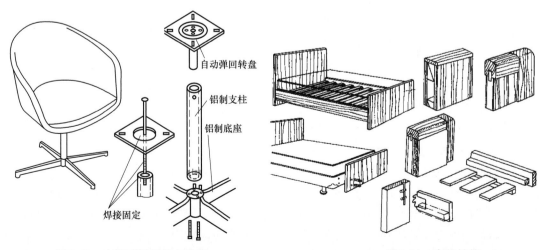

图6-30　支架可拆卸的办公椅　　　　　　　图6-31　床的结构

第四节 板式家具的结构设计

人造板作为一种标准工业板材给家具这一传统行业带来了革命性的变化，因为这种材料克服了天然木材的某些缺点而为家具的工业化生产打开了方便之门。

结构设计离不开材料的性能，对材料性能的理解是家具结构设计所必备的基础。

传统木家具的构成形式为框架结构、榫卯接合。采用框架结构的合理性在于框架可以由线形构件构成，之所以用线形构件是由于木材所固有的湿胀干缩性能使板状实木构件难以驾驭；而之所以采用榫卯接合是由于木材类似于钢筋混凝土结构的力学性能给人们提供了采用这种接合的条件。

装饰性与牢固性是家具结构的基本要求。横纹尺寸大的板状实木构件难以达到这种要求。因为随着含水率的变化，木材的尺寸将增大或缩小，对于某一给定的树种，横纹尺寸越大，则此种变化越大，影响视觉效果。当尺寸变化的绝对值大到一定的程度时，家具结构就会遭到破坏，从而使家具的强度面临灾难性的后果。

木材干燥被用来缓解木材的胀缩。古代制作家具要将木材存放相当长的时间，以便让木材在自然状态下干燥到平衡含水率；人工干燥方法的出现与干燥理论的不断完善缩短了干燥时间。但无论是自然干燥还是人工干燥均不能从根本上解决木材的尺寸稳定问题，因为吸湿与解吸是木材这种毛细管多孔材料的自然特性，而平衡含水率是随气候、地点与空间位置而动态变化的。今天的木材研究者们已经测得了世界范围内多种商品材的干缩系数，例如含水率每变化一个百分点，水曲柳的径向干缩系数平均约将变化0.2%，这就意味着在使用中含率变化十个百分点的一块600mm宽的水曲柳家具板材的尺寸将变化12mm，没有哪件家具挡得住它的破坏，除非给它留有足够的自由变化空间，但没有线型构件的辅助，这种空间是无法制造的。

树木在生长过程中形成了以纤维素作为骨架物质，半纤维素、木素作为填充与黏结物的结构，这种结构赋予木材较高的抗弯强度，为家具中的榫卯结构创造了条件。人造板，尤其是板式家具中使用的刨花板和纤维板，由于在制造过程中上述天然木材的自然结构已被破坏，许多力学性能指标大为降低，因而榫卯结构对人造板来说无法使用；与此同时，同样由于结构变化的原因，人造板在幅面方向的尺寸稳定性大为提高，从而为板式家具开辟了良好的途径。因此，板式家具应运而生，并在主要承受静载荷的柜类家具上获得了蓬勃的发展。

一、板式家具的材料与结构特点

1. 板式家具的用材

板式家具主要以人造板为基材，制造板式部件的材料可分为实心板和空心板两大类。实心板包括覆面刨花板、中密度纤维板、细木工板和多层胶合板等；空芯板是用胶合板、平板作覆面板，中间填充一些轻质芯料，经胶压制成的一种人造板材，某些场合甚至用刨花板或中密度纤维板作覆面材料与空芯框胶合起来使用。由于芯板结构不同，空芯板的种类很多，有木条空芯板、方格空芯板、纸质蜂窝板、网格空芯板、发泡塑料空芯板、玉米芯或葵花秆作芯料的空芯板等。

2. 板式家具的结构特点

板式家具的结构应包括板式部件本身的结构和板式部件之间的连接结构，其主要特点如下。

① 节约木材，有利于保护生态环境。

② 结构稳定，不易变形。

③ 自动化高效生产可以做到高产量，从而增加利润。

④ 加工精度由高性能的机械来保证，从而可生产出满足消费者要求的高品质产品。

⑤ 家具制造无须依靠传统的熟练木工。

⑥ 预先进行的生产设计可减少材料和劳动力消耗。

⑦ 便于质量监控。

⑧ 使用定厚工业板材，可减少厚度上的尺寸误差。

⑨ 便于搬运。

⑩ 便于自装配（RTA）工作的实现。

二、"32mm系统"设计

失去了榫卯结构支撑的板式构件的连接需要寻求新的接合方法，这就是采用插入榫与现代家具五金的连接。插入榫与家具五金均需在板式构件上制造接口，最容易制造的接口是槽口，但更具加工效率的是圆孔。槽口可用普通锯片开出，圆孔可通过打眼实现，一件家具需要制造大量接口，所以采用圆孔更为多见，加工圆孔时排钻起着重要作用。要获得良好的连接，对材料、连接件及接口加工工具等都需要综合考虑，"32mm系统"就此在实践中诞生，并已成为世界板式家具的通用体系，现代板式家具结构设计被要求按"32mm系统"规范执行。

1. 什么是"32mm系统"

"32mm系统"是以32mm为模数的，制有标准"接口"的家具结构与制造体系。这个制造体系以标准化零部件为基本单元，可以组装成采用圆榫胶接的固定式家具，或采用各类现代五金件连接的拆装式家具。

"32mm系统"要求零部件上的孔间距为32mm的整倍数，即应使其"接口"都处在32mm方格网的交点上，至少应保证平面直角坐标中有一维方向满足此要求，以保证实现模数化并可用排钻一次打出，这样可提高效率并确保打眼精度。由于造型设计的需要或零部件交叉关系的限制，有时在某一方向上难以使孔间距实现32mm整数倍时，允许从实际出发进行非标设计，因为多排钻的某一排钻头间距是固定在32mm上的，而排际之间的距离是可无级调整的。

对于这种部件加接口的家具结构形式，国际上出现了一些相关的专用名词，表明了相关的概念，如KD（Knock Down）家具，来源于欧美超市货架上可拼装的散件物品；RTA（Ready to Assemble）家具，即准备好去组装，也可称作备组装或待装家具；DIY（Do it Yourself），即由你自己来做，称作自装配家具。这些名词术语反映了现代板式家具的一个共同特征，那就是基于"32mm系统"的、以零部件为产品的可拆装家具。

2. 为什么要以32mm为模数

① 能一次钻出多个安装孔的加工工具，是靠齿轮啮合传动的排钻设备，齿轮间合理的轴间距不应小于30mm，如果小于这个距离，那么齿轮装置的寿命将受到明显的影响。

② 欧洲人长期习惯使用英制为尺寸量度，对英制的尺度非常熟悉。若选1in（＝25.4mm）作为轴间距则显然与齿间距要求产生矛盾，而下一个习惯使用的英制尺度是$1\frac{1}{4}$in（25.4mm+6.35mm＝31.75mm），取整数即为32mm。

③ 与30mm相比较，32mm是一个可作完全整数倍分的数值，即它可以不断被2整除（32为2的5次方）。这样的数值，具有很强的灵活性和适应性。

④ 值得强调的是，以32mm作为孔间距模数并不表示家具外形尺寸是32mm的倍数。因此与我国建筑行业推行的30cm模数并不矛盾。

3. "32mm系统"的标准与规范

"32mm系统"以旁板为核心。旁板是家具中最主要的骨架部件，板式家具尤其是柜类家具中几乎所有的零部件都要与旁板发生关系，如顶（面）板要连接左右旁板，底板安装在旁板上，搁板要搁在旁板上，背板插或钉在旁板后侧。门铰的一边要与旁板相连，抽屉的导轨要装在旁板上等。因此，"32mm系统"中最重要的钻孔设计与加工也都集中在旁板上，旁板上的加工位置确定以后，其他部件的相对位置也就基本确定了。

旁板前后两侧各设有一根钻孔轴线，轴线按32mm的间隙等分，每个等分点都可以用来预钻安装孔。预钻孔可分为结构孔与系统孔，结构孔主要用于连接水平结构板；系统孔用于铰链底座、抽屉滑道、搁板等的安装。由于安装孔一次钻出供多种用途用，所以必须首先对它们进行标准化、系统化与通用化处理。

国际上对"32mm系统"有如下基本规范：

① 所有旁板上的预钻孔（包括结构孔与系统孔）都应处在间距为32mm的方格坐标网点上。一般情况下结构孔设在水平坐标上，系统孔设在垂直坐标上。

② 通用系统孔的轴线分别设在旁板的前后两侧，一般资料介绍以前侧轴线（最前边系统孔中心线）为基准轴线，但实际情况是由于背板的装配关系，将后侧的轴线作为基准更合理，而前侧所用的杯型门铰是三维可调的。若采用盖门，则前侧轴线到旁板前边的距离应为37mm（或28mm），若采用嵌门，则应为37mm或28mm加上门厚。前后侧轴线之间及其他辅助线之间均应保持32mm整数倍的距离。

③ 通用系统孔的标准孔径一般规定为5mm，孔深规定为13mm。

④ 当系统孔用作结构孔时，其孔径按结构配件的要求而定，一般常用的孔径为5mm、8mm、10mm、15mm、25mm等。

有了以上这些规定，就使得设备、刀具、五金件及家具的生产、供应商都有了一个共同遵照的接口标准，对孔的加工与家具的装配而言，也就变得十分简便、灵活了，如图6-32所示。

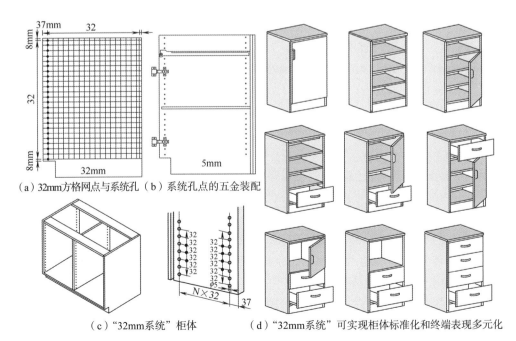

（a）32mm方格网点与系统孔 （b）系统孔点的五金装配

（c）"32mm系统"柜体　（d）"32mm系统"可实现柜体标准化和终端表现多元化

图6-32　"32mm系统"规范

三、"32mm系统"家具设计示例

在讨论了"32mm系统"家具的概念、理论与规范后，我们将在下面以一橱柜实例来对这一系统家具的设计步骤与结构细节的处理进行示范，以便提供一条可操作的设计途径。在这一示例中，我们将同时考虑标准化问题，旨在以最少的零件数量来满足各种功能需求，从而在设计阶段就为生产系统的高质高效操作奠定基础。

必须强调的是，对"32mm系统"来讲，生产前应对每个零件作准确、细致的设计。

1. 产品外形

拟作结构设计示范的产品外形见图6-33所示。高、宽、深三维功能尺寸约为760mm（H）× 800mm（W）× 400mm（D），精确尺寸可按"32mm系统"要求进行微调。图6-33还显示了标准柜体可以根据需要，在不拆开柜体的情况下任意装卸门、抽屉或作开架使用。

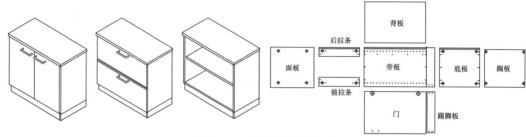

图6-33　橱柜外形与展开

2. 结构分解

标准柜可以分成柜体、底架（脚架）及后加面板三大部分，柜体由左右旁板、顶底板及背板等五个部件构成；底架可分成前后望板、左右侧望板和两根拉档等六个零件；面板为一整板。这里将面板与脚架分离出柜体，其目的在于当使用中需多个柜子并排放置时，可以换上宽度为柜宽整数倍的面板与脚架，以取得整体效果，增加客户在视觉上的选择余地。门、搁板、抽屉可作为供选用的标准构件。

设所用材料均为已饰面人造板，面板厚25mm，旁板、顶底板厚度均为18mm，脚架高80mm。

3. 柜体设计

根据32mm系统家具以旁板为核心的准则，首先需要确定旁板尺寸，并以此来修整柜子的功能尺寸。

旁板高度（长度）＝柜高−脚架高−面板厚度＝760−80−25＝655（mm）

若所用偏心连接件要求旁板上第一个系统孔及最后一个孔离上、下边缘的距离均为7mm，而第一个孔与最后一个孔间距应为32mm的整数倍，则旁板长度应满足下式：

$$32n+7 \times 2=655（mm）$$

此时，应将655mm修整为654mm，才能得到整数n（$n=20$），这样可将柜高修整为759mm，或柜高不变，而脚架高改为81mm。

同时，盖门结构要求前后系统孔离边缘距离为37mm，按柜深400mm功能要求，可将旁板宽度尺寸修整为：

$$32 \times 10+37 \times 2=394（mm）$$

　　旁板零件图见图6-34，这一设计可使左右旁板互相通用，即图中左旁板倒过来就可成为右旁板，无需作任何变化。搁板、门、抽屉滑道均可装于系统孔及水平预钻孔中，无需另外再钻孔。

　　以旁板为依据，并考虑柜宽应为800mm，则底板的设计如图6-35所示。顶板可与底板通用。背板用三夹板制作，规格为774mm×632mm×3mm，嵌槽安装（图6-36）。这样，柜体简化为三种标准部件，即旁板（2块）、顶底板（2块）、背板（1块）。从省料考虑，顶板也可用前后拉条（档）来代替（图6-37），拉档边缘（尺寸37mm）的一边与旁板外边齐平。32mm的边缘距离可在打眼时两块同时加工，提高生产效率。

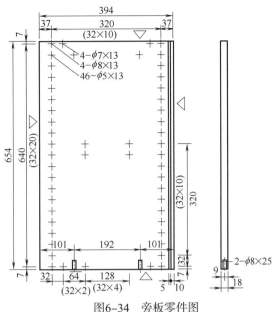

图6-34　旁板零件图

　　零件图中显示的接合方式是圆榫定位，$\phi 15 \times 12$偏心连接件接合，可拆装。△表示该切割边缘需封边处理，一般原则是凡装配后暴露在外的边缘均需封边。配料时裁板尺寸应扣除封边条厚度，如用0.5mm封边条，则两对面均封边的654mm×394mm×18mm的旁板，其裁板尺寸为653mm×393mm×18mm。

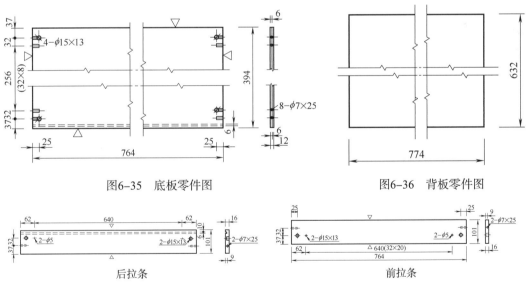

图6-35　底板零件图　　　　　　　图6-36　背板零件图

图6-37　前后拉条（档）零件图

4. 脚架设计

　　脚架（图6-38）装有调高脚，可对柜体进行水平调校，并可以对柜高进行微调。侧望板上的垂直孔可以在安放柜体时用圆榫或金属销进行定位。脚架长度可按800mm的倍数设计成系列，供家具排放时选用，即单柜用800mm的底架，双柜用1600mm的底架，三柜用2400mm的底架。一般常见的柜子还可不设脚架，而是将旁板直接落地，只配前望板即可。

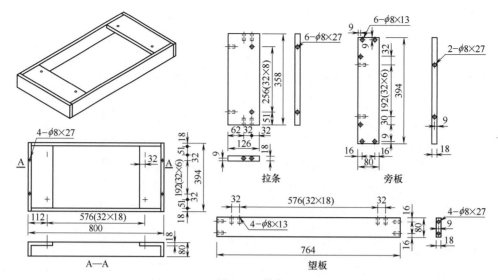

图6-38　脚架

这种做法可省去几根条状构件，但缺点是左右旁板不能通用，而且当多个柜子平行放置时缺乏整体感。

5. 面板

面板（图6-39）上的4个Φ5×13小孔可用螺钉同柜体连接，钻有预钻孔的设计可以使安装快捷，减少对熟练木工的依赖，并能保证安装精度。面板也可按

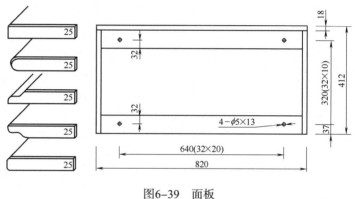

图6-39　面板

800mm，1600mm，2400mm设计成系列，线形、颜色均可任意挑选。

6. 搁板

搁板（图6-40）可在旁板系统孔中装上搁板销后搁置到柜中，并可上下调节。搁板长度比顶底板小1mm，为的是取搁轻便，但若小得过多时，则容易产生晃动。

7. 门

门（图6-41）出于拉手及可能存在的装饰纹理方向的关系，左右不能通用，但其前期制作则可以通用。

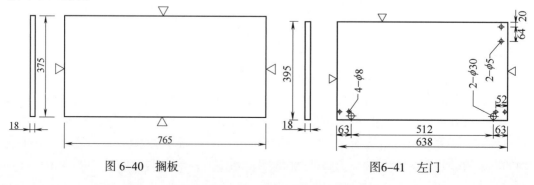

图 6-40　搁板　　　　　　　　　图6-41　左门

8. 抽屉

抽屉（图6-42）采用托底式滑道，抽框与抽面的尺寸设计能使抽屉装入柜体时保证精密配合，无须另调。抽屉内框也可改用钢抽，抽面不变。

在上述标准化橱柜基础上，还可进行高度系列设计，此时水平构件依然通用。若再适当增加高

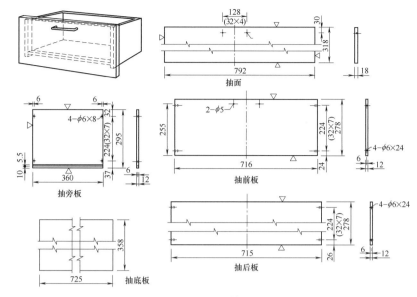

图6-42 抽屉

度方向的构件系列，则可以形成功能强大的橱柜系统，不但可以将设计人员从繁重的重复设计中解放出来，同时也可以在满足客户千变万化要求的同时始终有节奏地均衡生产，为解决小批量、多品种的市场需求与现代工业化生产高质高效之间的矛盾提供设计与技术支持，这就是32mm系统的精髓与魅力所在。若对门、抽面等迎面构件进行造型变化，则还可生产出各种风格的橱柜，而内部结构依然可以不变，充分体现出该系统的灵活性。

第五节 家具五金的应用

家具五金配件在世界各国的应用已有着千百年的历史，然而近30年来随着拆装式家具的问世及稍后自装配家具的兴起，办公室自动化，厨房家具的变革等外部条件再一次促进和推动了国际家具五金工业向高层次发展，使家具五金产品在广度和深度上发生了质的飞跃，并因此而迎来了家具五金配件的国际化时代。

随着现代家具五金工业体系的形成，国际标准化组织于1987年颁布了ISO8554，8555家具五金分类标准，将家具五金分为九类：锁、连接件、铰链、滑道、位置保持装置、高度调整装置、支承件、拉手、脚轮。

一、锁

锁主要用于门和抽屉，如图6-43所示。锁的接口是门与抽屉面上打上圆形通孔，办公家具中的一组抽屉常用连锁，锁头安装与普通锁无异，只是有一通长的锁杆嵌在旁板所开的专用槽口内，与每个抽屉配上相应的挂钩装置。

二、结构连接件

固定式装配结构一般用带胶的圆榫连接，拆装式结构中最常用的是各种连接件。连接件是各类五金中应用最广的一种，如图6-44、图6-45、图6-46和图6-47所示。

1. 材料及表面处理

连接件常用材料有钢、锌合金及工程塑料等，表面处理为镀锌、抛光、镀镍、镀铜与仿古铜等。

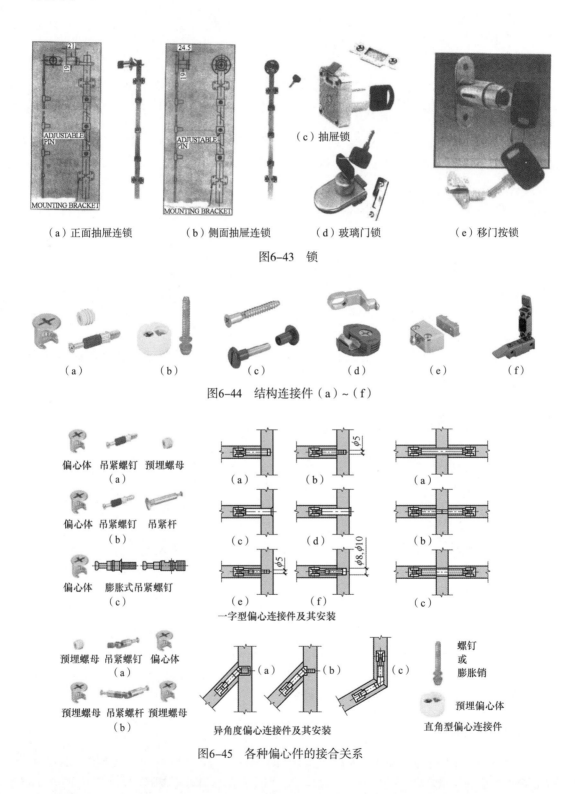

（a）正面抽屉连锁　　　　（b）侧面抽屉连锁　　　　（c）抽屉锁　　　　（d）玻璃门锁　　　　（e）移门按锁

图6-43　锁

（a）　　　（b）　　　（c）　　　（d）　　　（e）　　　（f）

图6-44　结构连接件（a）~（f）

一字型偏心连接件及其安装

异角度偏心连接件及其安装

直角型偏心连接件

图6-45　各种偏心件的接合关系

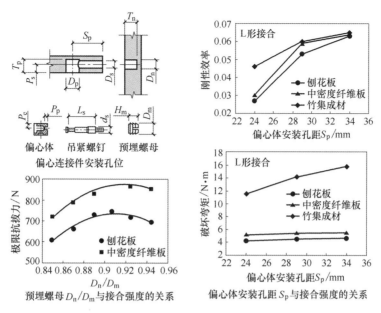

图6-46　偏心连接件的安装孔位

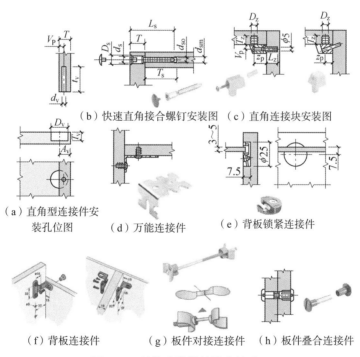

图6-47　其他连接件的接合关系

2. 品种分类

可分为"一次性固定"（如钉与普通木螺钉等）及"可拆装"两大类。可拆装连接件按家具用基材可分为：①实木家具拆装连接件；②板式家具拆装连接件；③金属家具拆装连接件；④其他家具拆装连接件。

按木家具的类别还可分为：①柜类家具拆装连接件；②桌类家具拆装连接件；③椅类家具拆装连接件；④床类家具拆装连接件；⑤附墙家具拆装连接件。

3. 结构特点

"钻孔安装"是现代大工业生产中采用的主要方式，因而使一大部分拆装连接件具有圆柱形外形的结构特点，但一些处在隐蔽部位的拆装连接件则不受此限制。拆装连接件一般由1~3个部件配成一副，其中比例最大的是由2个部件配成一副的拆装连接件，称作"子母件"，子件多为螺钉或螺杆，但带有与母件相配合的各种结构形式的螺杆头。母件多为圆柱体并带有可与子件杆头相配合的"腹腔"，子母件多处在被连接部件的一方。子件首先在甲部件上固紧，然后穿过乙部件进入母体的"腹腔"再将母体或母体腹腔内的部件转动一个角度，两者的配合使进入扣紧状态，从而实现了部件之间的连接。母体腹腔内最初采用的是具有偏心凸轮形状的（蜗线状的）腔道结构设计，故亦称作"偏心连接件"，这类产品现仍在大量使用，但新的结构已在不断开发。如扣紧改母体转动一个角度为螺纹锁紧的四合一连接件，这种连接件体积虽小，扣紧力及自锁力却明显提高，不易松脱。另外还有母件对子件采用自上而下插接的方式并依靠斜面机构获得扣紧的产品。

4. 连接方式

子件：可以通过螺钉（自身结构或另配）与部件连接，也可以借助于预埋螺母来连接。前者常以ϕ6Euro螺钉与ϕ5预钻孔直接配合，后者常用ϕ10预埋螺母。

母件：根据其功能、结构、形状不同而异，可以是自身在部件预钻孔内活嵌、孔嵌或另通过螺钉与部件相连接。

5. 技术规范与标准

拆装连接件品种结构繁多，新品还在不断地开发，但绝大多数以钻孔安装为主，并且其安装孔径已被规范在如下系列中：

目前，国内企业用得最多的是偏心连接件，常用连接母件的直径有10mm、15mm、25mm等，柜体结构中原来常用ϕ25，现在多数改为ϕ15，后者的视觉效果要好些，而连接强度与母件直径几乎无关，ϕ10的连接母件常被用于拆装式抽屉上。拉杆长度规格较多，可任选，常用的尺寸是使母件孔心离边缘尺寸为24.5mm或33.5mm（现在通常取整数为25mm或34mm）。为了有利于抽屉的标准化、通用化设计，一般认为后者更合适。为了增强对安装工具的适应性，连接母件上与工具的接口最好选择"三用型"。即可用"一字""十字"与"内六角"三种工具中的任一种来进行操作。

三、铰链

铰链是重要的功能五金之一，铰链品种有门头铰、合页铰、杯状暗铰链与玻璃门铰等，如图6-48所示。其中技术难度最大者首推暗铰链。

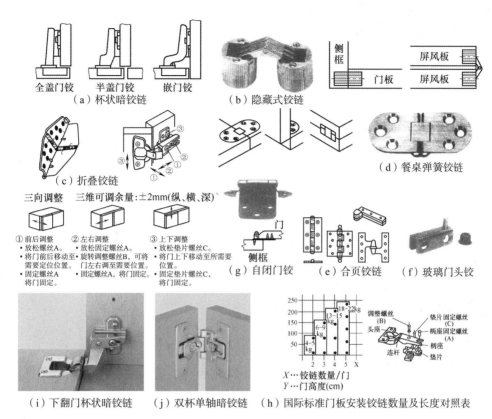

（a）杯状暗铰链　　全盖门铰　半盖门铰　嵌门铰

（b）隐藏式铰链　侧框　门板　屏风板　屏风板

（c）折叠铰链

（d）餐桌弹簧铰链

三向调整　三维可调余量：±2mm(纵、横、深)

① 前后调整
• 放松螺丝A。
• 将门前后移动。旋转调整螺丝B,可将门需要定位置。
• 固定螺丝A将门固定。

② 左右调整
• 放松固定螺丝A。
• 旋转调整螺丝B,可将门左右调至需要位置。
• 固定螺丝A,将门固定。

③ 上下调整
• 放松垫片螺丝C。
• 将门上下移动到所需要位置。
• 固定垫片螺丝C,将门固定。

（g）自闭门铰　门　侧框

（e）合页铰链

（f）玻璃门头铰

（i）下翻门杯状暗铰链　　（j）双杯单轴暗铰链

（h）国际标准门板安装铰链数量及长度对照表

X···铰链数量/门
Y···门高度(cm)

调整螺丝(B)　垫片固定螺丝(C)　柄座固定螺丝(A)　柄座　头座　连杆　垫片

图6-48　铰链

1. 材料及表面处理

铰杯：锌合金压铸，镀镍；钢板冲压，镀镍；不锈钢冲压；尼龙。

铰臂：与铰杯相仿。

底座：锌合金压铸，镀银；尼龙。

2. 品种分类

主要根据用途分类。品种以常规的直臂、小曲臂、大曲臂，$\phi35$及$\phi26$杯径产品为主。开启角一般在90°至180°范围内。欧洲与日本的企业还向用户提供一些特型的暗铰链，以适应门与旁板非90°并闭形式（如角框）的设计要求。为适应某些特重门的需要，铰杯直径还有加大到$\phi40$的。

3. 结构特点

铰接形式一般为单四连杆机械，现已能使开启角达到130°，当要求更大开启角时，采用双四连杆机构。为实现门的自弹和自闭，现一般均附带弹簧机构，簧的结构形式包括圈簧（采用矩形截面的钢丝）、片簧、弓簧（外装）、反舌簧（内装）等。有些要求高的场合还需弹性机构在开启角达到45°以上时能在空间定位，以免松手时使门猛烈弹向关闭而发出惊人的响声并损伤柜体。

4. 连接方式

① 铰杯与门：除预钻盲孔（$\phi35$或$\phi26$）嵌装铰杯外，主要通过铰杯两侧耳片上的安装孔（两孔）与门连接。当门的长度达到要求安装3个或3个以上铰链时中间的暗铰也可用不带耳片的塑料铰杯，以降低成本。紧固件为螺钉或带倒齿的尼龙塞。对拉刨花板或中密度纤维

板的门现均采用φ3.5的刨花板专用螺钉或φ6的欧式（Euro0）螺钉（预钻φ5系统孔）。

② 铰臂与底座：有匙孔式（Key—hole）、滑配式（Slide—on）和按扣式（Clip—on）等三种连接方式。

③ 底座与旁板：同铰杯与门的连接方式相仿，但标准的方式是采用φ6欧式螺钉装于φ5系统孔中。

5. 技术规范与标准

五金制造厂现在向用户提供的技术规范指导已包括：a. 给出参量定义；b. 给出参量关系值表；c. 给出相应的坐标曲线；d. 除给出门打开后其内面超出旁板内面的距离外，还给出铰臂最高点超过旁板内面的距离。

一般已不要求用户按公式计算，而是以直观的图表来给出反映参量变化趋势的曲线和明确无误的数据选择，从而使用户感到更方便可靠。安装孔距标准则以32mm系统为主要依据。

杯型铰分为全盖门、半盖门及嵌门三种形式，视设计需要而定。铰杯耳孔之间的距离有42mm、48mm、52mm等，有专门的铰链孔钻孔机可将杯形孔与两耳孔一次打出，但在购置此设备时，应先确定选用何种铰链以配合钻轴间距。

四、滑动装置

滑动装置也是一种重要的功能五金，最典型的滑动装置是抽屉导轨，此外还有移门滑道、电视、餐台面用的圆盘转动装置以及卷帘门用的环形底路等，特殊场合还用到铰链与滑道的联合装置，如电视柜内藏门机构，如图6-49所示。

1. 材料及表面处理

钢板成型，环氧树脂涂覆，镀锌；ABS工程塑料。

2. 品种分类

有各种不同长度、承载量、抽伸量的规格品种，分经济型、普通型和专用型等。其中专用型产品如：a. 用于打字机或电唱机的抽盒（或抽板）；b. 用于带电视机转盘的滑道组件；

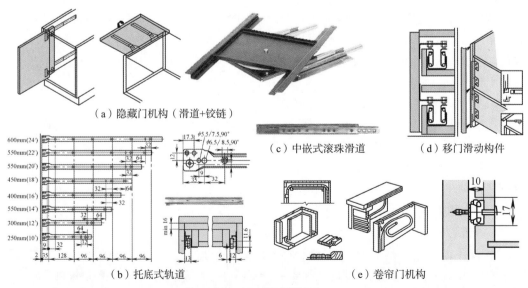

图6-49　滑动装置

c. 可将柜门藏入柜旁两侧的铰链——滑道组件；d. 用于墙挂式抽柜的；e. 用于塑料抽盒的；f. 用于抽板的；g. 用于带抽面、抽板的；h. 藏书用滑道系统；i. 厨房用滑道系统；j. 办公柜滑道系统。

3. 结构特点

主要由尼龙滑轮及滑轨构成。结构形式因满抽或半抽以及不同安装位置而异。传统的安装位置在抽屉旁两侧中间（中嵌式），现在已开发出多种安装结构的产品。如：a. 托底安装式；b. 在底部两侧安装式；c. 在底部中间安装式（简易、单轨）；d. 可在传统的木条或抽屉下面的隔板（搁板）上滑行。

4. 连接方式

一般滑道为两片分体式，与旁板相接的部分有三种类型的孔眼，分别为用于配合自攻螺钉、欧式螺钉的孔及便于调节上下位置的"l"字形孔。对现场安装的用户，可配套专用工夹模具，以实现快速准确的钻孔和安装。

5. 技术规范与标准

一般均采用公制，也有采用英制的产品。大多数两侧安装的产品已将抽屉旁与柜旁之间的留空距离规范为12.5mm（1/2in）。为适应中心线上第一安装孔距前端28mm或37mm的32mm系列尺寸规范，都采用并列双孔的设计，使第一孔适合28mm靠边距的系统孔安装用，间距9mm处的第二孔适合37mm靠边距的系统孔安装用，且该孔离导轨端部为35mm，与旁板上的37mm有着2mm的安全距离而不至于使导轨头冒出旁板边缘。

五、位置保持装置

位置保持装置主要用于活动构件的定位，如门用磁碰、翻门用牵筋等，如图6-50所示。

六、高度调整装置

主要用于家具的高度与水平调校，如调高脚等，见图6-51所示。

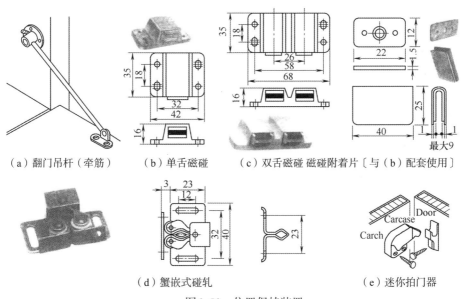

（a）翻门吊杆（牵筋）　（b）单舌磁碰　（c）双舌磁碰 磁碰附着片〔与（b）配套使用〕

（d）蟹嵌式碰轧　（e）迷你拍门器

图6-50　位置保持装置

图6-51 高度调整装置

七、支承件

主要用于支承柜体或家具构件，如各种搁板销等，见图6-52。

八、拉手、挖手

拉手与挖手也具有功能性，但由于其一般都安装在外表面，在造型设计中起着重要的点缀作用，所以常归入装饰五金大类中，如图6-53所示。

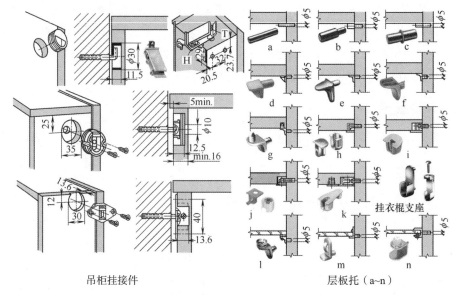

吊柜挂接件　　　　　层板托（a~n）

图6-52 支承件

1. 材料及表面处理

基材主要有钢、铜、不锈钢、精炼锌合金、电解铝、铸铁、尼龙、塑料、树脂浇铸、大理石、花岗岩、瓷器、实木、木塑复合材（WPC）等。

表面处理主要有静电喷塑、浸塑、树脂粉末喷涂、镀镍、镀铬、保护涂层、镀金、镀钛、镀银、仿古铜、仿金、金银色系真空镀膜等。

图6-53 拉手、挖手

2. 用色

欧洲厂商习惯使用黄、米色、红、深红、勃艮第（Burgundy）、红、白、黑、深蓝、深绿、深橄榄色、烟色、木本色等。

3. 品种分类

一般按材料分类，有的再以造型特点和用途作细分，重视工业设计，紧跟设计潮流。

4. 结构特点

有整体式和组合式两种。后者在塑料、尼龙类拉手中多见。

5. 连接方式

主要采用机螺钉或自攻螺钉连接。金属类拉手以M4机螺钉连接为主，尼龙类拉手配Φ4自攻螺钉，塑料类拉手配Φ3.5自攻螺钉或嵌铜螺母配M4机螺钉。实木类拉手以嵌铜螺母配M4机螺钉为主。现已重视采用专用螺钉以提高安装速度和连接强度。

6. 技术规范与标准

孔距标准都符合32mm系统，包括整模数或半模数。

九、脚轮、脚座

脚轮与脚座通常用于柜与桌的底部，前者用于移动式家具，后者用于位置相对固定的场合，见图6-54所示。

上述五金中，除脚轮、脚座及非圆形挖手等部分"终端连接"配件外，在各类"构成连接"配件中，都有符合"32mm系统"安装要求的产品可供选用。

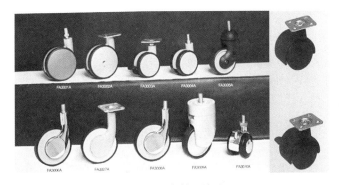

图6-54　脚轮、脚座

在32mm系统中，配件与板的结合接口有三个要素，即孔、塞孔螺母（或嵌装件）及紧固螺钉。常用的螺钉有自攻螺钉，另一种来自于欧洲的螺钉已开始在国内生产与使用，那就是前面提到的欧式螺钉，为平头，可拧于$\phi5$的系统孔中，使用这种螺钉的优越性是安装便捷，定位准确。许多企业花在装门与抽屉上的时间过多，而且还需熟练木工才可，精度又不能充分保证，更难实现自装配化，其根本原因是紧固螺钉没有预先定位。其中有设计因素，如设计师没能给出完整的零部件图；也有加工的因素，即无预钻孔，只得靠安装工人自己调配，补充打眼。其实这个问题不难解决，即使用自攻螺钉也应钻上预钻孔，如$\phi3\times3$，这样位置就确定了，自攻螺丝可拧在此孔中，位置不会轻易偏转，还可在$\phi5$孔中埋上尼龙膨胀管，螺丝拧在膨胀管内。用模板安装也是有效方法之一，但模板本身精度必须有足够的保证，同时操作必须规范。

关于各种五金接口的具体式样与尺寸可参阅有关手册及五金商所提供的产品样本及说明，事实上每个五金供应商都会给出详尽的尺寸参数和相关安装示意图。

十、家具五金的发展趋势

1. 总的趋势

①以工业设计理论为指导：在此方向上强调功能、造型、工艺技术、内在品质和工效的完美统一。产品不仅给人以视觉上的美感，同时也能通过触觉强烈地感受到产品的精致、灵巧，充分体现出产品的加工美，甚至可当作艺术品加以陈设。

② 功能与使用：功能完备、使用方便。

③ 强调个性：强调造型设计的风格和个性特点，充分反映时代特征和现代人多层次的精神内涵。

④ 应用高新技术：将高新工艺技术注入到产品中去，以追求创新和高品质，生产中采用零疵点（Zero Defect）的生产控制程序。

⑤ 提高工效：将提高工效的设计推向"热点"，把时间设计到产品中去。提倡只要一次动作，就能到位。

⑥ 标准化：开发出标准化、系列化、通用化五金件。

2. 典型家具五金的发展方向

① 拉手：造型及用色强调个性化设计。表面处理趋向高贵，如镀金、镀钛来强调质感及在金属拉手的捏手部位包覆氯丁橡胶，同时致力于高技术产品的开发。

② 暗铰链：在增大开启角的难题得到解决后开始致力于铰臂与底座之间实现快速拆装的设计研究，如按扣式铰链等。

③ 滑道：向安装简便、美观耐用、使用舒适、功能延伸等方向进行。

④ 拆装连接件：减少母件直径，对传统偏心结构加以变革，使其自锁性能更理想、更不易松动。

⑤ 其他：向广度与深度发展，填补结构设计上的空白。

第六节 软体家具的结构

凡坐、卧类家具与人体接触的部位由软体材料（软质材料）所构成的家具称作软体家具。

一、支架结构

软体家具的支架有木制、钢制和塑料制以及钢木结合等，也有不用支架的全软体家具。木支架主要采用明榫接合、螺钉接合、圆钉接合、连接件接合等，如图6-55所示。一般都属于框架结构，最好用坚固的木材制作框架，除扶手和脚型等露在外面的构件之外，其他构件的加工精度要求不高。

二、软体结构

由于用材不同，软体的结构和制作方法也不同。

1. 薄型软体结构

这种结构也叫半软体，如用藤面、绳面、布面、皮革面、塑料编织面、棕绷面及人造革面等材料制作的家具，也有用薄层海绵的。

这些半软体材料有的直接编织在座框上，有的缝挂在座框上，有的单独编织在木框上再嵌入座框内。如图6-56所示。

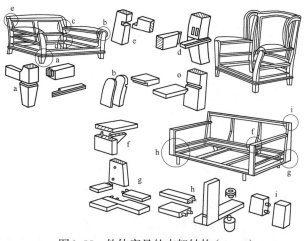

图6-55 软体家具的支架结构（A～I）

2. 厚型软体结构

通常称为软垫，由底胎（或绷带）、泡沫塑料（或乳胶）与面料构成，另有弹簧结构的厚型坐面，如图6-57所示。弹簧有盘形弹簧、拉簧、蛇形弹簧等。

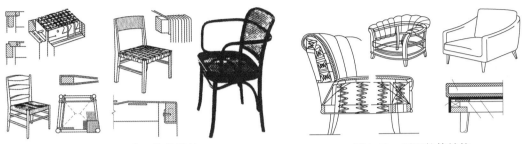

图6-56　薄型软体结构　　　　　　　　　图6-57　厚型软体结构

三、充气家具

充气家具有独特的结构形式，其主要构件是由各种气囊组成的。其主要特点可自行充气组装成各种充气家具，携带或存放都很方便，多用于旅游家具，如各种海滩躺椅、水上用椅、各种轻便沙发椅和旅行用桌等，如图6-58所示。

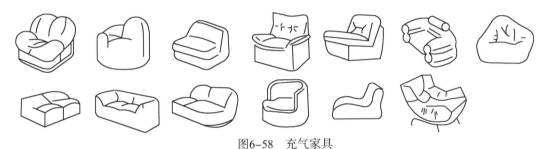

图6-58　充气家具

第七节　金属家具的结构

一、零件接合

在金属家具中，将两个以上零件连接在一起的方法有：焊接、铆接、螺栓与螺钉连接、咬缝连接等四种方法。

二、装配结构

部件装配结构可采用螺纹连接、插接及用型材连接件连接等，如图6-59所示。金属构件与木材等其他材料的连接一般用螺栓或螺钉来实现。

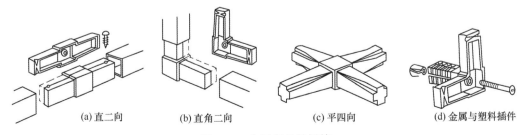

(a) 直二向　　　　(b) 直角二向　　　　(c) 平四向　　　　(d) 金属与塑料插件

图6-59　金属家具的插接

三、折叠结构

能折动或叠放的家具，称之为折叠式家具。常用于桌、椅类，主要特点是使用后或存放时可以折叠起来，便于携带、存放与运输，所以折叠式家具适用于经常需要交换使用场地的公共场所，如餐厅、会场等。

1. 折动式家具

折动式家具主要采用实木与金属制作，尤以后者为多。折动式家具的设计，既要有结构的灵活折动功能，又要保证家具的主要尺度，如椅子座高、椅夹角等。

折动结构都有两条或多条折动连接线，在每条折动线上可设置不同距离、不同数量的折动点，但必须使各个折动点之间的距离总和与这条线的长度相等，这样才能折得动，合得拢（图6-60）。

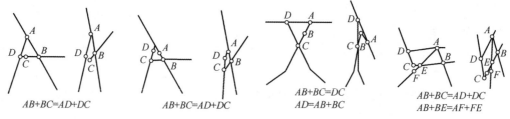

$$AB+BC=AD+DC \qquad AB+BC=AD+DC \qquad \begin{array}{l}AB+BC=DC\\AD=AB+BC\end{array} \qquad \begin{array}{l}AB+BC=AD+DC\\AB+BE=AF+FE\end{array}$$

图6-60 折动点示意

2. 叠积式家具

数件相同形式的家具，通过叠积，不仅节省了占地面积，还方便了搬运。越合理的叠积（层叠）式家具，叠积的件数则越多。

叠积式家具有柜类、桌台类、床类和椅类，但常见的是椅类。叠积结构并不特殊，主要在脚架及脚架与背板空间中的位置上来考虑"叠"的方式（见图6-61）。

图6-61 叠积式家具

第八节 塑料制件结构的设计

一、壁厚

壁厚，就是塑料制品的厚度，塑料注射成型工艺对制件壁厚尺寸有一定的限制，而塑料制作根据使用要求又必须具有足够的强度，因此，合理地选择制件的壁厚是很重要的（表6-1）。

表6-1　　　　　　　常用塑料制件的壁厚范图

塑料名称	制件壁厚范围/mm	塑料名称	制件壁厚范围/mm
聚乙烯	0.9～4.0	有机玻璃	1.5～5.0
聚丙烯	0.6～3.5	聚氯乙烯（硬）	1.5～5.0
聚酰胺（尼龙）	0.6～3.0	聚碳酸酯	1.5～5.0
聚苯乙烯	1.0～4.0	ABS	1.5～4.5

根据使用条件，各种塑料制件都应有一定的厚度，以保证其机械强度。壁厚太厚，则浪费原料，增加塑制品成本，同时在注射过程中，在模内延长冷却或固化时间，容易产生凹陷、缩孔、夹心等质量上的缺陷；塑料制件壁厚太薄，熔融塑料在模腔内的流动阻力就越大，造成制件成型困难，塑料制件壁厚应尽量均匀，壁与壁连接处的厚度不应相差太大，并且应尽量用圆弧连接，否则，在连接处会由于冷却收缩的不均，产生内应力而使塑制件开裂。

二、斜度

所有塑料制品都是经模塑成型的，由于塑料冷却时的收缩，有时塑料制件紧扣在凸模或型芯上，不易取下。为便于脱模，设计时塑制品与脱模方向平行的表面应具合理的斜度（表6-2）。

表6-2　　　　　　　　　　　塑料制品脱模斜度的参考值（ a ）

塑料名称	型腔	成型空芯	塑料名称	型腔	成型空芯
聚酰胺（尼龙）			有机玻璃	35'～1°30'	30'～1°
通用	20'～40'	25'～40'	聚苯乙烯	35'～1°30'	30'～1°
增强	20'～50'	20'～40'	聚碳酸酯	35'～1°	30'～50'
聚乙烯	20'～45'	25'～45'	ABS	40'～1°20'	35'～1°

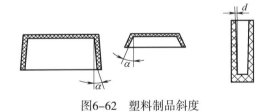

图6-62　塑料制品斜度

塑制件的斜度取决于塑件的形状、壁厚和塑料的收缩率。斜度过小则脱模困难．会造成塑件表面损伤或破裂；但斜度过大又影响塑件的尺寸精度，达不到设计要求。在许可范围内，斜度应设计得稍大些，一般取30'~1°30'。成型芯越长或型腔越深，斜度应取偏小值，反之可选偏大值，图6-62为斜度的 a 值。

三、加强筋

有些塑料制品较大，由于壁厚的限制而达不到强度要求，所以必须在制品的反面设置加强筋。加强筋的作用是在不增加塑件厚度的基础上增强其机械强度，并防止塑件翘曲。加强筋的形状和尺寸，如图6-63所示，其高度 h 通常为制件壁厚S的三倍左右，并有2°～5°的脱模斜度。加强筋和塑件壁的连接处及端部都应以圆弧相连，防止应力集中影响塑件质量。加强筋的厚度 δ 应为塑壁厚的1/2。原则上，加强筋的厚度 δ 不应大于塑件壁厚S，否则，表面会产生凹陷，影响美观。

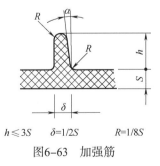

$h \leqslant 3S$　　$\delta=1/2S$　　$R=1/8S$

图6-63　加强筋

四、支承面

当塑料制件需要由基面作支承面时，如果采用整个基面［图6-64（a）］作支承面，一般来说不是最理想的。因为在实际生产中制造一个相当平整的表面不是很容易的事。此时若设计用凸边［图6-64（b）］的形式来代替整体支承表面，那就比较理想了。

五、圆角

塑制件的内、外表面及转角处都应以圆弧过渡，避免锐角和直角。如转角处设计成锐角或直角，就会由于塑件内应力的集中而使其开裂。塑件内、外表面转角处设计成圆角，不仅有利于物料充模，而且也有利于熔融塑料在模内的流动和塑料件的脱模，并增加强度。图6-65（a）为不正确的设计，图6-65（b）为正确设计。

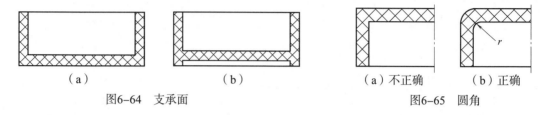

（a）　　　　　　　（b）　　　　　　　（a）不正确　　（b）正确

图6-64　支承面　　　　　　　　　　图6-65　圆角

六、孔

塑制件上各种形状的孔（如通孔、盲孔、螺纹孔等），应尽可能开设在不减弱塑料件机械强度的部位。相邻两孔之间和孔与边缘之间的距离通常不应小于孔的直径，并应尽可能使壁厚厚一些。

七、螺纹

设计塑制件上的内、外螺纹时，必须注意不影响塑件的脱模和降低塑件的使用寿命。制作螺纹成型孔的直径一般不得小于2mm，螺距也不宜太小，见图6-66。

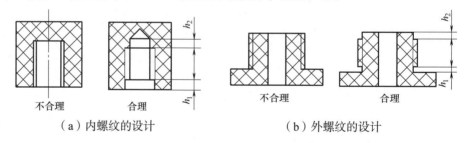

不合理　　　　合理　　　　　　不合理　　　　合理

（a）内螺纹的设计　　　　　　　（b）外螺纹的设计

图6-66　螺纹

八、嵌件

有时因连接上的需要，在塑制件上必须镶嵌连接件（如螺母等）。为了使嵌件在塑料内牢固而不致脱落，嵌件的表面必须加工成沟槽、滚花或制成特殊形状（图6-67）。

金属嵌件周围的塑料壁厚取决于塑料的种类、收缩率、塑料与嵌件金属的膨胀系数之差，

图6-67　嵌件

以及板件形状等因素，但金属嵌件周围的塑料件壁越厚，则塑件破裂的可能性就越小，壁厚要求见表6-3所示。

表6-3	金属嵌件周围塑料的最小壁厚					
塑料名称	钢制嵌件直径D/mm		塑料名称	钢制嵌件直径D/mm	
	1.5～13	16～25		1.5～13	16～25
尼龙66	0.5D	0.3D	聚苯乙烯	1.5D	1.3D
聚乙烯	0.4D	0.25D	聚碳酸酯	1D	0.8D
聚丙烯	0.5D	0.25D	聚甲基丙烯酸酯	0.75D	0.6D
聚氯乙烯	0.75D	0.5D	ABS	0.8D	0.6D

第九节　竹家具结构

一、竹家具的骨架

骨架结构包括弯曲、成形与相加并联以及端头连接等，见图6-68所示。

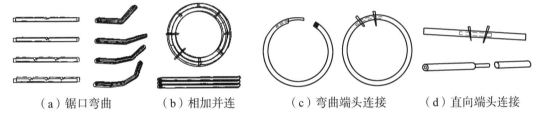

（a）锯口弯曲　　　（b）相加并连　　　（c）弯曲端头连接　　　（d）直向端头连接

图6-68　竹家具的针架

二、竹条板面

用多根竹条并联起来组成一定宽度的面称为竹条板面。竹条板面的宽度（竹条本身）一般在7～20mm，过宽显得粗糙，过窄不够结实。

竹条端头的榫有两种，一种是插固榫头，另一种是尖角头。

1. 孔固板面

竹条端头是杆榫头或尖角头，固面竹竿内侧相应地钻间距相等的孔，将竹条端头插入孔内即组成了孔固板面，见图6-69所示。

2. 槽固板面

竹条密排，端头不作特殊处理、固面竹竿内侧开有一道条形榫槽。一般只用于低档的或小面积的板面，见图6-70。

3. 压头板面

固面竹竿是上下相并的两根，因没有开孔槽，安装板面的架子十分牢固，加上

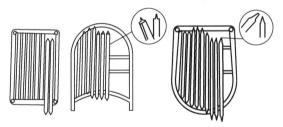

（a）竹条插头榫固板面　　（b）竹条尖角头榫固板面

图6-69　孔固板面

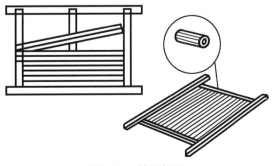

图6-70　槽固板面

一根固面竹竿内侧有细长的弯竹衬作压条，因此外观十分整齐、干净。见图6-71所示。

4. 钻孔穿线板面

这是穿线（竹条中段固定）与杆榫（竹条端头固定）相结合的处理方法，见图6-72所示。

5. 裂缝穿线板面

从锯口翘成的裂缝中穿过的线必须扁薄，故常用软韧的竹篾片。竹条端头必须固定在固面竹竿上。竹条必须疏排，便于串篾与缠固竹衬，使裂缝闭合，见图6-73所示。

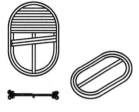

图6-71　压头板面

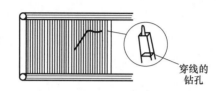

图6-72　钻头穿线板面

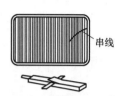

图6-73　裂缝穿线板面

6. 压藤板面

取藤条置于板面上，与下面的竹衬相结合，再用藤皮或蜡篾穿过竹条的间隙，将藤条与竹衬缠扎在一起，使竹条固定. 见图6-74所示。

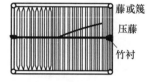

图6-74　压藤板面

三、榫和竹钉

竹家具各组成部分的接合靠"榫"，骨架竹竿上的榫叫包榫，竹衬上的榫叫插榫，使榫与竹竿接合的是竹钉（竹销）。

① 包榫：见图6-75所示。

② 插榫。

③ 竹钉：即竹制的钉状物。

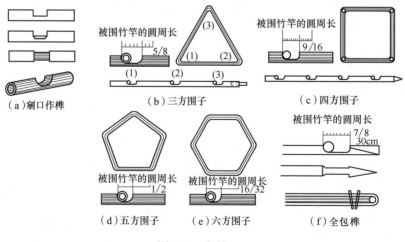

（a）剜口作榫　（b）三方围子　（c）四方围子　（d）五方围子　（e）六方围子　（f）全包榫

图6-75　包榫

第十节　藤家具的结构

一、骨架

藤家具多数用竹竿做骨架，也有用藤条做骨架的，因骨架的各连接处都是用藤皮包扎加固的，故在制作骨架时只需用圆钉固定即可。构件呈丁字形连接时，横杆近端头处要预先打一小孔，以供固定藤皮之用，当构件作十字连接时，在两条藤杆的接合处各锯一缺口，使缺口吻合，加钉（见图6-76）。

图6-76　骨架

二、藤皮的扎绕

藤皮的扎绕如图6-77所示。

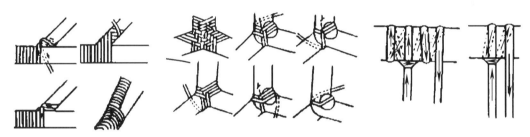

图6-77　藤皮的扎绕

三、藤皮的编织

竹藤的编织如图6-78所示。

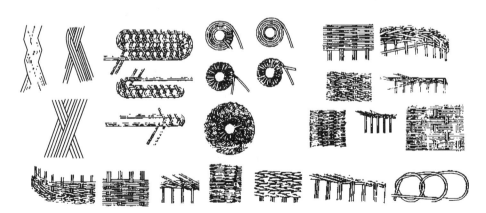

图6-78　竹藤的编织

本章小结

本章讲述的是家具结构设计。分别介绍了实木家具的结构设计，零部件的结构，框式家具与"32mm系统"板式家具的结构设计；介绍了家具五金的应用；同时还讲述了软体家具设计、金属家具、塑料制件结构以及竹藤家具的结构设计。

思考与训练题

1. 选择一张实木椅子进行结构分解，画出所有零部件图与装配关系图，正确标注其全部尺寸。

2. 以"32mm系统"为指导设计一件以人造板为基材的柜类家具，画出其透视图、所有零部件图，正确标注所有接口和全部尺寸，列出所有零部件及其所用五金清单。

3. 选择一张典型的沙发，画出全部结构图。

4. 选择一件金属家具，画出其全部结构图。

5. 选择一件塑料家具，画出其全部结构图。

6. 选择一件以竹材为基材的家具，画出其全部结构图。

7. 选择一件典型的藤家具，画出其全部结构图。

第七章　家具综合设计

综合设计是一个设计集成过程，设计师应有战略的高度、深邃的洞察力和广阔的视野，同时要有清晰的目标和抓住本质的能力，要将传统企业的制造业思维切换为用户思维。

制造业思维就是从生产的角度来考虑所有问题，即根据企业现有生产条件来设计、生产与销售家具产品。工厂基本都是以加工何种材料为基础来建的，由于不同材料的加工手段及其装备不同，绝大多数企业都只具备单一材料的加工能力，其产品自然也以单一材料呈现。这就带来以下问题：

1. 对设计的掣肘

由于不同的家具以及同一件家具中的不同部位承担着不同的任务，对材料的要求也就不尽相同；而不同的材料具有不同的性质，家具设计理应做出明智的适应性选择。同时，如果整套家具都是采用同一种材料与色彩的话，则必然会产生单调、乏味和沉闷的感觉。

而以单一材料来支配设计的制造业思维显然有悖于这种理论，制约着设计对材料的多元化选择，家具设计得不到良好的发育。

2. 对市场的掣肘

制造业思维在市场上所产生的后果，直接导致了家具销售与购买时的材料导向，供求双方都将注意力集中到了基材，而不是产品本身的设计和生活方式上，这种情况会严重误导产品开发的方向与准则，并因此而导致市场的畸形发展，形成恶性循环。

3. 对生产的掣肘

以材料分类，尤其是用实木作为整套家具的生产组织时往往会带有传统整件家具的惯性思维，难以树立零部件就是产品的理念，形成变革的惰性，不利于标准化、模数化和通用化体系的建立，而后者恰恰又是专业化分工合作正确发展的必备基础。

要从根本上解决这些问题，就必须摆脱制造业思维的掣肘。而要做到这点，首先要将市场所需的产品组织与具体某一工厂的生产系统脱钩，以市场来指挥生产，并且不受制于这家工厂的生产条件，打通多元化供货渠道。正确的道路是：终端企业致力于品牌建设、设计研发和营销体系的工作，而工厂实现OEM化。唯有如此，一个科学、合理、高效和可持续发展的现代化家具产业格局才能真正形成。

制造业思维的狭隘性还表现在对风格的过度热衷和滥用上，有些企业不断地去"创造"所谓的"风格"，如"德式""意式""北欧式"等，不一而足，实际上那都只是营销的噱头，这是对科学的践踏，在市场上的概念混乱不堪。通常来说，风格越鲜明、元素越突出，则受众群体越窄。风格化家具具有独特的消费群体，但未来的家具主流市场依然是去风格化的现代家具，只是对优秀设计的需求越来越迫切，中国家具设计亟待提升。当现代时尚的设计能力不足时，风格化家具往往具有一种相对的"价值感"，但其中有很多作品是经不起历史检验的，这是一种亚文化现象。

材料与风格不是不重要，而是只有将这种二元导向切换为全要素平衡，设计才能真正健康有效。

事实上，风格会分化为两条路径：一是纯正地道的古典风格，有其自身的历史价值、形式美价值与文化价值；二是有一定风格元素的现代家具，这也是未来风格化家具市场最广阔的空间，这在于"类风格化""轻风格化"或"准风格化"，如图7-1所示。这个层面的普通消费者并不清楚、也不在乎什么"风格"，他们要的只是那种历史和地域特色的"感觉"，是情感在驱动的，是在现代家具中融入本土或异域文化的设计表达，是与历史的深情对话。

北欧的有机现代主义、意大利基于材料与技术创新的时尚设计、德国的工业化设计思想与技术都是我们应当汲取的有益养分，而根应该落在本土，即中国的国家禀赋，其中包括我们的独特资源、传统技艺、中国文化、中国人的居住条件、生活方式与形态等。中国人不乏智慧，但暂且不要太"聪明"，先学习再创新，或者边学习边创新也许才是更好的选择。图7-2是北欧有机现代主义的家具。

图7-1　罗奇堡类风格化家具　　　　　图7-2　北欧有机现代主义家具

家具设计从工业设计的属性来看，最重要的是其产品性和商品性，也就是说作为产品而言要能够以合理的成本生产出来，而作为商品而言要能够实现市场销售目标。无论是材料、结构、工艺，也无论是功能、环境还是造型，终极目的只有两点：做出来，卖出去。

在现代设计领域，意大利和北欧一直在领导着当今世界的设计潮流，无论是斯堪的那维亚的简约还是意大利的艺术，其生存和发展都离不开企业和市场。相对而言，北欧突显大师的作用，而意大利更倾向于在商业设计理论指导下的团队运作。前者更多依赖于大师们自己的天赋以及个人对灵感所作出的响应，其作品往往能够成为经典而不朽，北欧也有商业化运作获得巨大成功的典范，如IKEA，但意大利的高端和著名品牌无疑更多。这种品牌运作旗下的设计系统应该是商业设计世界的主流，大品牌需要许多设计师共同努力而又能与品牌属性与定位相融，如何能够协调好这一点呢？显然，设计师需要有正确的路线和方针所指引，企业首先需要做的是战略设计，然后才是产品设计本身。

消费者购买的不仅仅是物质意义上的商品，非物质的作用越来越重要，品牌的重要性正在提升，服务不可或缺。因此，国际上产品设计正在向产品服务体系设计转移。产品服务体系包括产品系统、服务系统、传播系统及其组合。

第一节　创新设计的基本程序与方法

设计是一个流程，或者说是一个分步骤的阶段性活动，根据目标和发生的场所，可以被组织成多种不同形式。不同的工作内容，文化，视野和目标会产生不同的设计流程。因此，设计流程的模式必须是跟工作内容、文化、视野和目标直接相关联的。

在阶段性模型下，设计流程被分为几个预先分割的阶段。每个阶段由一些活动构成，完成之后才能进入下一个阶段。"阶段—门槛（Stage-Gate）"模型是由Robert G. Cooper提出的，是阶段性模型的试验模型：建立在使新产品开发更高效和更有效的基础上。在每个阶段的结尾会有个检验，以此决定"暂停或者前进"。每个阶段的入口/出口可以被比喻成一个门（门槛），每个步骤的工作流程被比喻成"阶段"。"阶段—门槛"模型是基于设计流程必须是线性组织各个步骤的前提下，因此前一个步骤的结果正是下一个步骤的起点。

阶段性模型通常被描述为漏斗形，在这个模式下，解决方案是逐渐地被过滤和确认的。精细化和选择的比例目前被广泛应用。门槛的目标是减少同时产生的概念数量，让漏斗逐渐变成管道，如图7-3a所示。

阶段性模型一般被表达为动态反馈的模式，被认为是对每个步骤的需求描述，从一个起点到一个特定的目标，但是以很多可能的反馈为特征。

设计在整体上分为设计输入、设计过程和设计输出三个阶段，首先需要输入的是限制条件，即设计的前提和约束，包括需求、条件与竞争环境等。然后，需要植入灵感，国际上现用的先进方法是本书第三章介绍的潮流趋势与蓝色星空研究。两者综合考虑得出场景与战略定位，以此指导概念设计，详见图7-3b所示。

企业中家具综合设计的程序可以分为三个主要的步骤，每个阶段均有一系列的研究与设计工作要做，这些工作均有相应的工具、模型和方法。见图7-3c所示。这部分工作的系统开展需要先

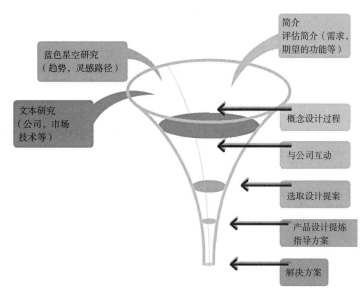

图7-3a 设计过程的漏斗形模型

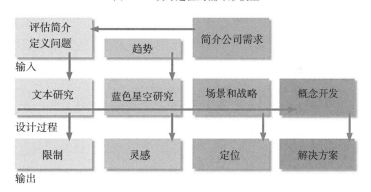

图7-3b 设计流程概念图

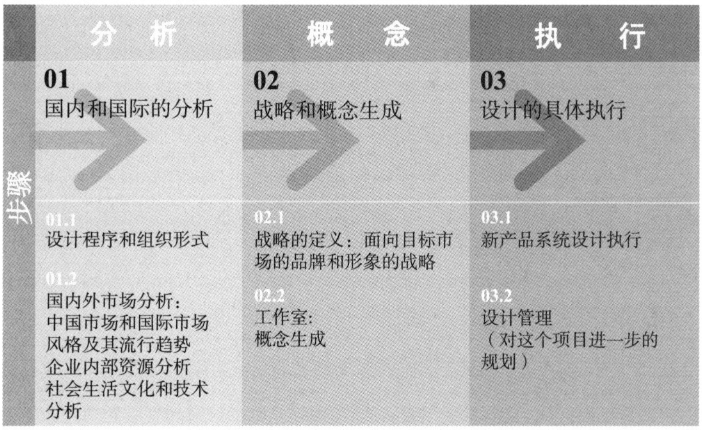

图7-3c 家具综合设计的三个步骤

学习本教材第二章中关于需求分析与准设计的理论，本章只是以另一种形式简要提炼几个关键步骤，以资遵循。

一、前期研究与分析

事件/活动：这是一个研究的步骤，有助于了解正确的定位和找到正确的方法来占有目标市场份额，这个阶段应当收集所有关于企业自身的组织形式，包括案例研究、方法学、技术和工具的信息，以及企业新产品研发过程中所应用的产品、服务、传播，以及相关的市场战略。

这个阶段通过以下几个部分完成：

① 从企业内部取得适当/需要的材料（注：特指企业的概述、产品、市场和加工技术、材料的使用等）；

② 企业内部与有合作关系的外部设计团队的交流；

③ 详细的报告书。

同时应当开展正式的调研，来收集一些关于国内外家具市场的有意义的信息和案例分析。所有这些材料都要通过有说明的筛选来检验，由此来为企业新产品系列做正确的定位和找到恰当的机会。

目标：为企业的新产品系列占有目标市场进行定位和寻找机会。

这个阶段分为以下两个步骤：即中国市场与国际市场。

（一）国内分析

① 公司分析：历史，品牌形象和理念，结构和组织（产品，传播，市场，分销）。该项工作要描述企业的历史背景和现状，现有品牌的理念、形象及其一致性，企业内部的组织形式与程序，产品家族及其构成，传播方式与途径，现有销售市场情况，分销渠道、方式和政策，竞争对手分析等。

② 产品整体分析：产品分析（材料，后期加工处理/表面处理，风格），产品系列。产品整体分析是指产品的各单项属性、系列综合属性及其与竞争产品的比较。

③ 定位：新产品和新品牌在目标市场可能的地位。见图7-4所示。

④ SWOT分析：即企业自身的优势、劣势、机会和挑战分析。

⑤ 表现形式（调研结果）：综合汇报，产品分析数据卡，整体产品分析图等。分析案例见表7-1，图7-5和图7-6。

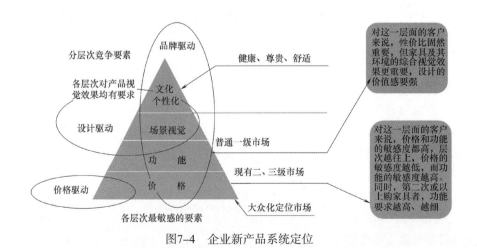

图7-4　企业新产品系统定位

表7-1 目标企业与竞争企业现有产品属性比较

对比元素	目标企业现有家具	××品牌家具	分析结论
产品风格	简洁现代	北欧现代风格家具	后者的产品系列包含前者，但更丰富
产品色彩	浅色、深色	木纹色有四个色系，中性色有两个色系	后者色彩丰富，满足更宽层次的消费群体
产品功能	满足基本功能	功能强大且丰富	前者可以在功能上继续挖掘创新点
产品结构	板式的拆装结构	板式的拆装结构	基本一致，但前者结构大多精细，注重细节；后者结构大多粗糙，裸露在外
产品材料	三聚氰胺板、玻璃、金属等	人造板材、实木（杂木为主）、金属、塑料等各种材料均有	在同一款设计上，后者用更多材料来表达的方式，满足该消费市场中更多的消费群体
产品元素	直线条为主，平面略作变化	元素丰富，适度响应流行趋势，曲线、圆弧、直线等元素	后者针对目标客户提供家居解决方案，前者可在这点上挖掘创新点
工厂设备	简单设备，基本满足加工需求	全球供货	前者由自己控制，后者由制定相关标准，直接向工厂采购
市场定位	青中年大众消费群体	青中年大众消费群体	定位基本一致，但后者可以实现所有的问题在一店内解决，所有的事情在一天内解决
战略路线	低成本，低消费群体战略路线	低成本，低价路线	后者销售生活方式，前者销售产品

普通家具 + 特殊软体 + 精美灯具与饰品 + 有限的空间
= 温馨的家 = 有品位的年轻一族生活方式展现

图7-5 宜家家具与居室环境设计的关系解析

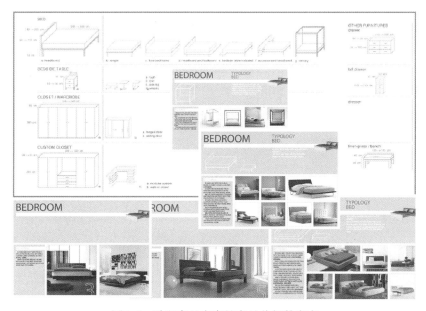

图7-6 卧室家具中床的产品分析数字卡

（二）国际分析

这个阶段包括：

① 竞争的准则。

② 竞争对手整合分析和产品服务体系（产品，传播，市场，分销）研究，见图7-7。

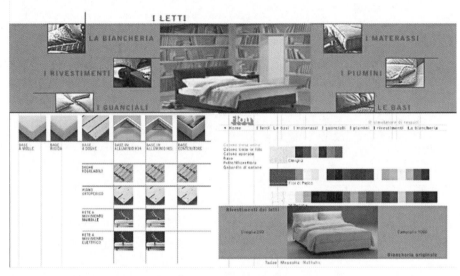

图7-7　意大利著名品牌的产品服务体系概图

③ 意大利/欧洲/国际风格和趋势分析：现代意大利/欧洲/国际产品分析（符号，指示，编码……）、趋势调研等。这里突出意大利是因为迄今为止意大利依然是全球设计的领导者，在相当程度上还是我们的标杆。见图7-8所示。

④ SWOT分析（这是用来评估项目中优势，劣势，机会和挑战的策划工具），分析方法见表7-2所示。

图7-8　新装饰主义是近年来最新潮流之一

表7-2　　　　　　　　　　　SWOT分析的矩阵模型

	内部	外部
积极方面	优势： 本企业做什么？ 有什么独特资源可以利用？ 别人能看到自己什么优点？	机会： 本企业可遇到怎样的好机会？ 有什么可以利用的趋势？ 怎样把本企业的优势转化为机遇？

续表

	内部	外部
消极方面	劣势： 有什么地方需要改善？ 资源是否比别人少？ 什么是别人能看到的短处？	挑战： 什么趋势可能会伤害到本企业？ 你们面临怎样的竞争？ 本企业所暴露出的问题会受到怎样的威胁？

表现形式：

a．综合报告书；b．意大利/欧洲/国际风格和流行趋势手册；c．定向图（发展方向）。

二、战略与概念生成

活动（事件）：这个阶段应当组织一个设计工作坊，开发一些可供选择的概念方案来针对目标市场的新产品、传播、展示和服务。

这个阶段通过以下步骤来完成：

① 分析和场景构建：通过机会图，分析项目整理的数据来实现场景构建；

② 会面：展示和解释调研和场景构建活动的结果；

③ 工作坊：评估场景，向设计师提出纲要，由他们来做出基本设计理念的提案；

④ 可视化：将设计理念可视化，并准备最后的发布介绍；

⑤ 最后会面：展示工作坊活动成果。

目标：战略的表现（品牌形象和战略），针对目标市场的概念设计。在阐述理念和产品方面的可选概念的开发。

概念的可视化并向指导委员会（评审组）做概念发布介绍。

这是整个设计开发项目的核心活动，涉及（包括）概念的创造性设计。

这个阶段分两个主要的步骤：即面向目标市场的品牌和企业形象战略的定义，通过工作坊生成概念。如图7-9所示。

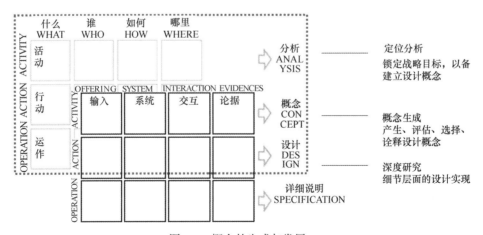

图7-9　概念的生成与发展

概念构想的生成与选择可分别采用头脑风暴法（brainstorming）和可行性评估的方法（feasibility）。考虑角度可参考图7-10所示。

（一）面向目标市场的品牌和企业形象战略的定义

这个步骤包括：a．品牌定义/诠释和传播：企业战略、产品形象；b．整体形象、服务和分销渠道，展示设计的策划；c. 产品：全新构成和产品系列的定义。

表现形式：a. 品牌形象手册；b. 产品展示的指导；c. 产品开发的指导和全部的执行过程。

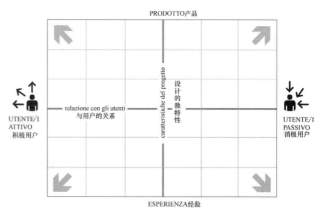

图7-10 头脑风暴法考虑角度

（二）通过工作坊生成概念

这个步骤包括：工作坊的组织：构建简介/概述。基本的理念是，通过对流行趋势调研的结果，来为目标客户建立几种不同的生活方式，以便开发几个产品系列。最终通过设计和建几套由这些家具布置的生活模型来实现/展现。

表现形式：a. 简要的调研卷宗整理；b. 产品、传播和展示概念。

（三）战略定义的内容

战略定义必须从产品、传播、分销和体系等四个方面来予以界定。

1. 产品范畴

①收益设置：功能收益，形象收益，经验收益；

②成本设置：物理（自然）成本，经济成本，心理成本；

③属性设置：a. 产品属性应当与品牌内涵相一致。b. 哪些是产品系统的主要特性？即在哪些方面有别于其他品牌？c. 哪些是产品间的有机性优势？d. 哪些部分对外形的视觉效果有较大的影响？e. 哪些是产品系统的强项？哪些是弱项？

④技术设置：a. 什么是产品系统生产中的支配技术？b. 该项技术在市场上已出现多久？c. 这是否为满足消费需求的唯一技术？d. 有哪些是可以替代的其他技术？e. 这种技术是否具有优势？

2. 传播范畴

①品牌肖像设置：a. 哪些是该品牌的"价值"？b. 哪些是该品牌的"特征"？c. 哪些是该品牌的"含义"？d. 哪些是适宜的品牌映像？其背景是什么？什么样的名人适宜做该品牌的形象代言人？e. 竞争品牌有哪些？在品质和价值上各有什么竞争优势？

②传播渠道与媒体设置：a. 哪些是作用比较大的传播通路？b. 哪些是成熟的渠道？有哪些成熟因子？还有没有其他渠道？c. 这些渠道的特性是什么？

3. 分销范畴

零售设置：a. 哪些是运载产品系统的有用的通道？b. 这些商业通道上还有哪些其他商品系统？c. 同一通道内的竞争情况如何？d. 渠道的类型还有哪些？e. "备组装"（RTA）或"免费服务"是有效手段吗？

4. 体系范畴：

产品、传播和分销的综合设置：a. 什么是产品和品牌之间的关联？b. 什么是品牌和分销渠道的关联？c. 什么是产品和分销渠道的关联？d. 什么是产品和传播的基调？

三、产品服务体系的设计执行

活动（事件）：在这个阶段通过一个设计管理和艺术指导活动，来支持新产品和新概念的设计执行，在公司实现所有的新战略指导方法。

目标：新的战略指导的实施和新产品开发。

这个阶段分为两个主要步骤：即新产品执行以及后续设计。

1. 新的产品服务体系的设计执行

① 步骤：a. 概念开发：从工作坊的结果中，选择最终生成的概念来发展；b. 产品：通过草图、模型、先期产品实现（样品生产），开发几个产品系列的家具产品；c. 传播：产品目录和其他的传播方法的方案；d. 展示：结合项目所开发产品的销售规划来协调方案。

② 表现形式：a. 最终产品组合；b. 系列产品的细节设计；c. 产品目录样本；d. 展示工具。

2. 后续设计

对于新品牌而言，这个步骤包括：a. 命名（为品牌定义名字）；b. Logo（标志）；c. 服务集成（服务体系的具体内容）；d. 服务蓝图（相关的其他服务扩展）；e. 分销包装表现形式：制定版式/标准模式，规划设计零售点，规划设计商场内的店面，传播版式和包装（所有的传播内容和工具的设计：区域品牌手册，媒体宣传手段，销售点等海报/贴纸……等方面的设计）。

第二节　家具设计的革新途径

一、革新的概念

革新可以在各个方面体现，如战略革新、产品革新、程序革新、组织管理革新、市场革新等。革新不一定是发明，许多情况下革新者不是在前沿技术上有什么建树，斯川彼特（Schumpeter）认为革新是"新组合"的实施。从管理的角度看，革新是为了更好地满足现实需求或为新的需求拓宽实施的程度和规模，在执行过程中切换性能。革新可从以下五对方向中寻找路径和机会：a. 量变革新 VS. 质变革新；b. 结构重组 VS. 部件革新；c. 产品革新 VS. 过程革新；d. 技术驱动 VS. 市场拉动；e. 性能提升 VS. 性能降解。

需要指出的是，不是每一项革新都是有意义的，革新可能会失去市场，所以革新需要有清晰的目标和理由。从市场和企业效益的角度来说，设计革新不宜过于频繁，而是要不断优化与完善。

许多企业在开发产品时缺乏战略视野和系统思维，而显得非常随意，成功是侥幸，不成功才是正常的，因为路子一旦走偏，势必失败。而一个开发项目如果失败了，那么其损失是惨重的，那不仅仅是直接开发费用，更重要的是整批产品、展会推广及其所有配套成本，同时延误了战机，网络与品牌形象的损伤更是一种过于高昂的代价。这种做法不能使企业很好地积淀，始终不能步入成熟和健康的轨道。

所以，新产品开发时一定要谨慎，前期工作要做透、做足，从而建立起一套正确和有效的体系，而后续开发可以在这个基础上渐进式完善和改良，通过少量变化使原有产品系列的生命周期一步步延长，本书主张持续革新，而不是革命。优化设计是产品走向成熟与动态响应市场的必要环节，主要是从赢得市场的角度来进行产品的重构。这可以通过总结先前的产品来革新价值点，予以重新构筑。产品原型可以由设计师的想象力结合用户的意见来产生，可以为消费者的隐含需求提供答案，可以专门满足聚焦的需求，这也意味着一定的约束性。

表7-3是新产品革新应用的一种策略，这种策略科学、经济而富有成效。通常，消费者

能接受的也是渐变，而不是彻底地改头换面，他们往往不愿意作为尝试者而去承受风险。为什么有些产品款式确实新颖，但叫好不叫卖就是这个道理。设计驱动模式例外，但难度大。

表7-3　　　　　　　　　　　　　新产品革新应用的策略

产品革新应用的策略	产品革新的程度	新的市场	新的顾客	新的使用 现有产品对新市场与新客户	产品发展 以新的产品路线拓宽市场	区别 新开发的产品对新市场与新客户
		现有市场	新的顾客	依然平静 现有产品对新的客户群	产品改良 更持续的产品对新的市场领域	市场发展 符合企业竞争优势的更新产品
		现有市场	相同顾客	没有变化 现有产品对现有顾客	产品革新 使现有产品更具竞争力	替代 与现有产品相似，但用新的技术生产
				无变化	技术改良	新技术
				产品的革新程度		

二、产品革新

产品的革新通常有：外形革新，新的产品种类和使用途径的革新，材料和技术革新，环境污染的减少，即环保革新等。

（1）外形革新

图7-11是外形革新的案例。图7-12是通过技术进行外形革新的案例。

图7-11　外形革新的家具新品

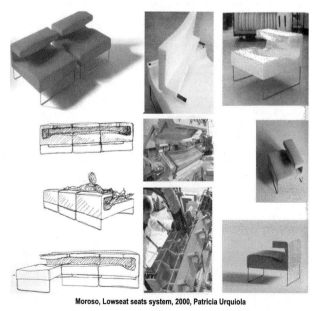

Moroso, Lowseat seats system, 2000, Patricia Urquiola

图7-12　通过技术的外形革新

（2）新的产品种类和使用途径革新

见图7-13和图7-14。

（3）材料和技术革新

见图7-15和图7-16。

（4）环保革新

环境污染的减少，见第一章可持续设计部分的内容。

图7-13　使用途径革新

图7-14　外形与使用途径革新

图7-15　材料与技术革新

图7-16　材料与技术革新

三、其他革新与系统革新

其他革新与系统革新不在本教程中叙述，总体上可从以下几个方面考虑：

① 传播革新。

② 分销革新。

③ 零售革新：a. 格局；b. 平面布置；c. 与消费者的交互作用；d. 客户服务。

④ 品牌形象革新。

⑤ 系统革新：家具企业运作的成功与否不仅仅在于产品设计，尽管产品设计非常重要，但如果其他环节和系统不能予以匹配，那么依然难以达到理性效果。所以，其他各个环

节都需要设计和革新。这就是所谓的"木桶理论"，即：如果拼合木桶的各板块长短不同，那么能够装多少水不是取决于最长的那一块，而是取决于最短的那块板。因此，企业必须提升整个系统，可以通过不断修补甚至替换短板来不断进步。

四、创造性

我们重点阐述的是革新的概念，而对创造性的说法比较谨慎，尽管它们有很多相似性。创造性意味着通过结合两个或者多个有价值的想法创造一个新的事物。但是，"创造性"是一个通用术语，它是抽象的而且没有涉及关于一种特定情况或者任务的概念。

创造性应不失目标本身，它有着行动的特性；与其说从无到有，倒不如说是一种探索，将之前毫无关系的事物联系起来。

创造性并不是着重于凭空想出一种惊世骇俗的新概念，而是为了寻找一种原始的答案。与其告诉某人我们将要有一项创造历程，不如告诉他："我们将要花费一些时间去想你所需要的新的事物。"那它甚至可以说："我们想出一些废物，但确实有效。"

每个人都有创造性，每个企业也都有创造性，不仅仅是设计师，他们还可以是会计师，抽象派艺术家，讲故事的人或者是工匠。

要知道，创造并非目的，而是手段。我们只是为了寻找原始的答案而去开启创造性的进程。创造会带来强大的力量，一旦创造成功，则销售一个富有创造性的产品不需要任何工艺和过程的赘述，不需要特殊的建议，甚至都可以不需要有专业性。

尽管如此，创造性也不该过于神秘化，它并不遥远。事实上，创造性是一种在知识工厂里被赠予的灵感，它并不特别。

第三节　综合设计案例

按照本教材理论指导的综合设计项目，其文件资料是非常丰富的，这里不可能全部展示，但可以某类产品为案例来完整描述整个设计过程。本章安排三个案例，第一个案例旨在呈现系统、综合、连贯和完整的设计步骤、思维方式及其全面的工具、方法和模型；第二个案例展现的是现代家具的设计方法，以办公家具为例；第三个案例则是为了演绎风格化家具的设计实务，以民用家具为例，这样可与案例二产生互补。如果这三个案例中的养料都能充分吸收，那么可以帮助读者直接掌握设计实务所需要的路径和主要能力。

一、案例一：儿童车（坐具兼交通工具）的设计过程

这是意大利米兰理工大学路德梅特工作室（Road Mate Group, Politecnico di Milano, Italia）的经典设计案例，对整个设计过程进行了完整、无死角的全面演绎，对设计实务活动具有全面和直接的指导意义。

（一）设计步骤与内容

a. 相关市场的分析；b. 有关市场、社会、技术革新和使用材料的场景集合；c. 人—产品之间相互关联的问题分析；d. 多方案设计及其界定；e. 细节设计的构想。

（二）总的思维框架

如图7-17所示。

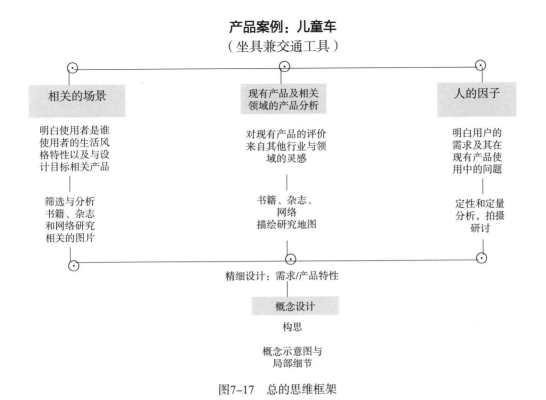

图7-17 总的思维框架

（三）相关场景

本设计产品的目标使用者：

① 婴儿（3至36个月）。产品使用原理：a. 探索与生理发育和运动相关的问题，如表7-4所示。b. 探索与智力发育和知觉相关的问题，如表7-5所示。

表7-4 　　　　　　　　生理和运动发育对产品设计的要求

生理与运动发育	产品设计要求
• 平均重量（男孩：5.4~14.5kg）	• 弹性（满足其体重的迅速增加）
• 平均身高（58~93cm）	• 适应性（空间可调节）
• 多动是婴儿的显著特点	• 稳定、强调与安全性（满足运动）

表7-5 　　　　　　　　智力与知觉发育对产品设计的要求

智力和知觉发育	产品设计要求
• 学习、影像、探索、理解	• 便于观察和交流
• 感观系统的发育，如：视觉、听觉、嗅觉、触觉和味觉	• 使用能促进发育的材料

② 双亲。第一使用者和购买决定者（父母的生活风格潮流与生活意图）如图7-18所示。a. 年轻化：27到36岁的育龄夫妇；b. 职业化：受过职业化教育；c. 民主化：有自由支配时间做运动或呼吸新鲜空气；d. 实用性：休闲时间使用产品；e. 技术性：对技术知识有很

好地理解；f. 生态性：对环境问题有认识；g. 交流性：空闲时间和朋友聚会。

——接触界面（如图7-19所示）。

——使用场景分析（如图7-20所示）：

a. 家里：少占空间、反复使用、自如站立；b. 旅行：汽车尾箱中能够放置；c. 公园：适应各种地面情况；d. 城市：适应各种气候，能够遮风挡雨和防晒；e. 公交：轻便、能轻松折叠；f. 餐馆：能使婴儿适应餐桌高度；g. 购物：童车上有存放空间。

③ 祖父母。第二使用者：使用及其运输状态分析。

（四）现有同类产品分析

（1）竞争品牌分析

如图7-21所示。

（2）分析评估指标

如图7-22所示。

分析评估指标有：轻盈性、可操作性、空间占用性、持久性、价格、舒适性、美观性、安全性和辅助功能性等九项指标。

图7-18　父母的生活风格和潮流

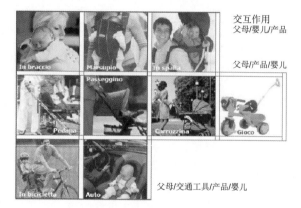

图7-19　父母、儿童与交通工具的接触界面

图7-20　童车可能的使用场景

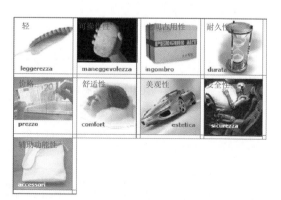

图7-21　现有竞争品牌　　　　图7-22　分析评估指标

（3）现有产品分析评估

① 轻便型（见图7-23）。

② 带辅助功能型（见图7-24）。

③ 现有典型童车评估汇总（见图7-25）。

④ 产品各部位对设计指标特性的响应。将童车分解成各主要部位，评估每个部位对各项设计指标的影响和作为。如：对舒适性影响最大的是坐面、踏脚和靠背，安全性主要在前杠以及落座空间的保护举措等。其形式示例如图7-26所示，具体内容鉴于对知识保护的尊重而刻意模糊。

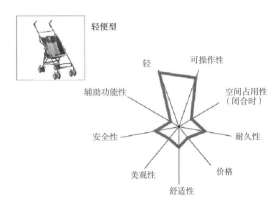

图7-23　轻便型童车实例评估

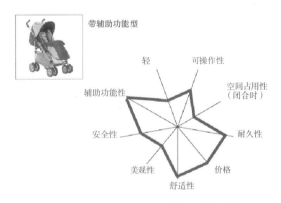

图7-24　带辅助功能型童车实例评估

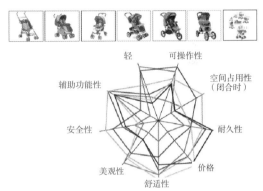

图7-25　现有典型童车评估汇总

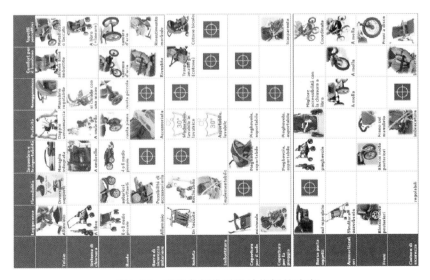

图7-26　产品各部位对设计指标的响应

（五）从相关领域的产品潮流分析中汲取养料

① 从自行车的设计潮流中寻找启示（见图7-27）。a. 折叠：减少空间占用；b. 构成：所用结构；c. 储物：书报架和菜篮；d. 铝架：减轻重量；e. 弹簧：减震；f. 扶手：材

料、形状、手感；g. 制动：刹车系统。

②从汽车设计中得到启示（见图7-28）。

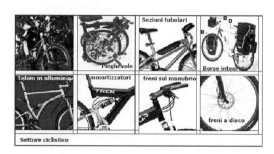

图7-27　从自行车的设计中得到启示

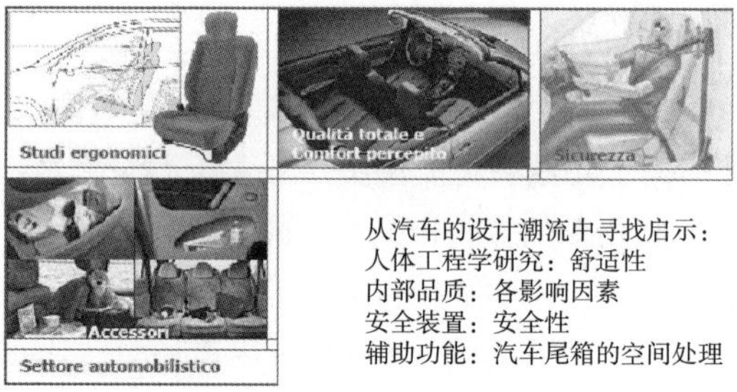

图7-28　从汽车设计中得到启示

③从运动装束的设计潮流中得到启示（见图7-29）。

④从家具和其它产品的设计潮流中寻找启示（见图7-30）。

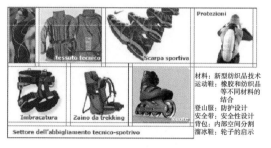

图7-29　从运动装束的设计中得到启示

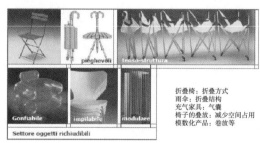

图7-30　从家具和其他产品的设计中得到启示

（六）人与产品的交互作用

评估方法和标准：ISO9241/11。

三大指标：①效果——功能满足度；②效率——操作便易性；③满意度——客户使用中的实际感觉（见图7-31）。

不同的客户群对产品各项指标的敏感度是不同的，可以分割成四个消费层次，对不同的目标客户群可以生成不同的设计概念：如图7-32所示，分成完美型、有附加性能型、功能型和经济型等四个层次。

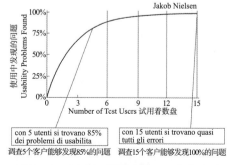

图7-31　用户问题调查的尼尔森曲线

图7-32　客户分级金字塔

（七）使用问题分析

① 把手与轮子的相对位置（见图7-33）。

② 闭合效果与效率（见图7-34）。

③ 闭合操作的难度（见图7-35）。

④ 把手与肩宽（见图7-36）。

⑤ 手感与触觉（见图7-37）。

⑥ 儿童在车内的状态分析（见图7-38）。

⑦ 年龄、体重与身高的关系（见图7-39）。

⑧ 需求与特性汇总（见表7-6）。基于上面同样的理由，内容刻意模糊。

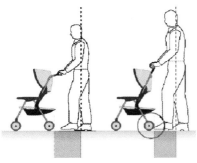

图7-33　把手与轮子的相对位置

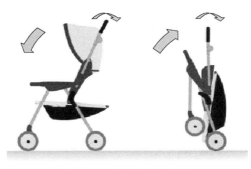

图7-34　闭合效果与效率

图7-35　闭合操作的难度

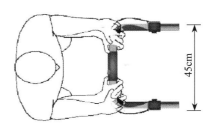

图7-36　把手与肩宽

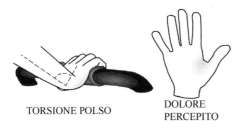

TORSIONE POLSO

DOLORE PERCEPITO

图7-37　手感与触感图

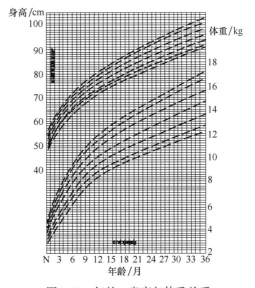

图7-39　年龄、身高与体重关系

图7-38　儿童在车内的状态分析

表7-6　　　　　　　　　　　　　　　需求与特性汇总

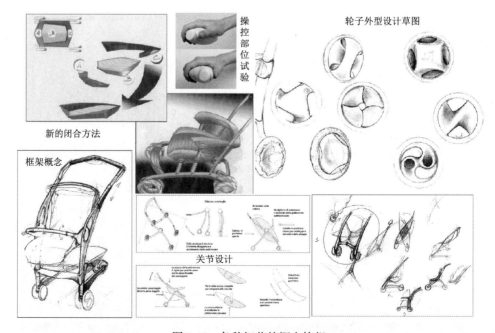

（八）概念设计构思

如图7-40所示。

操控部位试验

轮子外型设计草图

新的闭合方法

框架概念

关节设计

图7-40　各种细节的概念构想

（九）最终概念方案

如图7-41、图7-42和图7-43所示。

图7-41　概念方案侧视图　　　图7-42　概念草案　　　图7-43　最终概念设计图

至此，一辆商品化儿童车的概念设计终于完成，后续工作可以转入生产性设计了。

二、案例二：现代家具的设计示范

以下案例为现代办公家具设计，由意大利米兰理工大学亚历山大（Alessandro Desrti）教授、意大利设计师马可（Marco Fatoni）团队和深圳家具研发院（DEDE）联合设计，在展会推出后成为国内办公家具企业的模仿对象，领导了一个时期的潮流，制造商为圣奥集团。现在以呈现设计思维和传授知识为导向，示范的是高级管理者所用的大班台设计思路，对其他产品设计也有直接的学习作用。首先构筑的是一个系列的整体安排，然后再把其中一件家具的概念设计展现出来。

1. 整体安排

同时设计7张大班台作为核心产品，可以分别形成7个系列，其他配套产品跟随核心产品进行延展设计即可。这7张大班台分别以7种构成形式来对应，即：建筑形式、四腿形式、框架形式、板式、雕塑形式、圆桌形式、带辅柜形式，如图7-44所示。桌面类型分布为：长方形、正方形、圆形、三角形、椭圆形、自由形、带转角形等；配套文件柜统一为一组柜体，柜体正立面可变，如抽屉、门、玻璃门、空格等，如图7-45所示。图7-46是人在大班台上的工作区域分析，包括

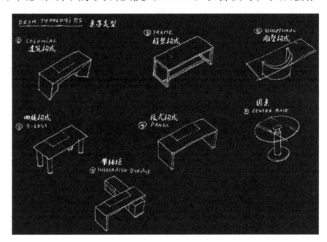

图7-44　七种构成形式的大班台概念

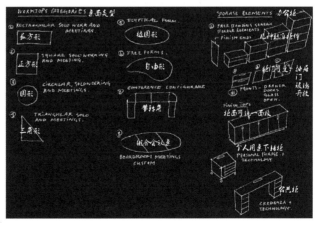

图7-45　各种形式的大班台面

独自办公与小范围工作交流。图7-47则是各种支座/腿型，有封闭、四腿、独腿、L形腿、雕塑腿、板式腿、辅柜支撑等。图7-48是走线管理、会客家具、衣架、台灯、文具和文件盒、垃圾桶等辅助小件，以此形成完整配套。

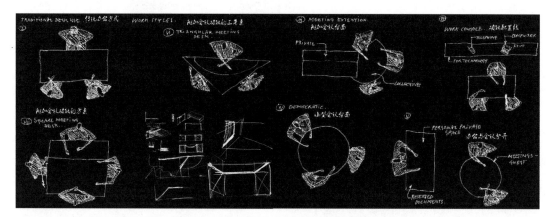

图7-46　人在办公台面的工作区域分析

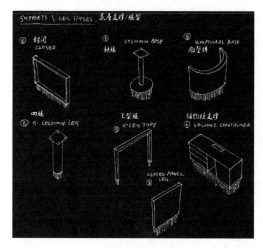

图7-47　大班台的各种支撑形式

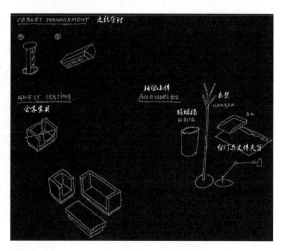

图7-48　辅助配套家具与小件

2. 其中一个概念的大班台设计

现在，就上述整体安排中的一种概念来进行具体设计，概念为建筑构成形式，元素汲取的是巴黎新凯旋门的斜面切割手法，情绪模板见图7-49所示。图7-50a、图7-50b和图7-50c是该设计作品在高管独立办公空间的最终效果图。图7-51是其结构分解、配套产品与可作变化的示意图。图7-52a、图7-52b和图7-52c为该作品的变化效果。图7-53是用于传播的效果图。图7-54和图7-55则是配套的会议室家具。

三、案例三：风格化家具的设计示范

这个案例是在米兰理工大学亚历山大（Alessardro Derti）教授指导下，由意大利设计师阿贝托（Albeto Sara）领衔的ASPS工作室与深圳家具研发院（DEDE）联合设计，制造商为台湾瑞丰集团，旨在对西方新古典（Neoclassic）家具的设计进行正本清源。这个实际项目设计了五个产品系列，现在展现的是其中之一。

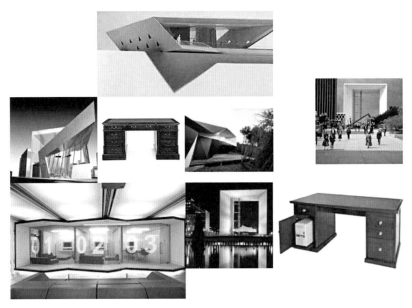

图7-49 大班台概念之一的情绪模板

图7-50a 概念一的产品及其环境效果图之一

图7-50b 概念一的产品及其环境效果图之二

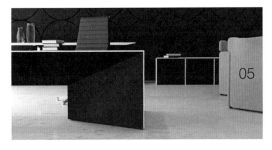

图7-50c 概念一的产品及其环境效果图之三

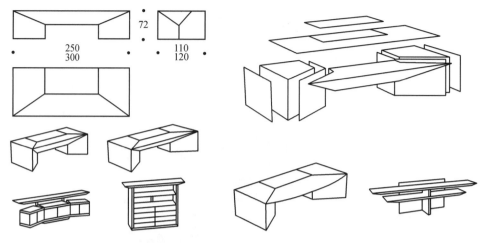

图7-51　概念一产品的结构分解与配套产品示意图

图7-52a　概念一产品的变化设计背面效果

图7-52b　概念一产品的变化设计正面效果

图7-52c　概念一产品附加会议台面的变化设计

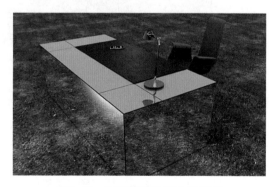

图7-53　用于传播的产品效果图

图7-54　配套大会议桌

图7-55　配套小会议桌与
　　　　会客沙发

设计所依循的理论基础详见本教材第五章第一节中的风格化设计手法。图7-56是新古典家具的形式要点和情绪模板（Formal moodboard），这是所有产品都应遵循的基本调性。

Collection ONE	系列一
Neoclassic	新古典
Formal moodboard	情绪模板

图7-56　新古典家具的情绪模板

整套家具从餐厅家具开始设计，基本元素为简单干净的曲线，应用在餐桌望板与腿部连接处，这一元素在其他家具设计时会与之相呼应。图7-57、图7-58和图7-59分别是餐桌、餐边柜和餐椅的设计方案。桌面和柜面等平面构件采用单板木纹拼花装饰，实木框架与平板之间采用浅木纹勾线，柜门用圆环型拉手与家具形体的曲线协调，椅子靠背可变化。

图7-57　新古典餐桌设计方案

图7-58　新古典餐边柜设计方案

图7-59　新古典餐椅设计方案

图7-60和图7-61分别是两个不同角度的餐桌椅整体效果，图7-62和图7-63是两个不同角度的床与床头柜整体效果，而图7-64与图7-65则是不同角度沙发茶几的整体效果。沙发面料的颜色可以变化，如既可以采用调色，也可以采用对比配色。

图7-60　新古典餐厅家具正立面

图7-61　新古典餐厅家具立体效果

图7-62　新古典卧室家具正立面

图7-63　新古典卧室家具立体效果

图7-64　新古典客厅家具立体效果

图7-65　客厅家具正立面及沙发面料变化

　　图7-66是床脚、柜脚和椅腿的局部图，可以清晰地看出其线形元素的统一性；图7-67则分别是床屏、沙发靠背和椅背的局部图，呈现的也是波浪形曲线的应用，统一中求变化，尤其是沙发背部的大弧线与两边扶手因舒适性需要而衍生出来的小弧线与床屏和椅背上的线形巧妙协调，尽管元素极其简单，但绝不单调乏味。

图7-66　新古典整套家具腿部曲线元素协调手法　　　　图7-67　新古典整套家具顶部曲线元素协调手法

　　同一套家具，若要营造不同的情绪，则可以通过CMF（色彩、材料和表面处理）的变化来实现，图7-68是四套适合古典与新古典家具的CMF配置方案，可供参考，当然也可以有更多方案。图7-69和图7-70分别是卧室与餐厅的最终实景效果。

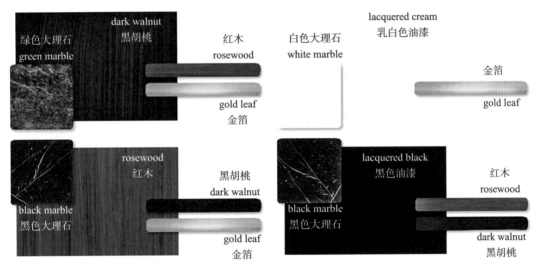

图7-68　新古典家具的四套CMF配置方案

图7-69　新古典卧室家具实景效果　　　　　　　　图7-70　新古典餐厅家具
　　　　　　　　　　　　　　　　　　　　　　　　　　　　　　　实景效果

本章小结

本章是对前期家具设计理论的综合应用。首先从设计实务中的思维误区分析、家具设计的基本程序、战略设计与概念生成、产品服务体系的设计执行、设计输出与传播等几个方面讲述了创新设计的基本程序与方法；从革新的理论与方法、产品革新、其他革新与系统革新、创造性等阐述了家具设计的革新途径；为了便于理解与参照练习，最后给出了三个具体的设计案例，分别从系统方法、现代家具设计与风格化产品设计等来予以全方位的示范设计演绎，这种方法可视化程度高，便于学员在模仿中掌握相应的设计思维、方法、工具和模型。

思考与训练题

1. 详述家具企业新产品开发应当遵循怎样的步骤？对照准设计概念深刻理解每一个步骤的内涵。

2. 在教师指导下，对家具设计前期研究中的各项内容分别进行实际训练。

3. 选择某一家具品牌，对其新产品开发进行SWOT分析。

4. 试在市场与用户分析的基础上创造一种概念，并在这一概念的指导下进行家具的创新设计。

5. 参照本章介绍的童车案例的设计方法和完整步骤，选择一种家具进行综合设计模仿训练。

6. 参照本章介绍的现代家具与风格化家具设计案例，分别选择一种家具进行综合设计模仿训练。

参考文献

一、教材与专著

1. 许柏鸣. 家具设计［M］. 北京：中国轻工业出版社，2000.
2. 许柏鸣，方海. 家具设计资料集［M］. 北京：中国建筑工业出版社，2014.
3. 上海家具研究所. 家具设计手册［M］. 北京：轻工业出版社，1989.
4. 张恭昌. 家具结构设计［D］. 南京：南京林业大学，1989.
5. 胡文彦. 中国家具鉴定与欣赏［M］. 上海：上海古籍出版社，1995.
6. 杨耀. 明式家具研究［M］. 北京：中国建筑工业出版社，1986.
7. 王世襄. 明式家具研究［M］. 香港：南天书局，1989.
8. 梁思成. 中国建筑史［M］. 北京：百花文艺出版社，1998.
9. 郭力家. 感觉画廊［M］. 北京：中国文联出版公司，1997.
10. 王受之. 世界工业设计史略［M］. 上海：上海人们美术出版社，1987.
11. 高军等. 西方现代家具与室内设计［M］. 天津：天津科学技术出版社，1987.
12. 董玉库. 西方历代家具风格［M］. 哈尔滨：东北林业大学出版社，1990.
13. 龚锦. 人体尺度与室内空间［M］. 天津：天津科学技术出版社，1993.
14. 彭一刚. 建筑空间组合论［M］. 北京：中国建筑工业出版社，1983.
15. 许柏鸣. 现代民用家具设计精品解析［M］. 南京：江苏科技出版社，2002.
16. 许柏鸣. 现代家具与装饰——设计与制作［M］. 南京：江苏科技出版社，1999.
17. 许柏鸣. 材料的魅力——家具丛书［M］. 南京：东南大学出版社，2004.
18. 许柏鸣. 办公家具设计精品解析［M］. 南京：江苏科技出版社，2002.
19. The European Office,Juriaan van Meel,Oio Publishers,Rotterdam,2000.
20. On the job design and the American office, Donald Albrecht and Chrysanthe B.broikos, Princeton Architectural Press,2000.
21. D.K.Ching,Interior Design Illustrated,Van Nostrand Reinhold Company,1987.
22. Arnheim, Rudolph. Art and Visual Perception University of California Press, 1971.
23. Dreyfuss. Henry. Measure of Man: Human Factors In Design, Watson-Guptill,1967.
24. Garner. Philippe. Twentieth Century Furniture. Van Nostrand Reinhold Company,1980.
25. Munsell, Albert H. A Color Notation System. The Munsell Color Company,1980.
26. Phyllis Bennett Oates. 1981, The Story of Westem Furniture, The Herbert Press.
27. The European Office,Juriaan van Meel,Oio Publishers,Rotterdam,2000.
28. On the job design and the American office, Donald Albrecht and Chrysanthe. B.broikos, Princeton Architectural Press,2000.
29. F. Celaschi R. De Paolis A. Deserti, Furniture E Textile Design, Ricwrca Applicata E Formazione Come Strategie Per L'area Comasca, Milano:Poli.design, 2000.
30. La Repubblica Grandi Guide, Arredamento & Design, Milano:ADI Associazione Per Il Disegnon Industriale, 2004.
31. Pier Paolo Momo Francesco Zucchelli, Design to Success, Come Concepire e Progettare Prodotti Vincenti, Torino: ISEDI, 1997.
32. Mike Ashby Kara Johnson, Materiali e Design, L'arte E La Sciena Della Selezione Dei Materiali Per Il Progetto, Milano:Casa Editrice Ambrosiana, 2005.
33. G.Inkeles I.Schencke, Arredamento & Benessere In Casa E In Ufficio, Como: Lyra libri,2001.
34. Edizioni Poli.Design, Metodi di Prototipazione Digitale e Visualizzazione per il Disegno Industriale, L'architettura Degli Interni e I Beni Culturali, Milano: Stampa Litogi, 2003.
35. Edizioni Poli.Design, Ergonomia & Design, Milano: Stampa Litogf, 2004.
36. Santa Raymond Roger Cunliffe, Progettazione di Uffici, Torinese: Unione Tipografico-Editrice Torinese Corso Raffaello, 1999.
37. Giovanni Emilio Buzzelli, Progettazione Senza Barriere,Napoli: Professionisti,Tecnicin e Imprese, Gruppo Editoriale Esselibri-Simone, 2004.

38.　AA.VV., Architettura ed edilizia, Edizione De Luca, Roma 1987.

39.　AA.VV., Architecture bioclimatique, Edizione De Luca, Roma 1989.

40.　AA.VV., Anuario de Arquitectura, Edizione Proimagen, Caracas 1981.

41.　Barbara, Anna, Storie di architettura attraverso i sensi, Edizione Bruno Mondadori, Milano 2000.

42.　Bottero, M. et alii, Archietttura solare, tecnologie passive e analisi di costi e benefici, Edizione CLUP, Milano 1990.

43.　Busignoni, a. e H.L. Jaffè, Le Corbusier, Edizione Sadea Sansoni, Firenze 1969.

44.　Gasparini, G. e J.P. Posani, Caracas a traves de su arquitectura, Edizione Fundaciòn fina Gomez, Caracas 1969.

45.　Izard, Jean Louis, Archi Bio: architettura bioclimatica, Edizione CLUP, Milano 1982.

46.　Mazria, Edward, Sistemi solari passivi, Edizione Franco Muzzio, Padova 1990.

47.　Mutti, A. e D. Provenzani, Tecniche costruttive per l'architettura, Edizione Kappa, Roma 1989.

48.　Predotti, Walter, Bioedilizia, Edizione Bazar Book, Colognola ai Colli (VR) 1998.

49.　Sala, Marco e Lucia Ceccherini Nelli, Tecnologie solari, Edizione Alinea, Firenze 1993.

50.　HerbertA.Simon, The scienceof artificial,Cambridge, MIT press, 1981; ed. italiana: Le scienze dell'artificiale, Il mulino, Bologna 1988.

51.　ChristopherAlexander, Note sulla sintesi della forma Il Saggiatore, Milano, 1967.

52.　BernardBürdek, Design-Theorie. Problemlösungverfharen, Planungsmethoden, Strukturierungprozesse, Frankfurt, [1971, GermanEdition]; Ed. italiana, Teoria del Design. Procedimenti di problem-solving, Metodi di pianificazione, Processi di strutturazione, Ugo MursiaEditore, Milano, Italia, 1977.

53.　Norman, Donald, Thingsthatmakeussmart, PerseusBooks, Cambridge, MA, 1993; Ed. Italiana, Le cose che ci fanno intelligenti, Feltrinelli, Milano, 1995.

二、期刊

1.　许柏鸣. 家具设计的定位［J］. 家具，2004，10.

2.　许柏鸣. 家具业的基本属性与企业的设计定位［J］. 家具，2007，01.

3.　许柏鸣. 家具企业的竞争策略与价值优势［J］. 家具，2007，03.

4.　许柏鸣. 家具产品系统的设计战略［J］. 家具，2007，05.

5.　许柏鸣. 设计需求分析［J］. 家具，2007，07.

6.　许柏鸣. 告别极简主义——从意大利设计的最新思潮看家具创新思路的突破［J］. 家具与室内装饰，2006，12.

7.　许柏鸣. 现代家具设计（系列文章）［J］. 家具，2000，01-12.

8.　许柏鸣. 办公形态的发展与办公家具［J］. 家具，2002，01.

9.　许柏鸣. 市场细分与产品设计［J］. 家具，2002，03.

10.　许柏鸣. 办公桌的设计与制造［J］. 家具，2002，05.

11.　许柏鸣. 收纳类办公家具的设计［J］. 家具，2002，07.

12.　许柏鸣. 办公家具的延展设计［J］. 家具，2002，09.

13.　许柏鸣. 办公家具设计与开发的程序与方法［J］. 家具，2002，11.

14.　许柏鸣. 人造板家具的结构设计（上）［J］. 林产工业，2001，03.

15.　许柏鸣. 人造板家具的结构设计（下）［J］. 林产工业，2001，05.

16.　关惠元. 板式家具结构——五金连接件及应用［J］. 家具，2007，7.

17.　章彰，许柏鸣. 玫瑰椅的标准化设计思想［J］. 家具与室内装饰，2009，4.

18.　许柏鸣. 当代中国家具设计路在何方［J］. 家具与室内装饰，2017，03.

19.　许柏鸣. 对当前中国家具业的几个问题的思考［J］. 家具与室内装饰，2017，01.

20.　许柏鸣. "材料"与"风格"二元导向的家具设计已经走到尽头［J］. 家具与室内装饰，2017，08.

21.　许柏鸣. 未来中国家具业的格局与形态［J］. 家具与室内装饰，2016，01.

22.　许柏鸣. 设计中的潮流趋势与蓝色天空研究［J］. 家具与室内装饰，2018，01.

23.　Xu Boming, Analysis and Exploitation of Ming Furniture, Designing Designers: Design by East & West, Milano:Poli.Design, 2006.

24.　"Abitare", editrice Abitare Segesta, Milano.

25. "Activa", Design diffusion edizioni, Milano.

26. raccolta "Art Dossier".

27. "Box".

28. "Domus", editoriale Domus, Milano.

29. "Interni", Elemond, Milano.

30. "Modo".

31. "Ottagono", edizioni CO.P.IN.A, Milano.

32. testo enciclopedico "Le Muse".

三、事件/活动

1. SaieDue 2005, Bologna

2. Salone Internazionale del Mobile 2004, Milano

3. Salone Internazionale del Mobile 2005, Milano

4. Salone Internazionale del Mobile 2006, Milano

5. Salone Internazionale del Mobile 2007, Milano

6. Salone Internazionale del Mobile 2008, Milano

7. Fuorisalone 2005, Milano

四、网站

1. SIAMESI RIOMBRA S.R.L., <http://www.siamesi.com>, giugno 2005

2. METALSOLUZIONI S.A.S., <http://www.metalsoluzioni.com>, giugno 2005

3. MERLO S.R.L., <http://www.merlo.com>, giugno 2005

4. SCHUCO INTERNATIONAL ITALIA, <http://www.schueco.it>, giugno 2005

5. NACO, <http://www.naco.it>, giugno 2005

6. RENSON ITALIA, <http://www.rensonitalia.com>, giugno 2005

7. METRA, <http://www.metra.it>, giugno, 2005

8. SITECO, <http://www.siteco.com>, giugno 2005

9. http://www.designboom.com

10. http://www.designnet.com

11. www.designconutinuum.it

12. www.design.philips.com

13. http://www.bravacasa.it

14. www.voguecasa.it

15. www.mondadori.it

16. www.wallpaper.com

17. www.abitare.it

18. www.edidomus.it

19. www.internimagazine.it

20. www.ottagono.com

21. www.editmodo.it

22. www.mast.polimi.it

23. 许柏鸣，新浪家居特约专栏《家具微言》，www.jiaju.sina.cn

五、课件

1. 许柏鸣，南京林业大学《家具设计》本科课件，2008—2009.

2. 许柏鸣，南京林业大学《现代家具设计》研究生课件，2018.

3. Alessandro Deserti, LSF, Politecnico di Milano,2004—2007.

4. Francesco Zurlo, MDS, Politecnico di Milano,2004—2006.

5. Manuela Celi,Corso di Laurea in Disgno Industriale,Polimi,2004—2006.

6. laura Polazzi,Corso di Laurea in Disgno Industriale,Polimi,2004—2006.

7. Simone Bandini Buti, Corso di Laurea Industriale,Polimi,2004—2006.

8. Lucia Rampino, Corso di Laurea Industriale, Polimi,2004—2006.

9. Beretta, Massimo; Bianchetti, Marco Virgilio; La Varra, Paolo; Un brise soleil per il risparmio energetico: applicazione di un sistema di schermatura ad una facciata continua; rel. Stefano Garaventa; correl. Claudio Arcidiacono; Politecnico di Milano 1998—1999.

10. Garancini, Roberto, I Filtri della luce naturale: progetto di un brise soleil, rel. Anna Mangiarotti, correl. Andrea Campioli, Politecnico di Milano 1994—1995.

11. Gottifredi, Matteo, Guarda come vario: luce aria energia e alluminio, rel. Carlo Guenzi; correl. Alessandro Umbertazzi; tutor Antonio Latino; Politecnico di Milano 2000—2001.

后　记

家具设计的大学教育培养的是本专业领域的工业设计师，而非纯粹的艺术家。设计处在产业链的顶端，其所扮演的角色是直接为企业并同时为消费者服务的。在商业世界里，检验设计优劣的终极评价标准是市场表现。这不是单纯依靠设计的战术手法能够解决的，而是牵涉企业和品牌管理的方方面面，必须上升到产品战略的高度来审视。因此，设计管理和产品战略设计已经开始受到学界和实业界的关注，这类课程目前主要还只在研究生阶段开设。

本教材作为《家具设计》的第二版在很大程度上已经深深植入了该方面的意识和理论基础，如果没有这样的基础，很多问题就无法解释。对于本科生来说，这些理论的掌握有一定难度，但本科教材也不能因此而刻意屏蔽前沿知识。所以，本科教育主要可聚焦在思想意识的培养上，教师和学员可以选择性地使用，重点可放在常规知识的内容上。就教材的深度和系统性而言，已经可以满足研究生教育的需要，因此，也适合同时作为研究生《现代家具设计》课程的教材来使用。同时，对职业设计师、战略设计师，乃至企业决策者而言，也有其重要的知识价值和实用价值。

战略需要整合思考，而整合思考者要超出一般的思维逻辑，还要具备诱导能力，即："什么可以、什么不可以"的逻辑，以生成创造性的、新的解决方案。

1. 问题的界定

"如果给我一个小时来拯救这个世界，我将用59min来界定问题，而用1min来找到解决办法。"——爱因斯坦。

设计的首要任务是很好地界定问题，也就是说要对问题的范围非常清晰，能够界定起始、最终以及中间的各种状态。

而很多企业和设计师对问题的界定是非常糟糕的，即：对问题的范围非常"黏糊"，有无数的可用选项，这就等于没有界定。对于糟糕界定的问题常会带来模棱两可的路径，包括不确定的目标、广谱式的答案、精确程序的缺失，等等。

当设计过程展开以后，依然需要不断界定，当问题产生与解决时还要不断予以修整，因为解决一些问题的同时往往还会滋生出新的问题。对于某些未知领域，还得有一个试错（making mistake）过程，在试错过程中创新能力扮演着至关重要的角色。

2. 设计在战略中的7个典型特性

人们习惯上无意识地生活在自我感觉的世界里，也往往只相信自己愿意相信的事，这是一种本能。而在合作中如果不能打开心智的接口，则个体之间就没有共同的对话平台，在需要凝聚集体智慧的商业设计中，失败成为必然，而成功只是侥幸。这是大多数企业和设计师压根就没有意识到的盲点，要命的是我们所忽略的问题恰恰又是本质性的。

心智模式不对称就会导致理解偏差，这种偏差既包括在设计师与企业决策者和终端用户之间，也包括在其他利益相关者之间。偏执是有害的，但有些偏执只是语言上的，骨子里往往有着有价值的成分，这种成分会因为语言上不受欢迎的态度、面子上的争强好胜或弱势角色的某些顾忌而被掩埋。一支成功的团队，其成员之间应该是高度默契的、心有灵犀的，并在有外部力量参与时能够保持其心态和心智上的开放性和兼容精神。

在沟通交流时，"最有效的去理解人们真实想法的方法是忽略他们所说的话。"

这并不意味着人们的叙述会欺骗你，而是因为：

（1）想法是很复杂的，很难去理解，很难区分有意识与无意识；

（2）人们总是渴望去诠释自己行动的合理性，总是想找一个理由来解释；

（3）人们常会根据别人想要的结果去做出简单的反映，而不是自己个人的真实意愿。

"当你问人们他们喜爱什么的时候，他们可能会说喜欢黑的而且丰富耐吃的烤肉，而当你实际观察他们的时候会发现他们正在喝乳白色的软饮。"

人们往往不知道他们想要的是什么，我们不得不去理解他们，而不是问他们。

构建战略的每个人（在决策水平上都和其他人发生交互作用），目的都是在发生交互作用的阶段获得成功。由于角色差异，价值观、格局、胸怀、知识储备、视角、经验与信息的不对称，在交互作用的过程中往往充满着矛盾和偏颇，很容易陷入思维的误区。

设计在战略表达中有7个典型的特征，一不小心就会迷失方向。即：经验主义、感情因素、行政干预、交流冲击、至善论者、弹性观念和自由主义。

经验是有用的，但忽视了在动态变化后在新环境中的适应性就会犯错；感情因素的植入可能会有感染力，但也可能是一种偏执；交流中观念的冲击有可能出现非理性的结果；至善论者往往会束缚住前进的步伐；弹性有容错功能，但过多的弹性就等于没有结论；自由思考是创新所必需的，但最终应当收回到目标上来。

在目前国内企业中，尤以权力至上为甚，也就是过于强调领导能力与决策。然而，经理人不能强加自己的战略到组织中来，组织有其自己的特性、目标、逻辑与动力。

3. 可靠性与有效性

在设计思维中，有一对极性构成基础张力，即：可靠性VS有效性。如下表所示。

可靠性	有效性
生产的兼容，可复制的成果	满足目标的生产
基于以往数据的验证	基于未来事变的验证
可变物的数量有限使用	多变使用
最保守的判断	综合判断
避免可能的偏见	具体情况具体分析

商人与设计师考虑的角度是有差异的，商业人士以可靠性为主，而设计师却以有效性为重。所以，两者还需要平衡，平衡不是四平八稳，而是要依据战略导向进行决策，即侧重于安全还是创新。

4. 产品战略设计的四个水平

产品设计策略在战略水平上有四个层次，即：非善意设计、轻度设计、整合设计和创新设计。

（1）非善意设计（即：敌对设计或不友好设计，Designing in Tostile Territory）。这是指瞄准竞争对手来进行挑战性设计，以"非善意设计元素"来获得神似，以可靠性为根本目的，使用类推和故事演绎，截去得越少看上去越像。这种设计通常被认为是低水平的和缺乏道德的，但在低端市场往往还有效，缺乏自主设计能力的小型企业往往会比较热衷，而知名度较高的企业鉴于脸面而有所顾忌。

（2）轻度设计。在这个阶段只是轻度地"restyle"或细微地修缮现有产品与新产品。他们在设计上的观点是通过产品的差异化与渐变型革新来利用资源并建立竞争优势。小公司的经理人通常看不到战略层面的这一点，也许他们没有时间或资源来阐明这样的计划。

（3）整合设计。在这个阶段，设计作为一个整合过程开始浮现。设计非常自然地交叠与触及商业文化的每一个方面。它要求有代表性和平衡性，从各种商业功能到把自己的观点融入产品开发过程。因而，设计管理的价值与角色开始浮现，频繁地作为一种管道服务于各不相同的部门。它的统一自然地提供出一个动态的平台来进行革新创意和蓝色天空（bluesky research）思想，以给商业战略提供支撑。

（4）创新设计。"设计作为革新"标志着设计的理解与展开到达顶点。根据这个设计水平的影响力也能称之为"设计引领"。设计在此操作水平上能够提供长期的商业视野，同时保证和维持战略意图。

目前，许多企业都处于第一和第二的水平上，到达第三个层面的企业正在逐步增多，而能够进入第四个层次的企业依然凤毛麟角。这是一片蓝海，但要进入蓝海市场就需要有"核潜艇"与"航母"，门槛高，所需要的资源和能力建设让很多企业望而却步。近年来，一些设计师自主品牌开始探索前行，但并不顺畅，因为对于有设计师背景的企业主而言，最大的挑战源自设计师个体的局限性，即：固有的思维习惯、视野、商业素养和更加宽泛的知识缺损。要成为真正合格的设计驱动型企业还有很长的路要走，同时，整个设计生态的不健全是制约中国设计发展的最大障碍。

然而，在进行严肃学术探讨与批评的同时我们也应当对未来充满信心。

我们这个时代的中国，又到了孕育伟大设计的时候，这是中华民族伟大复兴的先声，也是时代急剧变化的必然。新文化即将产生，高速发展的经济和全球化浪潮将激烈地冲击着我们的思想、政制、科技、教育、文学和艺术。我们仿佛已经看到了在这片湛蓝的天空下新的设计思想的萌芽，看到了设计师们的理想和在这理想激励下不懈的努力与神圣的追求。

新一代设计师将会涌现，在我们吸收、消化和融合包括意大利在内的西方设计的同时，民族文化必将发扬光大。

社会需要具有远见卓识的睿智人士，我们的荣辱不属于个人，我们中的一些人甚至许多人也许会成为前进道路上的殉道者，但我们应当为此骄傲，因为在不久的将来必将换来中国设计美好的明天！

本教材的成稿得益于作者在意大利米兰理工大学设计系为期两年的留学生涯和意大利设计体系与文化的浸淫与熏陶；同时，也得益于主持深圳家具研究开发院工作期间，在为企业提供深度服务过程中的互动，很多理论是在这个互动中得到验证和修缮的。在此特别感谢米兰理工大学工业设计专业首席教授Alessandro Deserti先生以及著名产品战略设计专家Francesco Zurlo教授所给予的全方位合作与帮助。感谢芬兰著名设计大师yrjo kukkapuro教授在本人职业生涯中给予的长达20多年的指导与感染。意大利资深设计师Marco Fatoni团队、ASPS工作室首席设计师Albeto Sara、深圳家具研究开发院设计研发中心提供了有效的设计案例，我的部分博士和硕士研究生参与了相关讨论并采纳了其部分学位论文成果和设计训练的作业，在此一同表示衷心的感谢。还要特别感谢中国轻工业出版社林媛老师在本教材出版和再版中所起的决定性作用。

2018年8月于深圳